LE

CANNAMELISTE

Francais

LE CANNAMELISTE FRANÇAIS,

OU

NOUVELLE INSTRUCTION

POUR CEUX QUI DESIRENT D'APPRENDRE

L'OFFICE,

RÉDIGÉ EN FORME DE DICTIONNAIRE,

CONTENANT

LES NOMS, *les descriptions, les usages, les choix & les principes de tout ce qui se pratique dans l'Office, l'explication de tous les termes dont on se sert; avec la maniere de dessiner, & de former toutes sortes de contours de Tables & de Dormants.*

ENRICHI DE PLANCHES EN TAILLE-DOUCE.

Par le Sieur GILLIERS, *Chef d'Office, & Distillateur de Sa Majesté le Roi de Pologne, Duc de Lorraine & de Bar.*

❋

A NANCY,

Chez JEAN-BAPTISTE-HIACINTHE LECLERC,
Imprimeur - Libraire.

Et à Paris,
Chez MERLIN, Libraire, rue de la Harpe.

M. DCC. LXVIII.
Avec Privilege du Roi.

LE
CANNAMELISTE
FRANÇAIS,
OU
NOUVELLE INSTRUCTION
POUR CEUX QUI DESIRENT D'APRENDRE L'OFFICE,
Rédigé en forme de Dictionnaire.

A B

ABAISSE, terme d'Office. C'est la pâte de Pastillage que l'on met en Abaisse pour imprimer des figures de Pastillage. Abaisse se dit encore de la pâte de Massepain.

ABRICOT, Abricotier. Cet arbre est de médiocre grandeur, il est semblable au Pêcher ; son tronc est un peu plus gros, couvert d'une écorce plus noire; ses branches plus étenduës ; ses feüilles qui sont plus courtes & plus larges, ressemblent davantage à celles du Poirier ; ses fleurs sont de couleur de rose pâle, auxquelles succédent des fruits charnus semblables aux Pêches, si ce n'est qu'ils sont rougeâtres d'un côté & jaunâtre de l'autre, d'un goût plus exquis, avec le noyau uni & applati.

A

AB

L'Abricot participe de la Pêche & de la Prune ; il y a trois efpèces d'Abricotiers ; la feconde differe de la première que l'on vient
de décrire, en ce que la couleur de fon fruit eft plus blanchâtre, &
que l'amande de fon noyau eft douce ; la troifiéme efpèce differe
des deux autres , en ce que n'ayant point eu affez de culture , les
fruits qui en viennent font beaucoup plus petits, plus jaunâtres, &
d'un goût moins agréable.

ABRICOTS VERDS. Les premiers fruits qui fe préfentent à
confire, font les Abricots verds, on les prend pour cela , avant que
le bois du noyau commence à durcir, & qu'une épingle puiffe
y entrer par la queuë fans réfiftance ; il s'en confit avec
leur peau, & d'autres parés, qui en paroiffent plus beaux & plus
clairs.

Manière de les préparer & de les blanchir.

Ceux que l'on veut confire avec leur peau, doivent premièrement être bien nettoyés de la bourre ou duvet dont ils font char-
gés ; cela fe fait par le moyen d'une leffive ; pour cela, mettez de
l'eau dans une grande poële avec de la cendre de bois neuf, & la
mettez fur le feu. Vous écumerez tous les charbons qui viendront
au-deffus , & quand, après avoir boüilli quelque tems, vous trouverez en tâtant cette eau douce & graffe , vous l'ôterez de
deffus votre feu , & l'ayant laiffée repofer , vous en prendrez
tout le clair ; vous l'y remettrez enfuite , & quand elle commencera à boüillir, vous y jetterez trois ou quatre Abricots , pour voir
s'ils fe nettoyent bien ; & en ce cas, vous y metterez les autres, & em-
pêcherez qu'ils ne boüillent, en remuant toujours avec votre écumoire ; vous verrez enfuite fi la bourre s'ôte, comme l'effai que vous
aurez fait ; alors, vous les tirerez de l'eau, les mettrez dans de la
fraiche, & les nettoyerez de leur bourre ; remettez-les enfuite dans
une poële d'eau fur le feu , & les faites blanchir ; quand ils le
feront, (ce qui fe connoit en les piquant avec une épingle ; fi elle
réfifte , c'eft une marque qu'ils ne le font point affez ; fi au
contraire elle entre aifément , cela prouve qu'ils font comme il

AB

faut) alors vous les mettrez fur un petit feu, pour reverdir, & les mettrez au fucre, comme il fera dit ci-deffous.

Autre manière.

Prenez des Abricots verds, auparavant que les noyaux foient durs, puis vous prendrez du fel qui ne foit point trop gros, environ deux poignées, plus ou moins, felon la quantité de vos abricots : enfuite vous les mettrez dans une ferviette avec le fel, & les remuerez bien d'un bout-à-l'autre, en les arrofant d'un peu de vinaigre ; après les avoir bien remué & que vous verrez que la bourre en fera ôtée, vous les manierez dans vos mains, pour faire tomber le fel, les jetterez dans l'eau fraiche pour les laver, puis vous les ferez auffi-tôt blanchir ; quand ils feront blanchis, de même manière qu'à la façon précédente, vous les rejetterez dans l'eau fraiche.

ABRICOTS VERDS au liquide. Les Abricots étant bien nettoyés de leur bourre, blanchis & reverdis comme ci-devant, vous mettrez du fucre clarifié dans une poële, la quantité qu'il en faudra pour le fruit : vos abricots ayant été paffés deux fois à l'eau fraiche & égoutés fur des tamis, vous les coulerez dans le fucre, & leur donnerez un petit boüillon ; enfuite vous les ôterez du feu pour les écumer, & les mettrez dans une terrine, pour qu'ils nagent un peu dans le fucre. Il faut obferver que ce premier fucre doit être léger en cuiffon. Le lendemain mettez-les égouter fur une égoutoire, & donnez une douzaine de boüillons à votre fucre ; laiffez-le tiédir & le verfez fur votre fruit. Il faut continuer cette manière pendant trois jours, & l'augmenter de fucre clarifié, à mefure que celui de vos fruits fe diminuera, parce que le fruit s'en nourrit. Pour les finir, il faut les mettre égouter, & voir s'il y a affez de fucre ; vous mettrez le fucre fur le feu & le ferez cuire jufqu'à la groffe perle ; enfuite vous coulerez votre fruit dedans & lui donnerez cinq ou fix boüillons couverts ; puis vous l'ôterez de deffus le feu, l'écumerez bien, & étant à demi-froid, vous l'empoterez.

ABRICOTS VERDS PARE'S. A l'égard des Abricots
verds qui se confisent parés, il faut après les avoir paré proprement, les jetter dans de l'eau fraiche ; vous ferez boüillir ensuite
d'autre eau dans laquelle vous les ferez blanchir, comme à la maniére précédente ; vous les mettrez au sucre, & les conduirez de
même.

ABRICOTS MEURS PARE'S. Il faut prendre des abri-
cots qui ne soient ni trop meurs ni trop verds ; si vous les voulez
avoir entiers, il faut avec un coûteau, faire une petite entaille à la
pointe de l'abricot, & pousser le noyau par la queuë ; & quand vous
en aurez quatre ou cinq livres, vous les jetterez dans l'eau boüillante pour les blanchir ; observez sur-tout qu'ils ne s'y lâchent point ;
quand ils seront blanchis comme il faut, vous les ôterez bien proprement avec une écumoire & les metterez dans de l'eau fraiche,
ensuite vous les ferez égouter sur un tamis ; alors, prenez du sucre
clarifié que vous ferez cuire à la plume, vous mettrez vos abricots
dedans tout doucement, & leur donnerez deux boüillons seulement ;
vous les retirerez de dessus le feu & les laisserez réfroidir. Vous leur
donnerez de jour à autre un boüillon, pour les achever de confire,
en faisant comme à la maniére précédente ; vous pourrez les garder
en pots, ou si vous voulez les avoir secs, qui est ce qu'on apelle
à mi-sucre, vous les dresserez sur des feüilles de cuivre que vous
poudrerez de sucre ; après avoir fait égouter vos abricots, vous les
dresserez & poudrerez de même par-dessus, & les mettrez à l'é-
tuve ; lorsqu'ils seront secs de ce côté-là, vous les retournerez &
arrangerez sur un tamis, en poudrant légérement de la même façon :
remettez-les à l'étuve, & lorsqu'ils seront secs tout-à-fait d'une bonne maniére, vous les mettrez dans des coffrets avec du papier. Si
au bout de quelque tems ils devenoient humides, vous les change-
riez de papier. Observez qu'en les parant, il faut les jetter à mesure dans l'eau fraiche.

ABRICOTS A MI-SUCRE. Prenez quatre livres de su-
cre que vous ferez cuire à la plume ; ensuite prenez autant d'a-

bricots meurs que vous aurez paré, vous les mettrez dans le sucre; vous leur ferez prendre un petit boüillon, pour leur faire jetter leur eau; vous les laisserez réfroidir, puis vous les remettrez sur le feu & les ferez boüillir un moment; ôtez-les ensuite de dessus le feu & les laissez dans leur sucre jusqu'au lendemain. Vous les égouterez alors sur une égoutoire, & ferez cuire votre sucre à perlé; quand il le sera, vous le mettrez dans une terrine, & glisserez vos abricots dedans; vous les écumerez & les mettrez à l'étuve pour les achever. Le lendemain vous les égouterez & les dresserez sur des feüilles de cuivre que vous poudrerez de sucre avant de les y mettre; quand ils seront dressés, vous les poudrerez comme ci-devant & les ferez sécher à l'étuve. Vous les conserverez dans des coffrets, ou vous les laisserez au liquide pour les tirer une autrefois.

ABRICOTS A OREILLE, à l'une & à l'autre de ces deux maniéres précédentes, vous pouvez dresser vos abricots à oreille, & pour cela il n'y a qu'à contourner une des moitiés sans la détacher tout-à-fait de l'autre, ou en joindre deux moitiés ensemble, ensorte qu'elles se débordent mutuellement par les deux bouts, l'une d'un côté & l'autre de l'autre. Les abricots meurs sont sujets à s'engraisser aussi-bien que les verds, parce qu'ils contiennent beaucoup d'huile en eux-mêmes; c'est pourquoi on ne les garde pas long-tems au liquide; attendu qu'ils auroient beaucoup de peine à sécher, & seroient moins agréables au goût.

ABRICOTS PAR MOITIE' sans feu. Prenez des abricots meurs les moitiés que vous aurez bien parées, telle quantité qu'il vous plaira; arrangez-les sur un plat un peu profond, mettez-y par-dessus & dessous du sucre candy en poudre: observez qu'il faut une livre & demie de sucre par livre d'abricot; exposez-les au soleil pendant trois ou quatre jours, en les remuant deux fois le jour. Mettez-les dans des pots & vous les trouverez également confits comme s'ils avoient passé sur le feu, & seront de meilleur goût que ceux qui y auront été mis; c'est ce que j'ai expérimenté. Je trouve que le raisonnement de ceci est, que le soleil raréfiant toutes choses, raréfie la nature aqueuse de l'abricot, & le sucre qui

s'en trouve diſſous, formant un ſirop , conſerve ſa chair tendre &
ſon goût. Par la même raiſon l'on confit des ceriſes, ce que la pratique m'a fait connoître.

ACHE, il y a en général quatre ſortes d'Ache ; ſçavoir , l'Ache
de jardin ou le perſil ordinaire , l'Ache de Montagne , l'Ache
que l'on apelle perſil de Macédoine, qui eſt celui qu'on emploïe
dans les Offices : On s'en ſert dans les conſerves. *Voyez* CONSERVE.
Il y a encore une autre eſpèce d'Ache dans les jardins potagers que
l'on apelle Célery , qui ſert pour les ſalades.   Célery eſt un nom
Italien qu'on a rendu français par uſage.

AJUSTER, terme d'Office. On dit ajuſter une fleur ſur un
fruit, & ajuſter n'eſt autre choſe que d'arranger les feüilles des fleurs
artificielles, pour qu'elles ayent plus de grace. Ajuſter ſe dit encore
de bien des choſes qui ſe poſent avec goût.

ALBERGE, eſt une eſpèce de pêche ; il y en a de trois ſortes ; la jaune en dehors & en dedans eſt d'une groſſeur médiocre,
un peu platte & d'un goût excellent.

La rouge eſt plus platte & a la chair blanche , elle n'eſt pas ſi
bonne que la première.

La violette eſt d'un rouge violet en dedans, elle eſt plus petite &
plus rare que les deux autres.

On s'en ſert dans l'Office comme des pêches ; & pour les confire on les travaille de même. *Voyez* PESCHE.

ALUN DE GLACE ou de roche. L'Alun de glace eſt un
ſel en groſſes pierres grandes, claires, tranſparantes comme du cryſ-
tal , lequel on aporte d'Angleterre. C'eſt celui que l'on emploïe
dans l'Office. Il ſert à maintenir la blancheur des noix & autres
petits fruits, lorſqu'on les blanchit. On s'en ſert encore quand l'on
veut rendre la Cochenille claire, vive & durable. Vous trouverez
ſa propriété dans chaque choſe où il eſt employé.

AMANDE, AMANDIER, eſt un arbre qu'on cultive dans

AM

les jardins, ſes feüilles & ſes fleurs ſont ſemblables à celles du pêcher. Il fleurit avant le Printems ; à ſa fleur ſuccéde un fruit dur
& ligneux, oblong, couvert d'une peau verdâtre, charnuë, qui
contient une amande.

Lorſqu'elles ſont vertes on les confit. Il y en a de deux ſortes,
les Amandes douces, & les Amandes amères ; quand elles ſont meures elles ont differens uſages dans l'Office, comme vous verrez ci-
après.

AMANDES VERTES CONFITES. Le premier em-
ploi que l'on fait des amandes, eſt lorſqu'elles ſont vertes, c'eſt-
à-dire d'une aſſez bonne maturité, qu'il ne s'y trouve point de
bois ; pour cet effet vous ferez une leſſive, comme j'ai dit des abricots verds ; vous la mettrez ſur le feu, & quand elle commencera
à boüillir, vous y jetterez trois ou quatre amandes, ſitot qu'elles
ſe nettoyeront bien de leur bourre, vous y jetterez les autres ; lorſque
vous en verrez l'effet, ce que vous connoitrez en les tirant avec l'é-
cumoire, & les maniant avec les doigts, vous deſcendrez la poële
de deſſus le feu & les retirerez à meſure pour les nettoyer, & les
jetterez en même-tems dans de l'eau fraiche ; remettez une poële
d'eau ſur le feu, & quand elle commencera à boüillir vous y jetterez vos amandes pour les blanchir, & quand elles le ſeront, (ce
qui ſe connoit par le moyen d'une épingle ; ſi elle ne réſiſte point
en les piquant, c'eſt une marque qu'elles ſont comme il faut)
vous les ôterez de deſſus le feu, & les jetterez tout-de-ſuite dans
l'eau fraiche ; ayez du ſucre clarifié légérement dans une poële que
vous mettrez ſur le feu ; égoutez bien votre fruit ; au premier boüillon, coulez-le dedans & lui en donnez cinq ou ſix pour le reverdir ; du reſte, obſervez la même méthode que pour les abricots verds. Les amandes vertes ſe mettent encore en marmelade &
au candy, à l'eau-de-vie. *Voyez* l'un & l'autre.

AMANDES A LA SIAMOISE. Prenez des Amandes
mondées que vous ferez rouſſir dans un four ſur un plafond, faites cuire enſuite du ſucre à perlé, jettez-y vos amandes, les remuans

bien dans la poële, fans les paffer fur le feu ; vous les tirerez fur une
griffe & les jetterez l'une après l'autre dans de la nompareille, & les
remuerez toujours, afin qu'elles la prennent bien de tous les côtés ;
puis vous les tirerez & les mettrez fécher à l'étuve. On en fait des
affietes , ou on en garnit les fervices.

AMANDES SOUFFLE'ES. Prenez des amandes que vous
aurez bien mondées, jettez-les dans du blanc d'œuf où vous les remuerez ; vous les égoûterez & les jetterez dans du fucre en poudre,
pour qu'elles en foient bien couvertes ; vous les drefferez alors fur
des feüilles de papier que vous mettrez fur celles de cuivre ; & les
ferez cuire à un four bien moderé.

Autre maniére.

Mondez des amandes douces & les coûpez par petits morceaux,
mêlez-y de la rapure de citron, mettez le tout dans du blanc d'œuf
qui ne foit point foüetté ; mettez-y du fucre en poudre, jufqu'à ce
que le tout foit en pâte maniable, & que l'on puiffe la rouler dans
les mains par petites boules groffes comme une aveline ; arrangez-
les fur des feüilles de papier loing-à-loing, parce qu'elles fouflent
beaucoup ; mettez-les au four & les cuifez de même.

AMANDES GLACE'ES. Prenez des amandes mondées,
jettez-les dans de la glace royale un peu forte, mêlez-y du fucre de
fleur d'orange ; vous les dreflerez fur des feüilles de papier & les ferez
cuire à un four bien doux. Pour faire la Glace royale. *Voyez* GLACE
ROYALE.

AMANDES A LA PRALINE. *Voyez* PRALINE.

AMANDES FRAICHES. Il n'y a perfonne qui ne foit
amateur des amandes fraiches, c'eft pourquoi il eft bon de dire la
maniére dont il faut les fervir ; vous prendrez vos amandes , vous
en fendrez le bois pour les ouvrir & les arrangerez proprement fur
une affiete ou compotier, avec des feüilles de vigne ; cela vous tiendra lieu d'une affiete ou compote, lorfqu'il vous en faudra beaucoup.

AMBRE

AM AN

AMBRE-GRIS, est une matiére précieuse, séche, presque aussi dure qué de la pierre, légére, opaque, grise, odorante, qui se trouve en morceaux de differentes grosseurs, flottante sur les eaux en divers endroits de l'Océan.

On doit choisir l'Ambre-gris bien net, sec, léger, d'une odeur douce & agréable ; on s'en sert dans l'Office, pour donner de l'o-deur à bien des choses ; on en met dans les Pavies, & on en fait des Pastilles. *Voyez* PAVIE & PASTILLE.

AMIDON, tous ceux qui l'emploïent savent bien qu'il n'est fait qu'avec du beau froment ; c'est pourquoi l'on s'en sert dans l'Office, pour poudrer les moules, dans lesquels l'on imprime la pâte de pastillage, à cause de sa blancheur qui a raport à celle du sucre.

ANANAS, est un fruit qui nous vient des Indes, & qui est beaucoup recherché par les Indiens à cause de sa bonté ; (a) on l'a-porte tout confit dans nos païs ; sa figure est à peu-près semblable à une pomme de Pin ; son sommet est garni d'un paquet de feüil-les colorées ; on le confit dans les Indes, comme chez nous l'on confit un Cédra, cependant avec cette difference qu'ils n'emploïent que le sucre qu'ils purifient, qui sort des Cannes de sucre, au lieu de sucre, pour le pouvoir servir sec. *Voyez* TIRAGE.

ANCHOIS, est un petit Poisson de Mer, de la longueur d'un doigt, sans écailles, ayant la tête grosse, les yeux noirs & lar-ges, la gueule grande & sans dents, les machoires rudes comme une scie, le museau pointu, le dos rond, blanc & argentin, la chair rouge en dedans.

On les sale & on les conserve dans des barrils ; on nous les en-voïe de Provence, où l'on en fait la pêche.

Les plus petits sont les plus estimés ; on s'en sert pour garnir les salades cuites. *Voyez* SALADE.

ANGELIQUE, est une plante qui s'éléve à la hauteur d'une coudée ou quelque chose de plus ; elle forme, dès le bas, deux

(a) *Voyez* l'Histoire naturelle des Isles Antilles de M. Loanvillers de Poincy, chap. 10. art. 6.

B

tiges nouées & creuses, avec plusieurs concavités & ailes ; ses feüilles sont attachées à une longue queuë par interval, elles sont dentelées tout-au-tour, d'une couleur brune ou verte obscure ; ses bouquets sont garnis de fleurs blanches ; sa graine est platte comme
une lentille, elle a un goût piquant & de très-bonne odeur ; elle
croît dans les montagnes, & s'éleve aisément dans les jardins.

Maniére de la confire.

Après avoir ôté les feüilles de la tige, que l'on doit prendre
fraiche, de bonne grosseur, & avant qu'elle soit montée en graine,
on la coupe d'une longueur convenable, & à mesure, on la met
dans l'eau fraiche ; on la fait blanchir à gros boüillons ; quand elle
s'écrase sous la main, c'est une marque qu'elle est blanchie ; ôtez-
la du feu & jettez-la dans l'eau fraiche ; après quoi vous la parerez
& lui enleverez la peau, comme aux cardons d'Espagne ; vous la
rejetterez de même dans l'eau fraiche ; alors, vous l'égouterez &
la mettrez dans une terrine, & vous jetterez par-dessus du sucre
clarifié, en suffisante quantité, pour qu'elle y nage ; laissez-la ainsi
pendant vingt-quatre heures, ensuite égoutez-la, & donnez dix
ou douze boüillons à votre sucre, que vous verserez dessus, lorsqu'il sera tiéde : conduisez-la de même pendant quatre ou cinq
jours, alors vous l'égouterez, & ferez cuire votre sucre à gros perlé,
en l'augmentant de sucre, s'il le faut ; vous y jetterez votre Angelique & lui donnerez cinq ou six boüillons couverts, puis vous la
retirerez du feu, vous l'écumerez & la garderez dans des pots. On
peut la mettre au candy & au tirage. *Voyez* l'un & l'autre.

ANIS, est une graine de couleur grise, verdâtre, d'une odeur
& d'un goût doux, elle croît d'une plante à ombelle, qui pousse
une tige creuse, à la hauteur d'environ trois pieds ; ses feüilles ont
de l'odeur, & sont découpées profondément, semblables à celles
du persil ; elle sert dans l'Office à plusieurs usages, soit pour du
biscuit ou des dragées. *Voyez* BISCUIT & DRAGE'E.

ARGENTERIE. L'argenterie étant, dans beaucoup de grosses Maisons, un des principaux soins que les Officiers doivent avoir, & qu'ils doivent principalement insinuer à leurs garçons & à leurs laveurs; j'ai jugé à propos d'enseigner ici une méthode facile pour la blanchir & la tenir propre.

Manière.

Prenez quatre onces de savon blanc coupé dans un plat, avec une chopine d'eau chaude; dans un autre plat, un peu de pain, & pour un sol de lie de vin, avec autant d'eau chaude que dans l'autre; & dans un troisième plat, pour un sol de cendres gravelées, avec pareille quantité d'eau que dans les autres; puis vous prendrez une brosse de poil que vous tremperez premièrement dans votre lie de vin; secondement dans la cendre gravelée; troisièmement dans le savon; ensuite vous en frotterez votre Argenterie, la laverez dans l'eau chaude, & l'essuyerez avec un linge.

ASSIETE, terme d'Office; tout le monde sait ce que c'est qu'une assiete; mais dans l'Office on apelle assiete, tout ce qui se met sur une assiete, & que l'on substituë en place de compote, comme une assiete de sec, assiete de four, assiete de fruits crus, assiete de fromage, assiete de marons, &c. On dit communément faire une assiete de sec, &c.

ATRE, terme d'Office. On apelle atre, le bas d'une cheminée, le bas d'un four, d'un fourneau. On dit communément (en parlant du biscuit) ce four n'a point d'atre, c'est-à-dire, qu'il n'est point assez cuit en dessous.

AVACHIR, terme d'Office, se dit de plusieurs espèces de four qui tombent lorsqu'on les en sort.

AVACHIR, se dit d'une figure de caramel que l'on tire trop chaude du moule & qui tombe.

AVACHIR, se dit aussi des branches ou feüilles, qui, au lieu de se soutenir droites, panchent par leur extrémité.

AVELINE, eſt une eſpèce de noiſette fort groſſe, qui eſt la meilleure & la plus eſtimée ; elle croît dans le Lyonnois & dans l'Eſpagne, ſur un noiſetier qui forme l'arbriſſeau, il pouſſe beau-coup de tiges ou rameaux longs, plians, ſans nœuds, couverts d'une écorce mince ; ſon bois eſt tendre, blanc ; ſes feüilles ſont larges, plus grandes & plus ridées que celles de l'aune, dentelées ſur les bords, pointuës, de couleur verte en-deſſus, & blanchâtre en-deſſous ; ſes fleurs ſont de petits chatons à pluſieurs feüilles, jaunâ-tres, écailleuſes, elles ne laiſſent après elles aucun fruit ; les fruits naiſſent ſur les mêmes pieds, mais en des endroits ſéparés ; ce ſont les Noiſettes ou Avelines que tout le monde connoît ; elles ſont en-velopées d'une écoſſe membraneuſe, & ordinairement frangées par les bords ; leur figure eſt preſque ronde ou ovale ; leur écorce eſt dure, ligneuſe, blanchâtre ou rougeâtre ; elle renferme une amande preſque ronde, rougeâtre & d'un goût excellent ; elle ſert dans l'Office à pluſieurs uſages, ſoit dans des biſcuits, macarons, ou dragées. *Voyez* l'un & l'autre.

Lorſqu'elles ſont fraiches, on les ſert ſur des aſſietes, avec des feüilles de vigne, en leur caſſant leur écorce ligneuſe, & leur laiſſant leur coëffe.

AZEROLE, eſt le fruit d'une eſpèce de Neflier (*a*) ou d'un arbre qui porte des feüilles ſemblables à celles de l'Aubepin, mais plus grandes, rougiſſantes un peu avant qu'elles ne tombent ; ſes fleurs ſont en grappes de couleur herbeuſe ; chacune d'elles eſt à pluſieurs feüilles diſpoſées en roſe, & ſoutenuës par un calice découpé en pluſieurs parties. Lorſque la fleur eſt paſſée, ce calice devient un fruit preſque rond, charnu, beaucoup plus petit que la Nefle ordinaire, ayant une manière de couronne, qui a été formée par les pointes du calice. Ce fruit eſt au commencement verd & dur ; mais en meuriſſant il devient rouge, aigrelet & doux, fort agréable au goût ; il renferme dans ſa chair trois oſſe-lets fort durs. On cultive l'Azerolier en Italie, en Languedoc,

_____

(*a*) *Voyez* M. Piton Tournefort, dans ſon Hiſtoire des Plantes.

AZ

où son fruit se nomme Pommette : l'Azerole se confit de toute maniére comme la Cerise.

BAIN BAN BAT

BAIN-MARIE. L'on apelle Bain-Marie dans l'Office, une poële d'eau que l'on fait boüillir, dans laquelle on met une marmite d'argent ou un pot de terre vernisé, pour y faire des sirops de toutes espèces, & leur donner tel dégré de chaleur que l'on souhaite. Vous en trouverez l'emploi. *Voyez* SIROP.

BANDE, ce nom a differentes significations; on apelle bande, une bande de papier découpé, une bande de verre, ou de glace qui servent à monter un fruit.

BATONAGE, est une abaisse de pâte de pastillage, de l'épaisseur d'une ligne, que l'on coupe de même largeur en petits bâtons, & que l'on fait sécher à l'étuve, sur des feüilles de cuivre que l'on poudre auparavant d'amidon : beaucoup d'Officiers les font plus larges, plus étroits, plus minces, suivant l'emploi qu'ils en veulent faire.

On s'en sert ordinairement pour dresser des pyramides, & pour faire du piquage. *Voyez* PYRAMIDE & PIQUAGE.

Le bâtonage est fait de la même pâte que celle du Pastillage, pour en trouver la méthode, *Voyez* PASTILLAGE.

Pour lui donner telle couleur qu'il vous plaira, *Voyez* COULEUR.

Observez que le bâtonage ne doit point être gercé, & qu'il doit être le plus uni & poly que faire se pourra : pour en connoitre le défaut, *Voyez* GERCER.

On fait encore du bâtonage avec des pâtes de coins, de pommes, que l'on étend sur des feüilles de cuivre, de l'épaisseur de trois écus de six francs, & que l'on fait sécher à l'étuve ; alors on les coupe de telle longueur & largeur que l'on veut, en les faisant sécher de nouveau à l'étuve, jusqu'à ce que les bâtons soient fermes ; on les met au candy, & on en dresse des pyramides.

On en fait encore avec de l'angélique confite, que l'on coupe

& que l'on féche de même, après l'avoir paffée dans une eau plus que tiéde, pour lui enlever fon trop de fucre : On en fait de canelle que l'on laiffe tremper pendant une demi-heure, dans de l'eau chaude, pour avoir plus de facilité de la couper en bâtons, enfuite on la met au candy. Obfervez qu'il la faut couper la plus égale que vous pourrez. *Voyez* CANDY.

BAVAROISE, eft un thé fait, que l'on jette fur du firop de capillaire, au lieu de fucre. On la fert ordinairemenr dans de grands gobelets.

BERGAMOTTE, eft un fruit d'odeur, qui eft tiré d'un poirier Bergamotte : on dit que l'origine vient, de ce qu'un certain Italien s'avifa d'enter une branche de citronier fur le tronc d'un poirier Bergamotte ; on les confit de même que les citrons ; on peut les confire par quartiers, par zeftes, ou entiers, cela dépend de la beauté des fruits, & de la volonté des Officiers.

BETE-RAVE, fa feüille eft grande & rouge ; fa racine qui eft très-groffe, a la figure d'une rave, & contient un fuc auffi rouge que du fang ; fon ufage n'eft que pour les garnitures de falade. La Bete-Rave fe cuit, foit dans l'eau, foit au four, ou dans les cendres ; on lui ôte la peau, & l'on en garnit les falades : Bien des perfonnes la font infufer dans du vinaigre, avec de la coriandre, des oignons, de l'ail & du fel, pour lui en faire prendre le goût.

BEURE, n'eft autre chofe qu'une fubftance graffe & onctueufe, qui fe fait d'un lait épaiffi ; le beure frais fe fert d'ordinaire pour hors d'œuvre, en le mettant fur des affietes ou petits plats, le plus proprement que l'on peut, avec de la glace lavée, pour le tenir frais.

Maniére de le faire promptement.

Prenez de la crême fraiche & la mettez dans une bouteille qui ait un large goulot, vous la fecoüerez jufqu'à ce que la crême fe tourne en beure ; enfuite vous la verferez dans de l'eau fraiche, & mettrez votre beure en confiftance ; vous le laverez très-foigneufement, puis vous en formerez des petits pains & le fervirez de même.

BIGARRADE, eft une efpèce d'orange, qui eft jaune, verdâtre, amère, & fon jus eft acide ; (*a*) elle fert à mettre fur des dormants, ou dans des faladiers pour fervir de falade ; on les confit de même que les citrons : on en fait grand ufage en Allemagne, parce que l'on prétend qu'elles fortifient l'eftomac.

BIGARREAU, eft une efpèce de cerife blanche & rouge, plus groffe que les cerifes ordinaires, d'une chair plus dure & plus douce ; on ne les confit point, l'on ne s'en fert que pour dreffer des pyramides, & on les mange crus. (*b*)

BISCOTIN, eft une efpèce de four, qui eft dure & croquante, reffemblante à une aveline.

Manière de les faire.

Prenez telle quantité de farine qu'il vous plaira, délayez-la avec deux ou trois blancs d'œufs, du firop de cédra ou autres ; en confiftance de pâte maniable ; dreffez-la fur des feüilles de papier, en forme d'aveline ; faites-les cuire au four, jufqu'à ce qu'ils aïent une belle couleur. Humectez la feüille de papier par-derrière avec de l'eau chaude, pour les lever aifément ; gardez-les dans l'étuve, & ne vous en fervez que pour garnir des affietes de four.

BISCUIT, eft une efpèce de pâte compofée de fucre, de farine & d'œufs que l'on fait cuire au four ; on en fait de differentes maniéres, comme vous verrez ci-après.

BISCUITS ordinaires. Prenez 40. œufs, féparez les blancs

(*a*) La Quint. Traité des Orang. chap. 12.
(*b*) La Quint. Part. III. chap. 15. pag. 493.

d'avec les jaunes, battez les jaunes avec deux livres de fucre en poudre, jufqu'à ce qu'ils blanchiffent; foüettez les blancs dans une terrine à part, jufqu'à ce qu'ils fe foutiennent en neige ; alors, mettez
le tout enfemble le plus légérement qu'il vous fera poffible, ajoutez-y
une livre & demie de farine qui aura été féchée à l'étuve & que
vous tamiferez, à mefure que vous délayerez votre pâte ; dreffez-
les dans des moules de papier ou autres, & les glacez très-légére-
ment de fucre en poudre : faites-les cuire dans un four modéré, &
quand vous les tirerez, laiffez-les réfroidir, mettant le deffus deffous:

Pour leur donner du goût, il faut mettre dans votre pâte de la
rapure de citron.

BISCUITS à la cuillier, fe font de la même pâte que la précédente, on les fait cuire de même en les glaçant, & on les dreffe
en long, avec une cuillier, fur une feüille de papier.

BISCUITS de patience. Chauffez premiérement des feüilles
de cuivre bien unies, fur lefquelles vous frotterez légérement un
peu de bougie, pour empêcher que la pâte que vous drefferez
deffus ne s'y attache. Vos feüilles étant ainfi préparées, vous
prendrez deux œufs, vous féparerez les blancs d'avec les jaunes;
vous battrez vos jaunes avec deux cuillerées de fucre en poudre,
avec de la rapure de Citron, fuivant votre goût ; vous foüetterez
alors vos blancs en neige, & melerez le tout enfemble avec deux
cuillerées de farine, que vous pafferez par un tamis ; vous les
drefferez fur ces feüilles, de la groffeur d'une petite noifette, &
les ferez cuire de belle couleur à un four modéré : vous les leverez
en fortant du four.

BISCUITS d'amandes. Prenez une demi-livre d'amandes douces, avec deux douzaines d'amères, mondez-les & les paffez un
moment à l'eau fraiche ; tirez-les fur un tamis, & faites-les un peu
fécher à l'étuve.

Enfuite, pilez-les dans un mortier, y mettant de tems-en-tems
un peu de blanc d'œuf, pour empêcher qu'elles ne deviennent en
huile : quand elles feront pilées, vous foüetterez fix blancs d'œufs
frais,

frais, juſqu'à ce qu'ils ſoient en neige ; vous y mettrez trois jaunes d'œufs & une demi-livre de ſucre en poudre, une cuillier à bouche de farine, & délayerez bien le tout enſemble ; alors, vous tirerez vos amandes du mortier, les mettrez dans la même terrine avec votre compoſition, & vous aurez ſoin de bien mêler le tout enſemble.

Dreſſez-les dans des moules ; glacez-les de ſucre en poudre, en y mêlant un peu de farine, pour ſoutenir la glace, à cauſe de l'humidité de l'amande.

Mettez-les cuire dans un four qui ſoit bien modéré ; quand vous jugerez qu'ils ſeront aſſez cuits, vous les en retirerez, & ferez de même que des biſcuits ordinaires.

BISCUITS de piſtaches. Prenez une demi-livre de piſtaches, des plus belles que vous trouverez, mondez-les, paſſez-les à l'eau fraiche, & les tirez ſur un tamis ; faites-les ſécher à l'étuve ; pilez-les dans un mortier, avec un quartier de cédra, y ajoutant du blanc d'œuf.

Foüettez huit blancs d'œufs en neige, mettez-y trois jaunes d'œufs, demi-livre de ſucre en poudre, une bonne cuillerée de farine, & délayerez le tout enſemble, enſuite vous les dreſſerez dans des moules : obſervez qu'il faut les glacer & les cuire de même que ceux d'amandes douces.

BISCUITS de Savoye. Prenez quatre œufs frais, ou plus, ſuivant la quantité de biſcuits que vous voudrez faire ; ayez une balance, mettez-y vos œufs d'un côté, de l'autre, votre ſucre en poudre, au même poids ; pour la farine, vous en prendrez la moitié peſante de vos œufs : caſſez vos œufs, mettez les blancs & les jaunes à part, foüettez bien les blancs, juſqu'à ce qu'ils ſoient en neige ; il faut auparavant, avec deux ſpatules, battre votre ſucre en poudre avec les jaunes : verſez vos blancs d'œufs dans les jaunes, tournez-les avec la ſpatule, pour les mêler enſemble ; prenez alors votre farine ſéchée à l'étuve, mettez-la dans un tamis, deſſus la terrine où ſera votre pâte, & avec la main vous ferez tomber doucement cette farine ; donnez-leur encore un tour de ſpatule, pour mêler la

C

farine ; dreffez-les dans des moules & les glacez ; faites-les cuire de même que les autres. Vous pourrez encore les dreffer à la cuillier.

BISCUITS du Palais-Royal. Prenez fix œufs frais, mettez-les dans une balance, pefez de l'autre coté autant de fucre en poudre qui foit bien fec ; prenez enfuite de belle farine, du poids de trois œufs : caffez vos œufs, mettez à part les blancs & les jaunes, dans des terrines ; foüettez bien les blancs en neige, le plus long-tems que vous pourrez ; mettez-y alors votre fucre, & le remuez jufqu'à ce qu'il foit mêlé avec vos blancs ; ajoutez-y vos jaunes, pour les incorporer, avec un peu de rapure de citron & votre farine féchée à l'étuve ; mêlez bien le tout enfemble légérement avec votre foüet ; dreffez-les dans des moules de papier ou autres, glacez-les, & les faites cuire comme les autres.

BISCUITS d'amandes améres. Prenez environ une livre d'a-mandes améres, que vous monderez & fécherez un peu à l'étuve ; enfuite vous les pilerez dans un mortier, y ajoutant deux blancs d'œufs ; quand elles feront bien pilées, vous les mettrez dans une terrine, avec dix blancs d'œufs que vous remuerez enfemble, & y ajouterez trois livres de fucre en poudre, obfervant toujours de le bien délayer. Vous les dreffèrez fur du papier avec une fpatule & un couteau, de la groffeur d'une aveline, en étendant la pâte fur la fpatule, & formant le bifcuit avec le couteau ; vous les ferez cuire au four : remarquez qu'il les faut mener au commencement à petit feu, jufqu'à ce qu'ils foient levés ; alors, on peut les mener plus vîte, en mettant des charbons à la bouche du four : quand ils feront cuits d'une belle couleur, vous ne les leverez point de deffus le papier, qu'ils ne foient froids.

BISCUITS d'avelines. Prenez une livre d'avelines, vous les monderez & leur ferez prendre un peu de couleur au four fur un plafond ; vous les pilerez lorfqu'elles feront froides, avec deux blancs d'œufs ; après qu'elles feront bien pilées, vous les mettrez dans une terrine, avec une livre & demie de fucre en poudre ; vous y incorporerez fix ou fept blancs d'œufs ; vous délayerez le tout enfemble, & les dreſſerez de la même maniére que les biſcuits d'amandes améres, c'eſt-à-dire en petites avelines. Vous les ferez cuire à un four modéré, obſervant les mêmes principes des biſcuits d'amandes améres.

BISCUITS de chocolat. Vous prendrez quelques blancs d'œufs & du ſucre en poudre, avec du chocolat rapé, vous mêlerez bien le tout enſemble, juſqu'à ce que votre pâte ſoit maniable ; alors, vous dreſſerez vos biſcuits ſur du papier, comme les biſcuits d'amandes améres.

BISCUITS de caffé. Le biſcuit de caffé ſe fait de même que celui de chocolat, ſinon que vous y mettrez du caffé paſſé au tambour.

BISCUITS de Portugal. Foüettez ſix blancs d'œufs, mettez-y alors les jaunes, & continuez de les foüetter ; incorporez-y une demi-livre de ſucre en poudre, un quarteron de farine, un quarteron de marmelade d'orange & la rapure d'un citron ; vous mêlerez le tout enſemble, & les dreſſerez dans des moules, pour les faire cuire au four : il faut obſerver de ne les point glacer qu'ils ne ſoient cuits. Vous les couperez au couteau, & les glacerez avec de la glace royale, comme les maſſepains, & les acheverez de même façon. *Voyez* MASSEPAIN.

BISCUITS d'Eſpagne. Le biſcuit d'Eſpagne ſe fait de même que le précédent, avec la difference que la farine que l'on y met, doit être de la farine de ris, & que l'on n'y met point de marmelade.

BISCUITS à l'Allemande, apellés *Zweibach*. Prenez vingt œufs, ſeparez le blanc d'avec le jaune ; battez vos jaunes avec une livre de ſucre en poudre, ſur un réchaud de feu léger, juſqu'à ce qu'ils blanchiſſent, comme pour les autres biſcuits ; foüettez les blancs en neige, mêlez le tout enſemble ; alors, vous y mettrez trois quarterons de farine ſéchée à l'étuve, & la paſſerez par un tamis dans votre pâte, avec une demi-once d'anis verds paffés de même, & remuerez bien le tout : alors vous la dreflerez dans un grand moule de papier & la ferez cuire au four ; quand elle fera cuite, vous la couperez par morceaux, de quelle façon vous voudrez, & de l'épaiffeur de quatre écus de fix francs ; vous arrangerez alors les morceaux fur des feüilles de cuivre, & les ferez fécher au four.

BISCUITS d'Italie. Prenez quatre œufs frais , foüettez les blancs en neige ; pefez une once d'écorce de citron verd, une once de chair d'orange confite , une once d'abricots fecs , une once de marmelade de fleurs d'oranges que vous battrez bien dans un mortier & paflerez à travers d'un tamis : vous mêlerez le tout avec vos œufs foüettés & un quarteron de fucre en poudre ; enfuite vous les ferez cuire au four dans de petits moules de papier ; quand ils feront cuits, vous les couperez comme vous le fouhaiterez ; vous les glacerez des deux côtés avec du fucre en poudre, & les remettrez encore un moment au four, pour fécher votre glace.

BISCUITS Royals. Prenez fept œufs frais, foüettez les blancs en neige ; mettez-y alors fept onces de marmelade de plufieurs ef-pèces, bien foüettées & mêlées enfemble ; ajoutez - y cinq jaunes d'œufs, & continuez à foüetter pendant un quart-d'heure ; prenez enfuite fept onces de farine de ris, & fept onces de fucre en poudre que vous mêlerez bien : vous les dreflerez dans des moules de pa-pier , & les ferez cuire au four.

BISCUITS de Marons, ils fe font de même que ceux d'a-mandes améres, à l'exception qu'il faut faire cuire les marons au four, les nettoyer de leur peau & les bien piler, en y mettant un peu de blanc d'œufs, & une livre de fucre pour une livre de marons, le refte fe fait de même.

BISCUITS manqués. Faites une glace royale qui foit forte, mê-lez-y de la rapure de citron & de la fleur d'orange pralinée ; dreflez-les fur du papier , en les étendant avec une cuillier, de la largeur d'un écu de fix francs ; faites-les cuire au four ; quand vous verrez qu'ils feront d'une belle couleur, vous les tirerez du four & les laifferez réfroidir. Pour les lever, moüillez le papier par-deffous, & mettez-les fécher fur un tamis à l'étuve. On pourra leur donner tel goût que l'on jugera à propos.

BISCUITS à l'Allemande, apellés *Listlen*. Prenez du cloux de girofle, canelle, coriandre, mufcade, de chaque efpèce un quart d'once; pilez bien le tout enfemble, & les paffez au tambour; prenez une once d'écorce de citrons verds, une livre d'amandes douces coupées par morceaux pralinés au blanc : quand vous aurez préparé tout ceci, vous prendrez de vingt-quatre œufs les jaunes & les blancs que vous battrez enfemble comme une omelette; vous y mettrez cinq livres de fucre en poudre, & mêlerez le tout avec vos épices & amandes; enfuite vous y incorporerez de la farine, jufqu'à ce que votre pâte foit maniable & qu'elle fe puiffe couper au couteau.

Vous ferez de ladite pâte des abaiffes, & les couperez de la longueur d'une carte; vous les drefferez fur des feüilles de papier poudrées auparavant de farine; enfuite vous les ferez cuire au four; quand ils feront cuits, vous les laifferez réfroidir, & après vous enleverez la farine de deffus & deffous avec une broffe.

Pour les glacer vous ferez cuire du fucre à la plume que vous laifferez tiédir; alors, vous tremperez un gros pinceau dur dans votre fucre, & vous en frotterez vos bifcuits l'un après l'autre, jufqu'à ce que votre fucre blanchiffe : (cette glace féche naturellement) vous pourrez leur donner telle figure qu'il vous plaira, en les imprimant dans des moules, quand la pâte ne fera pas encore cuite.

Il eft bon de dire que l'on peut griller au four toutes ces fortes de bifcuits, en les coupant par tranches, & leur donnant une belle couleur.

BLANCHIR, terme d'Office, c'eft quand on fait boüillir des fruits dans de l'eau pour les amolir, ce qui fe connoit par le moyen d'une épingle; comme je l'ai enfeigné à l'article des abricots verds.

BLANCHISSAGE, terme d'Office, c'eft lorfque l'on blanchit des cerifes, des grofeilles, des raifins, &c. avec du fucre.

BAN BLED BLET BOU
Manière de le faire.

Après avoir nettoyé & lavé les fruits que vous voudrez blanchir, vous foüetterez trois ou quatre blancs d'œufs que vous jetterez sur un tamis pour en recevoir l'huile ; vous passerez vos fruits dedans, & les égouterez sur une grille ; vous les mettrez dans du sucre que vous aurez passé au tambour, en les sautant sur le feu, afin que le sucre s'échauffe & se sèche ; vous les sortirez de votre sucre, & les mettrez sur du papier qui sera posé sur un tamis : vous les mettrez un moment à l'étuve.

BLED de Turquie, est une graine qui naît dans des épys gros, & longs, envelopés de feüilles, roulés en graine, sur une plante qui pousse des tiges à la hauteur de six pieds, semblables à celles des roseaux, rondes, grosses comme le pouce, solides & fermes, purpurines par le bas, & diminuënt en grosseur à mesure qu'elles s'élevent ; ses feüilles, longues ordinairement d'un pied & demi, sont semblables à celles du roseau.

On ne se sert dans l'Office que de l'épy garni de sa graine, après l'avoir dépoüillé de ses feüilles : on la choisit verte pour la confire comme les cornichons, & l'on ne s'en sert que pour garnir les salades cuites.

BLETTE se dit d'une poire qui est passée.

BOUGEOIR, nom d'un gobelet. C'est un gobelet de crystal fait en forme de chandelier ou de flambeau, dans lequel l'on met une bougie, & que l'on cole sur les services.

Les Bougeoirs sont d'ordinaire de deux pouces & demi de hauteur. *Voyez* Fig. Plan. 3. Lett. F.

BOUILLOIR est un meuble d'Office en façon de grande thétiere, dans lequel on met chauffer de l'eau pour s'en servir au besoin. *Voyez* Planc. 1. Lett. Y.

BOUILLON terme d'Office, est quand on a égouté des

fruits que l'on a mis au fucre, & que l'on fait reboüillir le fucre. Boüillon fe dit encore, lorfque l'on fait recuire une confiture liquide qui poufle. Ce terme eft encore apliqué aux compotes, que l'on conduit de même lorfqu'elles pouflent.

BOUILLON couvert, fe dit lorfqu'un fruit eft couvert de fon firop en boüillant fur le feu.

BOURRE, eft une efpèce de duvet que l'on ôte aux abricots & aux amandes vertes, en les paflant à la leffive. *Voyez* ABRI-COTS VERDS.

BOUTONS de fleurs d'orange, font ceux qui tiennent les feüilles de la fleur ; ils fe confiflent de même que la fleur, *Voyez* ORANGE.

BROSSE, eft une efpèce de fraife qui croft de même ; on l'apelle Brofle, à caufe que fa peau eft raboteufe, qu'elle eft garnie de petites pointes, & femblable à une brofle : on les fert cruës étant bien lavées : on en fait des compotes de même que des fraifes, & du blanchiflage. *Voyez* COMPOTE & BLANCHISSAGE.

BRUGNON, eft une efpèce de pêche (ª) qui vient par l'artifice des Jardiniers, & de l'induftrie de les enter : le brugnon eft violet d'un coté, & de l'autre d'un blanc verdâtre, fans duvet ; il meurit au mois de Septembre : on le fert cru ; on le confit, & on en fait des compotes comme des pêches. *Voyez* PESCHE & COMPOTE.

BRUSLER, terme d'Office ; on dit vulgairement brûler du caffé, du cachou, du cacao ; brûler du fucre, c'eft quand on manque le caramel & qu'on le brûle, parce que le caramel étant la dernière cuiflon du fucre, on ne peut le cuire davantage, à moins de le brû-ler. Il eft mieux dit torrefier le Caffé & le Cacao. (ᵇ)

(ª) La Quint. Part. III. Ch. 5.
(ᵇ) Philippe Sylveftre Dufour, dans fon Traité du Caffé, Thé & Chocolat, fe fert de de torrefier.

CAB CAC CAF

CABARET, eſt un meuble d'Office ſur lequel on ſert & porte les taſſes à caffé. *Voyez* Fig. Plan. 2. Lett. A.

CACAO, eſt un fruit long, ſemblable à celui des Melons, rayé, roux & canellé, plein de petites noix, qui ont beaucoup de raport aux amandes : il croît ſur le Cacaotier qui vient aux Indes, il eſt de la hauteur de l'Oranger, ayant ſes feüilles plus longues. (*a*)

On ſe ſert du Cacao, pour faire la baze du Chocolat. *Voyez* CHOCOLAT.

CACHOU, eſt une maniére de pâte ſéche, dure, un peu gommeuſe, rougeâtre, ayant la forme & preſque la dureté d'une pierre, d'un goût amer au commencement, mais laiſſant dans la bouche une impreſſion douce & agréable. (*b*)

Il faut le choiſir peſant & compacte, de couleur rougeâtre & d'un goût amer : on s'en ſert pour faire des paſtilles ; pour trouver la maniére de les faire. *Voyez* PASTILLE.

CAFFE', eſt la graine du fruit d'un arbre qui eſt ſemblable aux bonnets de Prêtres ; ſes feüilles ſont plus dures, plus épaiſſes, & toujours vertes : cette graine eſt de figure ovale, de couleur jaunâtre, tirante ſur le blanc. Elle retient le nom de caffé, auſſi-bien que la boiſſon, qui eſt devenuë d'un uſage très-commun. Cet arbre croît dans l'Arabie-heureuſe & dans les Indes Orientales.

On doit choiſir le Caffé bien mondé de ſon écorce, nouveau, net, bien nourri, de moyenne groſſeur, prenant garde qu'il n'ait été moüillé par l'eau de la mer, & qu'il ne ſente le moiſi.

On s'en ſert pour prendre en boiſſon à l'eau, à la crême, dans des paſtilles, des conſerves, des biſcuits, *Voyez* PASTILLE. CONSERVE & BISCUIT. & dans les glaces. *Voyez* NEIGE & MOUSSE.

(*a*) Mr. Rochefort, dans ſon Hiſtoire des Iſles Antilles.
(*b*) Mr. Lemery, dans ſon Dictionnaire univerſel des Drogues ſimples.

Maniére

Manière de le faire en Boisson.

On fait torrefier le Caffé dans une poële de fer; pendant qu'il eſt ſur le feu on l'agite inceſſamment, en remuant la poële juſqu'à ce qu'il ſoit preſque noir, puis on le réduit en poudre avec le moulin qui ne ſert que pour cet uſage. On fait boüillir de l'eau dans une caffetiére, enſuite on la retire un peu du feu, y jettant une once & demie de caffé en poudre, ſur une pinte d'eau; en même - tems on remuë l'eau avec une cuillier, tant pour mêler le caffé, que pour empêcher l'eau de ſortir de la caffetiére : remarquez de le faire boüillir, c'eſt-à-dire de lui donner ſept à huit boüillons, juſqu'à ce qu'il ne paroiſſe plus rien ſur l'eau; enſuite vous le tirerez du feu, & y jetterez une cuillerée à bouche pleine d'eau fraiche, & le laiſſerez repoſer ſur des cendres chaudes; quand le moment viendra de le ſervir, vous le tirerez au clair & le chaufferez comme il faut.

Obſervez qu'il ne faut point faire proviſion de caffé torrefié pour pluſieurs jours, parce qu'il eſt toujours meilleur de l'employer tout-de-ſuite.

Quand on voudra le prendre au lait ou à la crême, vous aurez ſoin d'avoir de l'un & l'autre boüillis ſéparément dans une caffetiére, & le ſervirez dans des taſes dont vous garnirez un cabaret.

On fait encore du Caffé portatif. *Voyez* SIROP.

CAFFETIE'RE, eſt un vaſe d'argent dans lequel on met le Caffé pour le ſervir. *Voyez* Fig. Plan. 1. Lett. T.

CAILLEBOTTE, eſt le nom d'un fromage de lait ou de crême que l'on fait cailler, & que l'on met enſuite égouter dans des moules de fer blanc, où ils prennent leur figure. *Voyez* Plan. 1. Lett. O & L.

Manière de le faire.

Prenez deux ou trois pintes de lait ou de crême que vous ferez tiédir; lorſque la chaleur ſera au dégré de pouvoir y ſouffrir le doigt,

D

vous prendrez trois ou quatre géfiers de poulets, (*a*) c'eſt-à-dire la peau qui eſt dedans, vous les laverez bien & les ſécherez à l'étuve, enſuite vous les pilerez & les mettrez ſur une étamine dans laquelle vous paſſerez votre lait avec une cuillier, à pluſieurs repriſes ; vous le mettrez alors à l'étuve pour achever de le faire prendre ; quand il ſera pris, vous le dreſſerez dans des petits moules de fer blanc qui ſeront percés à cet effet, afin que l'eau en puiſſe ſortir ; lorſque vos fromages ſeront pris, vous les dreſſerez dans des compotiers, mettant deſſus de la crême fraiche ou foüettée. Beaucoup d'Officiers mêlent du ſucre dedans ; mais je trouve qu'il eſt plus à propos de les ſervir de cette façon, parce que tout le monde n'aime point le ſucre, & qu'on ſe trouve toujours à même d'en faire uſage.

CAISSE. On apelle Caiſſe dans l'Office, des moules de papiers qui ſervent à mettre de la pâte de biſcuit, de la *fleur* d'orange pralinée, & des paſtilles ſur les ſervices.

CANDY, eſt un ſucre cryſtaliſé qui ſe congéle en petits brillants, & durcit lorſqu'il ſe trouve dépoüillé de la meilleur partie de ſon humidité, par le moyen de l'étuve ; il s'attache à tout ce que l'on veut candir, pourvû que la matiére ſoit ſéche.

Je donne ici la méthode de faire des Candys de toute eſpèce.

GROS-CANDY blanc & rouge. Prenez trois ou quatre pains de ſucre royal, faites-les cuire à la plume, verſez votre ſucre tout chaud dans un moule à candy, où vous aurez arrangé quelques morceaux de fil en long & en large : pour le bien candir, vous mettrez votre moule dans l'étuve, pendant l'eſpace de huit jours, pour l'entretenir d'une médiocre chaleur ; alors, vous le retirerez, le laiſſerez égouter & ſécher à l'étuve.

(*a*) Le géſier de Poulet, autrement la peau qui eſt dans ſon eſtomac, eſt une eſpèce de levain. Cette matiére délayée dans la crême ou du lait, dévelope ſes ſels volatils. Les reſſorts de l'air dardent les ſels de toutes parts, il ſe fait une agitation dans les parties les plus intimes de toute la maſſe, qui ſépare l'humeur ſéreuſe d'avec les parties ſucculentes ; celles-ci ſe raprochent par pelotons, ce qu'on apelle lait caillé. *Spectacle de la nature, page 2c. tom. 3.*

Le fucre candy rouge fe fait de même, fi ce n'eft qu'au lieu de fucre royal on fe fert du commun, ou de mofcouade.

CANDY de fleurs d'orange, de violettes, de jonquilles, de rofes, d'œillets. Toutes ces fleurs fe candiffent de même. Prenez fix ou huit livres de fucre clarifié que vous ferez cuire à foufflé ; jettez-y trois livres de fleurs bien épluchées, de telle efpèce que vous voudrez ; ôtez la poële de deffus le feu, & la laiffez repofer un peu de tems, pour que les fleurs puiffent jetter leur eau ; remettez-les enfuite à même cuiffon, c'eft-à-dire à foufflé ; ôtez-les & les laiffez réfroidir l'efpace d'un quart-d'heure ; prenez un moule à candy que vous remplirez à moitié de fleurs & de fucre, le laifferez pendant vingt-quatre heures à l'étuve avec un feu modéré, après quoi vous ferez un petit trou au coin du moule pour égouter le fucre ; quand il le fera, vous le remettrez à l'étuve l'efpace, à-peu-près, de trois heures, & le pancherez pour qu'il s'achéve en même-tems d'égou- ter & de fécher. Vous aurez foin de mettre deffous une poële ou terrine, pour en recevoir le fucre qui en dégoutera : quand il fera fuffifamment fec, vous l'ôterez du moule, & le renverferez fur une feüille de papier ; s'il y reftoit encore de l'humidité, vous le re- mettriez à l'étuve.

Vous pouvez le couper de telle façon qu'il vous plaira, & le fer- rer dans des coffrets.

La fleur d'orange pralinée fe met en hiver au candy, obfervant de tenir le fucre à même cuiffon, & d'y jetter la fleur ; enfuite vous lui donnerez un boüillon couvert, la mettrez dans un moule & l'égouterez au bout de dix heures. Il faut obferver les mêmes régles que ci-devant.

CANDY d'Abricots verds, d'abricots meurs par moitié, d'abricots meurs piqués, d'Amandes vertes, de Reines-Claudes, de Mirabelles, d'Epines-vinettes en grapes, de Fenoüils en branches, de toutes fortes de Pâtes, de Cerifes, de Batonages de Coins, d'An- géliques, de Canelles, de Paftilles & de Conferves ; ces trois der- niéres efpèces prennent le candy comme les fruits.

D ij

CAN

Prenez de vos fruits telle efpèce que vous jugerez à propos, lefquels doivent être confits, enfuite vous les égouterez & les paf- ferez dans l'eau tiéde pour leur ôter le fucre qui fe trouve toujours gras, & qui empêcheroit qu'ils ne candiffent : mettez-les alors fur des tamis, & les faites fécher à l'étuve, c'eft-à-dire que les deffus du fruit fe trouvent fecs ; enfuite arrangez-les dans des moules à candy fur une petite grille faite exprès, qui entre dans le moule ; vous en pouvez faire trois ou quatre lits l'un fur l'autre, en les féparant avec ces petites grilles. *Voyez* Fig. Planch. 1. Lett. N. Z.

Pour éviter que ce que vous voudrez candir ne fe touche point parmi les grilles, vous mettrez un morceau de plomb deffus, pour que cela fe tienne ferme ; enfuite faites cuire du fucre clarifié à petit foufflé, la quantité qu'il en faudra, fuivant la grandeur de votre moule, & le laiffez tiédir ; quand il le fera, vous le coulerez dans le moule, & le mettrez à l'étuve du foir au lendemain, avec un feu couvert & modéré, pour qu'il dure la nuit. Le matin vous prendrez garde fi vos fruits font bien pris, finon vous les laifferez encore une heure ou deux, fuivant le befoin.

Vous ferez un petit trou au coin du moule, pour égouter le fucre, puis le renverferez fur le coté dans l'étuve, ayant une poële ou terrine deffous, pour en recevoir les égoutures : quand il fera fec vous le renverferez fur une feüille de papier, & tirerez vos fruits l'un après l'autre, alors vous les ferrerez dans des coffrets.

La Canelle fe coupe en maniére de bâtonage & de la même grandeur ; avant de la couper il faut la faire tremper dans de l'eau chaude ou dans l'efprit-de-vin, (*a*) pour avoir plus de facilité ; lorf- que vous l'aurez coupée, vous la mettrez dans un petit fucre léger fur le feu, & lui donnerez trois ou quatre boüillons ; vous la reti- rerez, l'égouterez, & la ferez fécher à l'étuve fur des tamis ; fitôt qu'elle fera féche, vous l'arrangerez dans des moules, & la gou- vernerez de même.

Le Fenoüil fe met également dans un petit fucre, avant de le candir.

_____

(*a*) Il eft toujours plus-à-propos de fe fervir d'efprit-de-vin, ou d'eau-de-vie, par la raifon qu'ils ouvrent les pores de la Canelle, & qu'ils font que le fucre y pénétre mieux.

On fait encore des Candys de toutes autres espèces, c'est ce qui dépend du goût des Officiers.

Je crois avoir assez traité sur la matière des Candys, pour que l'on puisse s'y conformer, & en faire d'autres façons.

CANNAMELLE ou Canne à sucre, est un nom Français, composé du Latin *Canna* & de *Mel*, comme qui diroit Canne mielée. Les Anciens ont donné ce nom à la Canne à sucre, à cause de son goût qui aproche de celui du miel. (a)

CANNELLE, est une écorce assez mince, longue & roulée dans sa longueur ; sa couleur est rousse ou jaunâtre tirant sur le rouge ; elle est d'un goût doux-piquant, aromatique, très-aromatique & d'une très-bonne odeur : cette écorce se tire des branches d'un arbre que l'on nomme Canelier, il croît abondamment dans l'Isle de Ceilan, & s'éleve à la hauteur d'une saule. Il la faut choisir mince, haute en couleur, piquante au goût, & qui ait beaucoup d'odeur.

On se sert de la Cannelle à plusieurs usages, dans les biscuits, les compotes, le vin brulé, les pastilles, dans les glaces, neiges & dragées. Pour connoitre son emploi, *Voyez* l'un & l'autre.

CANNELAS, est une espèce de dragée longue, mince & perlée, qui sert à piquer des diablotins ; on en met dans les grillages pour le faire. *Voyez* DRAGE'E.

CANNELON, est un moule de fer blanc qui a la figure canellée, dans lequel on met des neiges, pour leur en donner la forme. *Voyez* Planch. 6. Fig. 4.

CAPILLAIRE, est une plante, dont les tiges croissent à la hauteur d'un demi-pied ; elles sont noirâtres, divisées en rameaux très-déliés qui poussent des feüilles très-petites, assez semblables à celles de la Coriandre.

(a) Mr. Lemery, en son Traité universel des Drogues simples, pag. 765.

CAP CAR

Le Capillaire ne porte point de fleurs ; mais sa graine croît sur les plis des extrémités des feüilles, qui se replient sur elles-mêmes & couvrent plusieurs capsules sphériques qui sont presque imperceptibles.

Le Capillaire croît sur les parois des puits & des fontaines, en dehors ou en dedans, dans les bois, dans les rochers ; il vient abondamment dans le Canada, sa tige est rougeâtre, & c'est celui qui est le plus estimé. On s'en sert dans l'Office pour faire du sirop. *Voyez* SIROP.

CAPRE. Les Capres sont de petits boutons verds qui croissent en Provence sur un arbrisseau garnis d'épines crochuës ; ses rameaux sont un peu courbés ; ses feüilles sont rondes, d'un goût amèr : on les cueille avant qu'ils ne fleurissent pour les confire.

Manière de les confire.

Prenez des Capres que vous mettrez dans un pot, avec quelques poignées de sel, raisonnablement ; vous y ajouterez du poivre concassé & quelques cloux de girofle, si vous voulez, puis verserez par-dessus du vinaigre & de l'eau ; c'est-à-dire, sur deux pintes de vinaigre, une d'eau, afin que vos capres baignent. Vous les trouverez au bout d'un certain tems fort agréables. Conservez-les dans des pots bien bouchés, & servez-vous-en pour garnir des salades cuites.

CAPUCINE ou Cresson d'Inde, est une plante ; dont la tige foible & rameuse s'entortille au-tour des plantes & bâtons qui sont proches : ses feüilles sont rondes & de couleur verte ; ses fleurs soutenuës par des pedicules rougeâtres, sont jaunes, marquées de quelques taches rouges. On la cultive dans les potagers ; on ne se sert que de la fleur pour garnir les salades.

CARAMEL, est la dernière cuisson du sucre. Pour le faire *Voyez* CUISSON.
On met au Caramel des marrons, des néfles, des sorbes, des

raiſins muſcats à l'eau-de-vie, & toutes ſortes de fruits confits à l'eau-de-vie. *Voyez* EAU-DE-VIE.

CASSE. *Voyez* CUISSON.

CASSONADE ou Caſtonade, eſt une moſcouade rafinée que l'on aporte dans les Rafineries pour en former des pains de ſucre. *Voyez* SUCRE.

CAVE. On apelle Cave dans l'Office, un meuble fait de cuivre ou de fer blanc, en forme de braiſiére avec ſon couvercle, que l'on poſe dans un baquet, & que l'on entoure de glace pilée, & auſſi ſalée : il ſert à mettre tous les fruits glacés que l'on tire de la glace & que l'on finit, pour qu'ils ſe conſervent, en attendant le ſervice. On aura ſoin de mettre des feüilles de vigne, ou de papier deſſous & deſſus, pour que les fruits ne ſe touchent point. *Voyez* Fig. Planch. 1. Lett. A. AA. le baquet. B. intérieur de la Cave. C. couvercle de la Cave.

CEDRAC, eſt un fruit qui croît ſur un arbre ſemblable au Citronier ; on le cultive dans les païs chauds, comme en Italie, en Provence, en Languedoc ; ſon écorce eſt raboteuſe, inégale, charnuë, épaiſſe, de couleur verte au commencement, mais en meuriſſant elle devient citrine & luiſante en dehors, blanche en dedans, d'une odeur très-agréable, d'un goût aromatique & piquant.

CEDRAC, (*a*) eſt un mot Italien qui vient de Cedre, il ſe dit communément en France. Pluſieurs Auteurs prétendent que le Cedrac tire ſon origine de la Bergamotte & du Citron aigre.

On confit le Cedrac entier, par quartiers & par zeſtes.

Maniére de le confire.

Prenez des Cedracs, ſi vous les voulez entiers, faites-leur un trou rond comme une piéce de deux ſols, ſuivant la grandeur du fruit ;

(*a*) Mr. Lemery, dans ſon Dictionnaire univerſel des Drogues ſimples.

piquez-les en plufieurs ▓▓▓roits, avec une épingle ; ayez de l'eau
boüillante fur le feu & les jettez dedans ; faites-les boüillir jufqu'à
ce que la tête d'une épingle puiffe y entrer facilement ; alors , retirez-les du feu, rafraichiffez-les dans de l'eau fraiche, & les vuidez
de leur jus avec une videlle , pour les rendre creux ; égoutez-les &
rangez-les dans une terrine ; prenez du fucre clarifié que vous verferez deffus en fuffifance, pour qu'ils puiffent y nager ; couvrez-les
avec du papier & les laiffez ainfi repofer vingt-quatre heures. Vous
les égouterez de quatre jours en quatre jours , & donnerez une douzaine de boüillons à votre fucre, ayant toujours foin de n'y mettre
vos Cedracs que lorfqu'il fera froid ; vous ferez cela quatre fois,
pour que vos fruits prennent fucre : alors, vous les ferez égouter ,
& cuire votre firop à foufflé , enfuite vous les mettrez dedans , &
leur donnerez un boüillon couvert ; vous les écumerez bien, & les
garderez dans des pots, pour vous en fervir quand vous le voudrez.

Les quartiers de Cedrac fe font de même, en coupant les Cedracs
par quartiers , & les parant en-dedans du jus que l'on leur doit ôter.
On en fait encore des pâtes, des marmelades, des fruits glacés &
neiges. *Voyez* l'un & l'autre.

Les zeftes de Cedrac que l'on fait fécher à l'étuve , fe confifent de
même , on leur enleve fuperficiellement l'écorce d'un bout à l'autre.
Lorfqu'ils feront confits , vous les égouterez & les rangerez à l'étuve
fur des feüilles de cuivre, en les poudrant de fucre. *V.* Tirer à l'étuve.

CELERY, eft une efpèce d'Ache qui n'eft differente de l'Ache
des marais , que par fon goût moins fort , plus agréable, & que fes
tiges couvertes de terre & fumier deviennent blanches & tendres.

On en fait des falades , & on peut le confire de même que
l'Angélique , en le choififfant beau & blanc , le dépoüillant de fes
feüilles , & ne prenant que la groffe tige. *Voyez* SALADE.

CERFEUIL, eft une herbe potagère qui croît à la hauteur
d'un pied , elle pouffe de fa racine beaucoup de tiges ; fes feüilles
font reffemblantes à celles du perfil , mais plus petites , découpées
un peu plus profondément, & plus molles au toucher , vertes dans
leur jeuneffe : on s'en fert dans les garnitures de falade.

CERISE,

CER

CERISE, eſt un petit fruit rond, & aſſez connu. (*a*) La Ceriſe la plus commune eſt apellée aigriotte ; elle eſt ronde, rouge, d'un goût aigrelet fort agréable ; elle croît ſur un arbre de médiocre hauteur, que l'on apelle Ceriſier domeſtique, ou cultivé ; ſes feüilles ſont longuettes, pointuës, dentelées en leurs bords. On en voit d'autres eſpèces. *Voyez* BIGARREAU, GUIGNE & MERISE.

Toutes ces Ceriſes renferment chacune un noyau quaſi ſphérique, dur, où eſt contenu une petite amande d'un goût agréable, & un peu amère. On les confit, on en fait des neiges, des conſerves & des marmelades. *Voyez* l'un & l'autre.

Maniére de les confire avec leurs noyaux, & ſans noyaux.

Prenez de belles Ceriſes & leur coupez le bout de la queüe, ou ôtez-leur le noyau ; faites cuire du ſucre clarifié à la groſſe plume, mettez-y vos Ceriſes, & leur donnez pluſieurs boüillons couverts ; ôtez-les de deſſus le feu, & les écumez proprement ; vous les laiſſerez ainſi juſqu'au lendemain : alors vous les égouterez ſur une égoutoire, & ferez cuire votre ſucre à gros perlé, en y mélant un peu de jus de groſeille, pour leur maintenir une belle couleur ; jettez-y enſuite votre fruit, & lui faites prendre ſept à huit boüillons couverts. Lorſque vous l'aurez ôté de deſſus le feu, vous l'écumerez & le mettrez dans des pots ; lorſque votre fruit ſera froid, vous le couvrirez avec de la gelée de groſeille de l'épaiſſeur d'un doigt ; ces Ceriſes vous ſerviront en Hyver pour compotes, & auſſi à en faire des Ceriſes à oreilles & Ceriſes bottées : obſervez qu'il faut une livre de ſucre pour une livre de fruit.

CERISES à oreille. Lorſque vos Ceriſes ſeront confites & froides, vous égouterez des Ceriſes ſans noyau, & les fenderez un peu avec des ciſeaux pour les déveloper ; vous en mettrez trois ou quatre l'une ſur l'autre, vous les arrangerez ſur des feüilles de cuivre, que vous aurez poudrées de ſucre auparavant ; vous poudrerez un peu vos Ceriſes, lorſqu'elles ſeront arrangées ſur les feüilles, & les ferez ſécher à l'étuve ; quand elles ſeront ſéches d'un côté, vous les tournerez de l'autre, & les arrangerez proprement ſur des tamis : ſitôt

(*a*) La Quint. Tom. 1. Part. III. pag. 407.

E

qu'elles feront féches d'un côté, comme d'un autre, vous les con-
ferverez dans des coffrets.

C E R I S E S bottées. Prenez des Cerifes confites à noyau &
fans noyau que vous égouterez ; vous prendrez celles qui ont des
queuës, & vous mettrez par-deffus trois ou quatre de celles qui
n'en ont point : obfervez de les fendre, comme pour les Cerifes à
oreille. Vous les rendrez rondes & bien unies ; vous les rangerez à
mefure fur des feüilles de cuivre, la queuë en haut ; vous les poudrerez un peu de fucre, & les mettrez fecher à l'étuve ; quand elles
le feront, vous les retournerez fur des tamis pour les achever de
fecher : confervez-les dans des coffrets.

C E R N E A U. On apelle Cerneau l'amande de la noix, lorfque la noix eft encore tendre & aqueufe, & que fa coque n'eft
point ligneufe. On doit avoir foin de les tenir dans de l'eau fraiche
avec un jus de citron, jufqu'au moment qu'on les fervira, pour qu'ils
ne fe noirciffent pas.

C E R N E A U d'Hyver. Prenez les amandes de belles noix,
mondez-les de leur peau, faites-les tremper pendant vingt-quatre
heures dans de l'eau tiéde, que vous changerez quelquefois pour
en faire fortir l'huile ; mettez-les alors pendant une couple d'heures
dans de l'eau fraiche avec un jus de citron : au moment que vous
voudrez les fervir, vous les égouterez.

C H A I R, fe dit des fruits. C'eft le terme dont on fe fert pour
exprimer la fubftance du fruit qui eft couverte d'une peau, & qui
fe mange : ce mot de chair reçoit plufieurs épithétes (a) pour marquer toutes les différences qui s'y rencontrent.

C H A I R beurée & fondante ; c'eft celle qui fe fond en effet
dans la bouche pour peu qu'on la mâche ; tel eft la chair des
poires de beurée, de bergamotte, de l'échafferie, de crafane,
& de toutes les pêches.

(a) La Quint. tom. 1. Part. I. pag. 41.

CHAIR caffante, fe dit des poires qui font fermes fans être dures, & qui font une manière de bruit fous la dent qui les mâche; telles font les meffires-jeans, les bons-chrétiens d'hyver, les martins-fecs &c.

CHAIR coriaffe & dure, fe dit de certaines poires qui n'ont aucune fineffe, ni délicateffe, & qu'on a peine à avaler.

CHAIR fine, fe dit des fruits excellens.

CHAIR gromeleufe & farineufe, fe dit de certaines poires qui font défagreables & mauvaifes au goût, & qui n'ont point acquis leur bonté naturelle.

CHAIR pâteufe, fe dit de certaines poires qui font en quelque façon groffes comme les beurées, blanches, & venuës à l'ombre.

CHAIR tendre, fe dit de certaines poires, qui n'étant ni fondantes ni caffantes, ne laiffent point d'être excellentes; telles font les poires de rouffelets.
Il y a des fruits qui ont la chair un peu aigre, tels font les faints-germains, d'autres l'ont un peu acre, comme les craffanes; d'autres ont le goût auffi âpre que les poires à cuire.

CHAIR des fruits d'odeur. La chair des fruits d'odeur eft toujours dure, caffante & empreinte de l'odeur de fon fruit, on ne la mange point cruë, mais on la confit.

CHARGER, fe dit des dragées, c'eft d'y mettre plufieurs couches, jufqu'à la fuffifance. Charger fe dit encore du tirage, que lon tire trop froid, ou que l'on blanchit trop; on apelle cela un tirage chargé.

CHASSIS meuble d'Office, eft un cadre de bois, où il y a aux quatre angles un petit crochet de fer, fur lefquels l'on attache une étamine, on pofe ainfi le cadre fur une terrine pour paffer plufieurs chofes, lorfque l'on eft feul. *Voyez* la Figure Planche 2. Lett. P. Q. R.

CHAUSSE, eft une piéce de drap, qui aboutit en pointe comme un capuchon, où l'on fait paffer plufieurs chofes liquides pour les clarifier. *Voyez* Fig. Plan. 2. Lett. N. G.

CHENILLE, eft une efpèce de paffement ou ornement de foye, monté fur du petit fil de léton que l'on fait faire exprès : on s'en fert pour garnir les rebords des cartons que l'on a découpé, pour former des ornemens de parterre ; on remplit ordinairement ces cartons de nompareille (de toute couleur) pour imiter le fable ; cette chenille eft toujours plus propre que toutes les mouffe-lines dont plufieurs Officiers fe fervent. *Voyez* MOUSSELINE.

CHEVRETTES, font des fers qui ont la figure triangu-laire, avec trois pieds, les plus hautes ont quatre pouces, elles fervent à pofer les poëles deffus, pour les mettre fur le feu, elles foutiennent les poëles & donnent de l'air aux Fourneaux.

CHICORE'E. Il y en a de deux efpèces, la cultivée, & la fauvage ; la cultivée eft celle qu'on emploïe pour des falades ; elle fort de terre avec des feüilles femblables à celles de l'endive, quoique plus étroites, plus courtes & moins découpées tout-au-tour ; il faut la choifir bien blanche, tendre & délicate.

CHINOISE, eft une petite orange qui croît abondamment dans la Chine ; c'eft pourquoi on la nomme Chinoife : on la confit de même que le cédra & le citron.

CHOCOLAT, eft une pâte féche, dure, affez pefante, formée en petits pains carrés, ou en rouleau, de couleur brune rougeâtre, d'une odeur & d'un goût agréable & réjoüiffant ; cette pâte eft une compofition dont le cacao fait la baze.

Maniére de le faire.

Il faut avoir du plus gros & du meilleur cacao, on le fera torrefier dans une poële fur le feu, & le remuant continuellement jufqu'à ce que l'écorçe quitte aifément les amandes ; on féparera & l'on jettera cette écorce torrefiée ; puis ayant remis les amandes dans la poële on les fera torrefier de nouveau, mais à un feu moderé, jufqu'à ce qu'elles foient bien féches extérieurement fans fentir le brulé.

On les pillera dans un mortier bien chaud, ou on les écrafera & les broyera avec un rouleau de fer fur une pierre platte & bien dure, que l'on aura fait chauffer & fous laquelle l'on mettra encore du feu, pour y entretenir la chaleur : on continuera à broyer le cacao jufqu'à ce qu'il foit bien en pâte, & qu'il n'y refte rien de dur, & de grumeleux ; cette pâte toute fimple, & à laquelle on ajoute un peu de fucre, fe nomme Chocolat de fanté.

CHOCOLAT avec odeur, pefez quatre livres de cette pâte marquée ci-deffus, remuez-la fur la pierre chaude, & y incorporez avec le même rouleau de fer, trois livres de fucre fin en poudre, & bien paffé au tambour ; broyez quelque-tems ce mélange, jufqu'à ce que le fucre fe foit fondu & lié avec le cacao ; alors vous y ajouterez une poudre compofée de dix-huit gouffes de vanille, d'une dragme & demie de canelle, de huit cloux de girofles, de deux grains d'ambre-gris, fi vous en voulez mettre. Quand on aura mêlé exactement le tout enfemble, on levera la pâte de deffus la pierre, & l'on en formera des pains, tablettes, ou rouleaux, de la grandeur, & de la figure que l'on voudra ; alors vous les mettrez fécher, ou durcir fur du papier blanc : obfervez que la poudre aromatique ne doit être mêlée que fur la fin, lorfque l'on a donné une liaifon exacte à la pate, & qu'on ne doit pas apr ès ce mélange, laiffer la pâte trop long-tems fur la pierre chaude ; la raifon en eft, que les parties volatiles & fpiritueufes des aromates, qui font leurs vertus & leurs agrémens, fe diffiperoient & s'évaporeroient par la chaleur.

Manière de le préparer en boisson.

Faites boüillir de l'eau, lorsqu'elle fera bien boüillante, prenez une once de Chocolat que vous aurez bien rapé pour chaque taffe d'eau; mettez votre chocolat dans une chocolatiére, & y verfez votre eau boüillante deffus; laiffez boüillir votre chocolat deux ou trois boüillons, alors éloignez-le un peu du feu, pour le laiffer mitonner pendant un quart-d'heure, en le remuant avec votre moulinet pour achever de le diffoudre : quand on eft prêt à le fervir, on continuë après l'avoir ôté du feu, jufqu'à ce qu'on l'ait fait bien mouffer; on verfe de cette mouffe dans la taffe, & on acheve de la remplir du refte de votre chocolat; on recommence après à le remuer, pour faire venir de nouvelles mouffes, & on en remplit tout-de-même les autres taffes. Lorfqu'avec le moulinet, on veut bien faire mouffer le chocolat, il faut que, par proportion à la quantité de votre chocolat, la maffe foit de telle hauteur, que fans toucher au fond de la chocolatiére, dont elle doit être éloignée d'un demi-travers de doigt, elle ne laiffe pas d'être entiérement noyée dans le chocolat; car fi la partie fupérieure en excédoit la hauteur, la mouffe ne fe feroit qu'imparfaitement.

Le Chocolat au lait fe fait de la même maniére, au lieu d'eau, comme j'ai dit ci-deffus, vous vous fervez de lait que vous faites boüillir, prenez garde qu'il ne foit point tourné; fi vous trouvez que votre chocolat ne foit pas affez fucré de lui-même, vous pourrez y en mettre, jufqu'à ce qu'il foit de votre goût : le chocolat fert à faire des glaces, des neiges, des fromages, des mouffes, des dragées, des diablotins & des pyramides. *Voyez* l'un & l'autre.

CHOCOLATIERE, meuble d'Office dans lequel on prépare le chocolat, eft une efpèce de cafetiére, dont le couvercle n'eft point attaché par une charniére, & qui a un trou au milieu pour y paffer le manche du moulinet.

CHOUX-Cabus, eft un choux que l'on confit au vinaigre,

& qui fert pour les falades cuites; les feuilles de cette efpèce de choux font grandes & finueufes, à peu-près comme celles des autres choux, mais de couleur fort diverfifiée; car quelques-uns d'entr'eux font d'un purpurin brun, d'autres de couleur noire verdâtre; quelques-uns font jaunâtres & bleuâtres, & toutes font traverfées par des côtés & nerfs rouges.

Maniére de le confire.

Coupez-les par plufieurs tranches, & les poudrez avec beaucoup de fel, c'eft-à-dire à difcrétion, avec quelques cloux de girofles groffiérement concaffés; couchez-les dans un pot de terre vernifé, faifant une couche de fel, & une autre de choux, jufqu'au haut du pot; empliffez-le alors de bon vinaigre & le tenez bien bouché; lorfque vous voudrez tirer de ces tranches de choux, fervez-vous d'une cuillier, & prenez garde de ne point tremper les doigts dans le vinaigre; fi vous les trouvez trop aigres, pour l'emploi que vous en voulez faire, paffez-les à l'eau fraiche.

CIRE d'Office, eft une compofition de cire qui doit être verte, & qui fert à attacher les fleurs fur les fervices, & autres chofes que l'on y veut attacher.

Maniére de la faire.

Prenez quatre livres de cire jaune, que vous couperez par morceaux; mettez-la dans une poële, avec autant de réfine blanche, & une livre de fain-doux; jettez par-deffus deux pots d'eau, faites fondre le tout, & lorfqu'il fera fondu, laiffez-le repofer & réfroidir l'eau, & la craffe reftera au fond. Alors tirez votre cire de la poële, décraffez-la le plus que vous pourrez, remettez-la par morceaux, & la faites refondre; lorfque vous verrez qu'elle fera fondue & bien chaude, vous y jetterez une once de vert-de-gris bien pulvérifé, & lui donnerez un boüillon, elle deviendra fort belle en couleur; vous aurez foin d'avoir des caiffes de papier, que vous aurez huilé auparavant, dans lefquelles vous la coulerez, & laifferez réfroidir, pour vous en fervir au befoin.

CIRE à modeler. Je donne ici la façon de la faire, parce que bien des jeunes gens qui aprennent l'Office, s'apliquant au deffein, s'apliquent encore à modeler, pour s'y mieux perfectionner.

Maniére de la faire.

Prenez même doze que ci-deffus, à la réferve que vous mettrez une livre de fain-doux de plus; travaillez-la de même; lorfqu'elle fera froide dans vos caiffes, prenez du vermillon en poudre, que vous manierez avec votre cire pour lui donner une belle couleur: il faut obferver que pendant l'Eté l'on doit fuprimer un peu de fain-doux, parce qu'elle deviendroit trop molle dans les chaleurs.

CITRON, eft un fruit oblong, dont l'écorce eft épaiffe & raboteufe; il renferme une fubftance vefficuleufe, divifée en plufieurs célules, remplies d'un fuc acide, & très-agréable au goût; il croît fur un arbre que l'on cultive en Provence, en Languedoc, en Italie & dans les Païs chauds; il eft toujours verd, fes rameaux font étendus, plians, revêtus d'une écorce unie & verte; fes feüilles font fimples, longues, larges, comme celles du noyer, pointuës, reffemblantes à celles du laurier, mais plus charnuës, d'une belle couleur verte, luifante, principalement en deffus; d'une odeur forte, (a) fa fleur eft à cinq feüilles, difpofée en rond, de couleur blanche, tirant fur le purpurin, d'une odeur fort agréable, foutenuë par un calice rond & dur.

On s'en fert de même que de la fleur d'orange. *Voyez* ORANGE.

CITRON doux, eft une efpèce de citron que l'on apelle limon. *Voyez* LIMON.

(a) Palladius fut le premier qui peupla l'Italie de Citroniers, qu'il avoit aporté de Medie.

Maniére

CIT CIV

Manière de confire les Citrons.

On confit les Citrons entiers, tournés, en taillaidins, en zestes & tournures; on les met en marmelades, en pâtes, en conserves, en neiges & fruits glacés. *Voyez* l'un & l'autre.

Zestez, ou tournez vos Citrons que vous jetterez aussi-tôt dans l'eau fraiche, de peur qu'ils ne noircissent; étant ainsi accommodés, vous les couperez par quartiers & leur leverez la chair, ou vous les laisserez entiers. Mettez de l'eau sur le feu que vous ferez boüillir, jettez-y vos Citrons avec les zestes & tournures; faites-les ainsi blanchir avec un peu de leur jus pour les maintenir toujours blancs, jusqu'à ce que vous voyiez que la chair de vos Citrons soit bien ramolie, que vous éprouverez avec une épingle, comme je l'ai déja enseigné. Vous les rafraichirez & les vuiderez avec une videlle; ensuite vous les égouterez, & les mettrez dans une terrine; jettez du sucre clarifié un peu tiéde dessus, de sorte qu'ils nagent dans le sucre, & les laissez ainsi jusqu'au lendemain: alors vous les égouterez & les finirez de confire comme les Cedracs. *Voyez* CEDRAC.

CITRON demadere, est un petit Citron verd, gros comme une noix muscade, que l'on nous envoïe tout confit des Isles d'Amérique, dans les mêmes barils que les Ananas. Pour les tirer au sec. *Voyez* TIRAGE.

CITRONADE, sont des poncires que l'on coupe par quartiers, & que l'on confit lorsqu'ils sont encore verds dans les Païs chauds, où ils croissent abondamment. On nous les envoïe tirés au sec dans des boëtes; on en met dans les pains-d'épices, les tourons & autres choses si l'on veut. Plusieurs Officiers la nomment Citronat.

CITRONELLE. *Voyez* THE'.

CIVE ou civette, est une plante potagére, dont les feüilles sont longues, creuses, fistuleuses & droites, qui sortent de l'écha-lotte, & qui portent le même goût. On s'en sert pour garnir les

F

falades ; il y en a qu'on apelle cives d'Angleterre. Les cives d'Angleterre ne fe multiplient que de petits rejettons qu'elles font autour de leur touffe, qui devient fort groffe avec le tems ; on fépare du pied une partie de ces rejettons pour les planter. (a)

CLAREQUET, n'eft autre chofe qu'une gelée de quelle efpéce que l'on veut, que l'on met dans des moules de verre. *Voyez* Fig. Plan. 3me. Lett. G. & que l'on léve proprement fur des cartes ; pour fervir de garniture fur un fruit : il fe met au rang des confitures.

Il ne faut point pour les faire, mettre votre gelée à une cuiffon fi forte, comme fi c'étoit pour les conferver, parce que le Clarequet fe confomme journellement dans les fervices, & qu'il doit être tremblant de lui-même ; c'eft pourquoi, lorfque vous aurez mis votre gelée dans vos moules, il faudra les mettre à l'étuve, jufqu'à ce qu'ils fe trouvent bien pris : on en fait des blancs & des rouges, & pour les faire, *Voyez* GELE'E. Pour les lever, il faut avec la pointe d'un petit couteau, les décerner proprement, & les verfer fur une carte, que vous roignerez tout-au-tour, en y laiffant un bout pour les pouvoir prendre.

CLARIFIER, terme d'Office. On dit clarifier du fucre. *Voyez* SUCRE, vous trouverez la façon de le clarifier. Clarifier fe dit de beaucoup d'autres chofes, en les paffant à la chauffe, tels font les fruits que l'on fait fondre.

CLAYON, eft un meuble d'Office qui eft fait d'ozier. *Voyez* Fig. Planche 2me. Let. S. Il fert à plufieurs ufages, foit pour ramaffer les confitures, quand l'on dégarnit les fervices, foit pour étendre plufieurs chofes, pour fécher à l'étuve faute de tamis, & pour porter des fleurs pour ne les pas corrompre.

CLOCHE, meuble & terme d'Office qui a différentes fignifications. On apelle Cloche, la glace du bifcuit qui fe fouffle, le couvercle d'un compotier de cryftal ; on apelle Cloche un utenfile

(a) La Quint.

d'Office, qui eſt fait en façon de four de campagne, pour y faire cuire des compotes ou des fruits. *Voyez* ſa Fig. plan. 2ᵐᵉ. Lett. D.

COCHENILLE, eſt un petit inſecte gros comme une lentille, preſque rond, reſſemblant en quelques maniéres à une punaiſe, mais blanchâtre ou comme farineux en dehors, & rouge en dedans comme de l'écarlate ; on le trouve ſur pluſieurs ſortes d'arbres de la Nouvelle Eſpagne. Les Indiens le ramaſſent, & le tranſportent ſur une eſpéce de Figuier de leur païs, dont le fuit eſt rempli d'un ſuc rouge comme du ſang : on apelle ce Figuier *Nopal*. Pour en avoir une plus grande deſcription, *voyez* le Spectacle de la Nature, pag. 104. tome 1.

Maniére de la préparer.

Prenez une once de cochenille, que vous pilerez bien ; vous mettrez une pinte d'eau dans un poëlon, & lorſquelle boüillira, vous y mettrez votre cochenille, & la ferez boüillir juſqu'à réduction de moitié : vous pilerez alors un quart d'once d'alun de glace & un quart d'once de crême de tartre, & mettrez le tout dans votre cochenille ; vous la laiſſerez ainſi réduire juſqu'à ce qu'elle vous paroiſſe d'un beau rouge bien foncé. Si vous la voulez conſerver lorſqu'elle ſera faite, mettez-y un morceau de ſucre, paſſez-la par une étamine, & la laiſſez repoſer pendant deux heures avant que de vous en ſervir, parce que l'alun de glace & la crême de tartre étant des ſels, ils ſe précipitent au fond & ſe cryſtaliſent ; & par ce moyen, votre cochenille ſe défait de l'acreté des ſels que vous y avez mis. On s'en ſert pour pluſieurs choſes pour leur donner de la couleur, comme aux pâtes, aux compotes, aux conſerves, aux fruits glacés & gelées.

On doit choiſir la cochenille groſſe, nette, bien nourrie, peſante, féche, de couleur argentée, brillante en deſſus, donnant une belle couleur rouge foncée, lorſqu'elle eſt écraſée.

COFFRETS, ſont des boëtes de bois de différentes grandeurs, garnies de papier en dedans, dans leſquels l'on met toutes les confitures féches, & autres ouvrages d'Office pour les ſerrer.

COI COL

.COING, est un fruit qui est une espèce de poire que tout le monde connoît. Il y a differentes espèces de Cognassier, qui se distinguent sur-tout par leurs fruits plus ou moins gros, & plus ou moins apres au goût. On apelle Cognassier mâle, celui qui donne des fruits petits & arrondis; & Cognassier femelle, celui qui les porte plus gros, & moins cotonneux. (*a*) Ce fruit est cotonneux en dessus, charnu & blanc en dedans, d'une odeur agréable; il croît sur un petit arbre que lon nomme Cognassier, dont le bois est tortu, d'un pâle blanchâtre, couvert d'une écorce médiocrement grosse, peu raboteuse, assez unie, de couleur cendrée en dehors, & rougeâtre en dedans; ses feuilles sont semblables à celles du pommier, entiéres, sans aucunes découpures ni crenelures. On confit les Coings par quartiers; on en fait des gelées, des pâtes, du bâtonage, des compotes. *Voyez* l'un & l'autre.

Maniére de le confire.

Il faut choisir des Coings bien meurs, qui soient jaunes, & sains, coupez-les par quartiers & les parez; faites-les blanchir jusqu'à ce qu'ils soient bien molets. Tirez-les alors pour les mettre dans l'eau fraiche; égoutez-les, & faites cuire du sucre clarifié à lissé; mettez vos Coings dedans & les couvrez; faites-les fremir pendant un quart-d'heure, & les ôtez du feu pour les écumer. Mettez-les dans une terrine, & les laissez reposer pendant deux jours; alors vous les égouterez & ferez cuire votre sucre à perlé; jettez vos Coings dedans, & leur donnez un boüillon couvert; laissez-les un peu refroidir, & de-là les faites fremir un quart-d'heure; laissez-les ainsi jusqu'au lendemain que vous les égouterez, & ferez cuire votre sucre à gros perlé; mettez-y votre fruit, donnez-lui un boüillon couvert, alors vous l'empoterez lorsqu'il sera un peu froid; mettez dessus une gelée de Coing: pour la faire. *Voyez* GELE'E.

Pour les faire rouge, mettez-y un peu de cochenille préparée, & les couvrez également d'une gelée rouge.

COLLE de Poisson, est tirée de la peau, des nageoires, de la queuë, des entrailles, des nerfs & d'autres parties d'un fort grand

(*a*) M. Pit. Tournefort.

Poiſſon de Mer, que l'on nomme *Huſo*, ou *Exoſſis*, parce qu'il n'a point d'os : il ſe trouve dans les Mers de Moſcovie.

Il faut la choiſir en petits cordons, blanche, nette, elaire, tranſparente & ſans odeur : elle ſert à coller les verres & les gobelets ſur les ſervices, lorſqu'elle eſt préparée.

Maniére de la préparer.

Prenez deux cordons, ou bâtons de colle de Poiſſon, que vous battrez avec un marteau juſqu'à ce que vous la puiſſiez mettre en morceaux ; mettez dans un poëlon une pinte d'eau, mettez-y votre colle, & la faites réduire doucement ſur le feu, ſans la remuer, juſqu'à la force que vous lui voudrez donner : paſſez-la dans une étamine, & vous en ſervez pour monter vos cryſtaux.

COMPOTE. On apelle Compote ce qui ſe ſert pour accompagner les jattes, & les ſervices de glace. Ce ſont toutes ſortes de fruits que l'on prépare, comme ſi on les vouloit confire, & que l'on ſert avec un ſucre léger ; il eſt fort aiſé de les faire, quand on fait confire les fruits, parce qu'avant que d'être tout-à-fait confits, ils viennent au dégré qui ſuffit pour des Compotes. Je ne laiſſe pas que de donner ici la maniére de les faire chacune dans leur eſpèce, afin que les jeunes gens aïent plus de facilité de concevoir la méthode de les faire.

COMPOTE d'Abricots verds. Parez vos Abricots, ou les mettez à la leſſive, ou bien paſſez-les au ſel ; après les avoir bien lavé, percez-les par le milieu avec une épingle, & les jettez dans de l'eau fraiche ; mettez de l'eau boüillir, & les jettez dedans pour les faire blanchir. Quand ils ſeront blanchis, ce qui ſe connoît par le moyen de l'épingle, comme je l'ai marqué aux Abricots verds, vous les tirerez du feu, & les couvrirez d'une ſerviette pour les laiſſer reverdir ; mettez-les alors dans de l'eau fraiche, & les égoutez ſur un tamis. Ayez du ſucre clarifié, que vous ferez boüillir, jettez-y vos Abricots, & leur donnez un boüillon couvert ; retirez-les du feu, & leur laiſſez prendre ſucre une heure ou deux ; vous les égouterez alors, & ferez cuire votre ſucre un peu plus fort ; mettez-y vos Abricots, & leur donnez un boüillon couvert ; vous les mettrez dans une terrine, & étant froids, vous les dreſſerez dans des compotiers. Obſervez que ſi vous en faites pour pluſieurs jours, il faut le lendemain donner cinq ou ſix boüillons à votre ſucre.

Autre maniére.

Si, hors de la ſaiſon, vous voulïez faire une compote d'Abricots verds, pourvu que vous en euſſiez au liquide, prenez-en la quantité dont vous aurez beſoin , & une petite partie de ſyrop , que vous remettrez dans une poële avec un peu d'eau pour le décuire , & lui ayant donné quelques boüillons, vous le verſerez ſur vous Abricots. Il en eſt de même de toutes ſortes de Confitures.

COMPOTE d'Amandes vertes. Prenez des Amandes vertes la quantité qu'il vous plaira, faites une leſſive, comme je l'ai marqué à la maniére de les confire, vous jetterez vos Amandes dedans pour les nettoyer de leur bourre ; quand elles ſeront bien nettoyées, paſſez-les dans de l'eau fraiche , & les mettez égouter ; ayez de l'eau boüillante ſur le feu , dans laquelle vous les ferez blanchir , faites-les rafraichir & les faites égouter , & les mettez dans un petit ſucre clarifié comme les Abricots verds, & les finiſſez de même.

COMPOTE de Groſeilles vertes. Fendez vos Groſeilles par un côté, & les vuidez des petites graines qu'elles renferment ; faites les blanchir dans de l'eau qui ne boüille point, deſcendez-les de deſſus le feu ; quand vous les verrez monter au-deſſus de l'eau , vous les y laiſſerez repoſer & réfroidir ; vous les égouterez & les mettrez dans un ſucre chaud clarifié ; il faut qu'elles y baignent ſeulement, & leur donnerez un boüillon couvert ; mettez-les alors dans une terrine , & leur laiſſez prendre ſucre pendant deux heures ; après quoi vous les dreſſerez dans des compotiers.

COMPOTE de Ceriſes. Prenez de belles Ceriſes, coupez-leur la moitié de la queuë , & les paſſez à l'eau fraiche ; égoutez-les & faites cuire du ſucre clarifié à perlé ; jettez-y vos Ceriſes dedans, faites-leur prendre à grand feu (a) cinq ou ſix boüillons ; ôtez-les

(a) Les fruits rouges doivent être menés à grand feu , pour leur conſerver la couleur.

enfuite de deffus le feu, remuez-les avec la poële & les écumez; vous les laifferez réfroidir, & les drefferez dans vos compotiers. Si vous leur voulez ôter les noyaux, il ne tient qu'à vous, elles fe font de même.

COMPOTE de Framboifes. Prenez de belles Framboifes bien entiéres, nettoyez-les bien & les mettez dans de l'eau fraiche. Prenez du fucre clarifié, & le faites cuire jufqu'à la plume, vous y jetterez vos Framboifes que vous aurez bien égoutées; vous ôterez votre poële de deffus le feu, & la laifferez repofer. Peu de tems après, vous remuerez tout doucement les Framboifes avec la poële, & leur donnerez un petit boüillon. Vous les écumerez bien, & les drefferez dans vos compotiers.

COMPOTE de Grofeilles rouges & blanches. Prenez de belles Grofeilles, égrenez-les & les paffez dans de l'eau fraiche, & dans le moment égoutez-les fur un tamis; mettez du fucre clarifié fur le feu, que vous ferez cuire à la plume, & y jettez vos Grofeilles; faites-leur prendre deux ou trois boüillons couverts, ôtez-les de deffus le feu, écumez-les bien, laiffez-les réfroidir, & les dreffez dans des compotiers.

COMPOTE d'Abricots meurs. Parez vos Abricots, & ôtez-en les noyaux; paffez-les à l'eau fur le feu, comme ceux que l'on veut confire; lorfqu'ils feront mollets, vous les tirerez & les ferez rafraichir. Faites-les égouter, & les mettez au fucre clarifié, vous leur ferez prendre trois ou quatre boüillons couverts, écumez-les bien & les dreffez dans des compotiers.

Autre maniére.

Il fe fait auffi des Compotes d'Abricots fans les paffer à l'eau, ils en font plus favoureux, & ont plus de goût du fruit, mais non pas le même œil. On ne fait que les parer, & leur ôter le noyau; on les met tout-d'un-tems dans du fucre clarifié, faites-les boüillir jufqu'à ce qu'ils foient mollets, écumez-les & les dreffez dans des compotiers.

COM

COMPOTE d'Abricots à la Portugaife. Prenez une douzaine d'Abricots meurs, fendez-les en deux, & en ôtez le noyau,
rangez-les fur une affiete d'argent, & y mettez du fucre clarifié
avec un peu d'eau ; mettez-les fur un fourneau, & ne les couvrez
point. Quand ils feront cuits, vous ôterez le feu de deffous ; poudrez-les de fucre, & mettez deffus le couvercle d'une cloche, avec
un bon feu deffus pour leur donner une belle couleur. Les Pêches
fe font de même.

COMPOTE de Prunes. Prenez telle efpèce de Prunes qu'il
vous plaira ; faites-les blanchir & reverdir s'il le faut, comme je
l'ai marqué dans leur efpèce. *Voyez* PRUNE.

Faites-les rafraichir, & les égoutez ; faites-leur prendre fucre
dans un fucre léger fur le feu, en leur donnant deux où trois boüillons ; mettez-les dans une terrine, & les laiffez réfroidir. Vous les
laifferez ainfi jufqu'au lendemain ou jufqu'au foir ; fi vous en avez
befoin, vous leur donnerez un fecond boüillon, & les drefferez
dans vos compotiers.

Autre maniére.

Prenez des Prunes, aufquelles vous ôterez le noyau ; fans les
blanchir, on les met au petit fucre, où on les fait fremir, & après
les y avoir laiffé quelque-tems, on les remet fur le feu pour leur
donner un boüillon.

COMPOTE de Pêches. Elle fe fait de même que celle
d'Abricots, en toutes fortes de manière.

COMPOTE de Poires de bon-chrétien blanches & rouges ;
ayez de belles Poires de bon-chrétien, coupez-les en deux & les
mettez blanchir, & quand elles feront mollettes deffous les doigts,
vous les tirerez de l'eau, & les mettrez dans de l'eau fraiche ; parez-
les proprement, & les mettez à mefure dans de l'eau fraiche, dans
laquelle vous y aurez mis un jus de citron ; prenez alors du fucre
clarifié que vous ferez boüillir, & y mettrez vos Poires ; après les
avoir égoutées, vous leur ferez prendre plufieurs boüillons, jufqu'à

cc

COM

ce qu'elles foient bien cuites ; écumez-les bien , & les mettez dans une terrine pour les garder au befoin.

Si vous les voulez rouges , mettez-y un peu de vin de Bourgogne & de cochenille préparée.

COMPOTE de Poires d'Eté. Piquez ces fortes de Poires par l'œil, faites-les blanchir jufqu'à ce qu'elles foient un peu mollettes, rafraîchiffez-les & les parez, les jettant à mefure dans de l'eau fraiche ; égoutez vos Poires, & les mettez dans du fucre clarifié que vous ferez boüillir ; faites fremir vos Poires dans votre fucre pour leur laiffer jetter leur eau ; écumez-les foigneufement, & attendez qu'elles foient cuites ; laiffez-les réfroidir pour les mettre dans vos compotiers : les Poires les plus en ufage de cette façon , font les Poires blanquettes & rouffelets.

COMPOTE de Poires à la bonne-femme. On choifit ordinairement la Poire de meffire-jean doré , dont on nettoye la queuë, & dont on ôte l'œil ; on les lave proprement & on les fait égouter ; alors, on les met avec du fucre dans une poële , avec un morceau de canelle , du vin de Bourgogne & un peu d'eau ; on les laiffe ainfi cuire à petit feu , ayant foin de les écumer ; elles fe rident lorfqu'elles font cuites , & c'eft ce qui fait qu'on les apelle Poires à la bonne-femme.

L'on fait encore des Poires rouges avec les meffires-jean. Parez-les & mettez-les dans un pot de terre verniffé neuf, avec un verre de vin, un peu de canelle , du fucre à proportion des Poires , un peu d'eau ; mettez dans le pot une cuillier d'étain, bouchez le pot, & les mettez cuire doucement fur de la cendre chaude, ou fur un petit feu, elles deviendront rouges comme du corail.

COMPOTE de Poires grillées. Ayez un fourneau bien ardent , jettez-y vos Poires de bon-chrétien, faites-en griller la peau ; lorfqu'elle fera bien grillée , jettez-les dans de l'eau fraiche, nettoyez-les bien, mettez-les dans une poële avec du fucre clarifié ou autre , avec un peu d'eau & un peu de canelle, fi vous le jugez à propos. Laiffez-les ainfi cuire, tant qu'elles feront bien

G

cuites : les Pêches & les Pavies qui ne font pas tout-à-fait meures, fe font de même.

Autre maniére.

Lorfque vous avez des Poires blanches ou autres en compote, vous pouvez les griller en les égoutant. Faites réduire votre firop jufqu'à ce qu'il commence à fe rouffir, jettez-y vos Poires en les remuant toujours ; donnez-leur une belle couleur grillée ; ayez vos compotiers tout-prêts, que vous aurez moüillé en dedans ; dreffez-y vos Poires tout-de-fuite avec une fourchette. Les Compotes de Pommes fe font de même.

COMPOTE de Poires à la cloche. Prenez des Poires tendres, parez-les & les mettez par moitié. Mettez-les dans un compotier d'argent avec un peu de fucre en poudre, un verre de bon vin ; faites réduire votre Compote fur un fourneau, alors poudrez-la de fucre en la tirant du feu ; mettez-la fous une cloche & la couvrez ; mettez du feu deffus & lui donnez une belle couleur. Servez-la chaudement.

COMPOTE de Pommes de reinette avec la peau. Prenez de belles Pommes de reinette & les coupez en deux ; ôtez-en les cœurs & les yeux ; mettez-les à mefure dans de l'eau fraiche, en piquant la peau avec la pointe du couteau. Tirez-les de l'eau & les mettez dans une poële avec du fucre clarifié ; mettez-les fur le feu, & les faites cuire à petit feu, jufqu'à ce qu'elles foient bien mollettes ; dreffez-les dans un compotier, ou dans une terrine, (fi vous en faites beaucoup) ; jettez votre firop fur votre fruit, en le paffant par un tamis. Toutes fortes de Pommes fe font de même.

COMPOTE de Pommes en gelée. Prenez de belles Pommes de reinette, parez-les en les coupant par moitié, & en ôtez les cœurs ; jettez-les à mefure dans de l'eau fraiche. Coupez-en une couple par petits morceaux ; mettez-les toutes cuire dans du fucre clarifié, & un verre d'eau ; lorfque les Pommes feront cuites, dreffez-les dans un compotier ; laiffez réduire votre firop en confiftence de gelée, ce que vous connoîtrez quand il fera la nappe avec un écumoire ; paffez votre gelée dans une étamine ; fur une affiete d'argent ; laiffez-la réfroidir & prendre. Lorfqu'elle fera prife, vous glifferez proprement votre gelée fur vos Pommes, & votre Compote fera faite.

COMPOTE de Pommes à la Portugaife. Prenez des Pommes de reinette ou autres, coupez-les par moitié, parez-les & leur ôtez le cœur, dreffez-les dans un compotier d'argent ; mettez deffous un peu de fucre clarifié, & du fucre en poudre par deffus ; faites-les cuire au four, ou fous la cloche : fervez-les chaudement.

COMPOTE de Pommes farcies. Prenez des Pommes de reinette, percez-les de part-en-part ; piquez-leur la peau avec la pointe du couteau ; empliffez-les de marmelade, foit d'abricots, foit de fleurs d'orange ou autres ; faites-les cuire au four, ou fous la cloche ; fervez-les chaudement : ayez foin de faire un petit lit de Pommes fous les Pommes mêmes.

COMPOTE de Verjus. Prenez du Verjus, du plus gros & du plus beau, fendez-le par le côté, & avec la pointe d'un petit couteau, vous en ôterez les pepins, & les jetterez à mefure dans de l'eau fraiche. Faites boüillir de l'eau dans une poële, & après avoir égouté votre fruit, mettez-le dans l'eau boüillante ; quand il fera monté fur l'eau, ôtez-le de deffus le feu, couvrez-le & le laiffez réfroidir ; mettez-le égouter ; & enfuite dans du fucre clarifié, faites-lui prendre un ou deux boüillons ; ôtez-le de deffus le feu & l'écumez. Quand il fera froid, vous le dreffrez dans vos compotiers.

COMPOTE de Coings blancs & rouges. Prenez de beaux Coings & les coupez par quartiers à proportion de leur groffeur ; parez-les & leur ôtez le cœur ; jettez-les à mefure dans de l'eau fraiche. Faites-les blanchir, & quand ils feront bien mollets, vous les tirerez, & les mettrez dans de l'eau fraiche ; égoutez-les & les mettez au fucre clarifié légérement ; faites-leur prendre fept à huit boüillons ; ôtez-les de deffus le feu ; écumez-les, & les dreffez.

Les Coings rouges se font de même, en y ajoutant un peu de cochenille préparée.

C O M P O T E de Marrons. Prenez des Marrons, ôtez-en la première peau, faites-les griller au four, envelopez-les d'une serviette, pour qu'ils ne perdent point leur chaleur, & s'achévent de se bien cuire ; ôtez-leur la seconde peau, & les aplatissez un peu dans les mains ; mettez-les dans un compotier d'argent, avec un peu de sucre clarifié ; laissez-les ainsi un peu mitonner, zestez dessus deux ou trois zestes de bigarrade, & y pressez le jus ; mettez dessus un peu de sucre en poudre, & les glacez avec une paile rouge : servez-les chaudement.

C O M P O T E de Taillaidins. Prenez tels fruits d'odeur qu'il vous plaira, soit de cedrac, bergamottes, oranges ou autres ; levez-en les écorces ; ôtez le plus fort de la chair avec un couteau ; coupez-les par lardons, & les faites blanchir jusqu'à ce qu'ils s'écrasent sous vos doigts ; mettez-les alors rafraichir ; égoutez-les, & leur faites prendre sept à huit boüillons dans du sucre clarifié.

C O M P O T E de fleurs d'Orange. Prenez de la fleur d'Orange bien épluchée & bien blanche ; ayez de l'eau boüillante, jettez-la dedans & la faites blanchir jusqu'à ce qu'elle s'écrase sous vos doigts ; mettez-la alors rafraichir dans de l'eau fraiche, dans laquelle vous presserez un jus de citron ; changez-la ainsi de plusieurs eaux ; égoutez-la, & la mettez dans un sucre clarifié qui sera tout-à-fait tiéde, (ᴀ) couvrez-la, & la laissez prendre sucre pendant trois ou quatre heures.

C O M P O T E d'Epine-vinette. Prenez de l'Epine-vinette grosse & meure, & de la plus rouge, épluchez-la bien ; prenez du sucre clarifié que vous ferez cuire à la plume ; jettez-y votre Epine-vinette, & lui donnez sept à huit boüillons ; ôtez-la de dessus le feu, & écumez-la proprement.

_____

(ᴀ) Parce que la fleur d'Orange est fort sujette à se racornir ; ce qui provient lorsqu'elle est saisie par une trop grande chaleur.

COMPOTE de Fraises. Prenez de belles Fraises bien épluchées & bien lavées ; rangez-les dans un compotier, jettez dessus une gelée de groseille toute boüillante ; vous trouverez la maniére de faire la gelée. *Voyez* GELEE

COMPOTE de Grenade, se fait de même que celle de fraises, en y mettant de la gelée de groseille blanche, ou de pommes.

Je crois avoir donné une assez suffisante idée pour le travail des compotes, c'est aux jeunes gens qui désirent d'aprendre l'Office, à se régler sur le travail de leurs Chefs, ceci n'étant que pour leur faire connoître que tous les fruits se travaillent différemment dans leur espèce.

On fait encore des compotes au vin d'Espagne, comme les pêches, les poires tendres, les abricots, &c. lesquelles se font de même que les autres, à la réserve que l'on met du vin d'Espagne à la place d'eau, & du sucre en pain, à la place du sucre clarifié.

On se sert en Hyver des fruits à l'eau-de-vie, que l'on sert pour compotes ; vous trouverez la maniére de les faire. *Voyez* EAU-DE-VIE.

Il faut observer qu'il faut donner un boüillon ou deux aux compotes, quand on veut les conserver, sur-tout dans les chaleurs, lorsqu'elles sont faites depuis deux ou trois jours, ce qui se fait en égoutant les fruits, & faisant cuire le sirop ; on l'écume, & on y met le fruit, & on l'écume encore.

COMPOTIER. Il y a differentes espèces de compotier, soit de porcelaine, d'argent ou de crystal. C'est une petite jatte un peu profonde, de la grandeur d'une petite assiete, dans laquelle l'on sert toutes sortes de fruits que l'on a mis en compote. Les compotiers de crystal portent leurs couvercles. *Voyez* Fig. Plan. 3. Let. I. & il seroit toujours très-à-propos & plus propre, de couvrir tous les compotiers d'une cloche, ou couvercle de crystal, lorsqu'on les sert.

CONCASSER. C'est piler grossiérement une chose.

CONCOMBRE. C'est un fruit long d'environ un demi pied, gros comme le bras, rond, droit, ou tortu, verd ou blanc, jaunâtre, charnu, couvert d'une écorce tendre ; sa chair est blanche, succulente & ferme, il croît dans les potagers, & rampe à terre ; ses feüilles sont grandes & amples, larges & anguleuses, dentelées, rudes au toucher. On s'en sert à faire des salades : pour la faire. *Voyez* SALADE.

CONFIRE, c'est donner aux fruits, aux fleurs, aux racines, certaines préparations qui les rendent plus agréables, ou qui empêchent qu'ils ne se corrompent. Les Anciens ne confisoient qu'avec le miel (*a*) qui étoit tiré de la Cannamelle, ou Canne à sucre, parce que de leur tems on n'avoit pas l'art de le purifier, de le durcir & de le blanchir, pour en faire du sucre, comme nous l'avons à present.

Confire se dit aussi de certains fruits que l'on met au vinaigre, comme les cornichons, la perce-pierre, le choux-cabus, le bled de Turquie, &c. Pour les confire. *Voyez* l'un & l'autre.

CONFITURE, est une préparation que l'on fait avec du sucre, pour conserver toutes sortes de fruits. On fait des confitures séches & liquides ; il y en a à mi-sucre, & d'autres à plein-sucre. Il faut observer de garder les confitures dans un endroit qui ne soit ni chaud, ni humide, parce que la chaleur les fait pousser, (*b*) & l'humidité les fait moisir. (*c*) Si l'inconvénient vous arrive, soit qu'elles poussent, ou moisissent, il faut leur donner un boüillon, les bien écumer, & les remettre dans vos pots, que vous aurez soin de bien laver & bien sécher. Lorsqu'elles seront froides, vous les couvrirez avec du papier.

(*a*) Theophraste (dit M. Lemery) en a parlé dans son Fragment du miel : il en décrit de trois sortes ; un qui tire son origine des fleurs, c'est le miel commun. Un autre qui, dit-il, vient de l'air, c'est la manne des Arabes qui étoit, suivant SAUMAISE, une espèce de rosée ou de miel qui tomboit sur les arbres, & que l'on recüeilloit en abondance sur le Mont Liban. Un autre qui est tiré des roseaux, c'est le véritable sucre. *Traité Universel des Drogues simples,* pag. 763.

(*b*) Lorsque les Confitures ne sont point à parfaite cuisson, il n'est pas douteux qu'elles ne poussent, parce que la chaleur échauffant leur syrop, dilate les parties salines du sucre, & les acides du fruit. Ces deux parties forment un combat ensemble, & causent une fermentation, que l'on apelle pousser, en terme d'Office

(*c*) Les Confitures se moisissent dans l'humidité, parce qu'elle décuit le sucre par la suite du tems, & conséquemment, elles ne se trouvent plus à parfaite cuisson, & sont obligées de se moisir.

Il eſt bon de dire qu'il y a certaines confitures qui ſe candiſſent quelquefois par trop de cuiſſon que vous donnez à votre ſucre, & quelquefois par les fruits & les fleurs qui ſe trouvent ſecs par eux-mêmes, & qui n'ont point de ſuc.

Le moyen de les empêcher de candir eſt, que lorſque vous les finirez, vous mettiez dans votre ſyrop, gros comme une lentille d'alun de glace en poudre, (*a*) que vous aurez auparavant diſſous dans une cuillerée d'eau, & vous ſerez ſûr qu'elles ne ſe candiront point.

Lorſque l'on veut ſervir les confitures pour compotes, quand elles ſont trop cuites, il faut les décuire. *Voyez* DÉCUIRE.

CONSERVE, n'eſt autre choſe qu'une confiture ſéche qu'on fait en tablettes par le travail du ſucre, avec des fruits, des fleurs & des eſſences. Elle eſt d'une grande utilité pour la garniture des fruits : voyez ci-après la façon de les faire de toutes eſpèces ; elles ſe coupent, ſe levent & ſe finiſſent de même. Cette conſerve s'apelle conſerve platte.

CONSERVE de fleurs d'Orange. Prenez deux livres de ſucre-royal, que vous ferez cuire à la groſſe plume ; prenez enſuite une demi-livre, ou plus, de fleurs d'Orange épluchées. Vous la couperez groſſiérement avec un couteau à pâte, & y preſſerez deſſus un jus de citron, pour empêcher qu'elle ne ſe noirciſſe ; jettez-la dans votre ſucre, & lui donnez un boüillon ou deux pour lui faire jetter ſon eau ; retirez-la du feu, & la laiſſez repoſer un moment ; enſuite vous travaillerez votre ſucre avec une cuillier d'argent tout-alentour du dedans de la poële, juſqu'à ce que vous voyiez que votre ſucre blanchiſſe, & qu'il faſſe une glace par-deſſus ; alors vuidez promptement votre conſerve dans des moules de papier, que vous ferez exprès pour cela, & qui ſeront ſur des feüilles de cuivre ; lorſqu'elle ſera froide, vous la couperez par tablettes, & la leverez en tirant le papier d'une main, & prenant la conſerve de l'autre.

Obſervez que pour la couper, il ne faut que tracer par-deſſus

_____
(*a*) M. Lemery, dans ſon Dictionnaire des Drogues ſimples, à l'article ſucre.

avec la pointe du couteau , elle fe caffe alors facilement.

CONSERVE de fleurs d'Orange grillées. Vous n'avez qu'a prendre un peu de fucre , que vous mettrez au caramel, jettez-y votre fleur , & la remuez avec une fpatule ; lorfqu'elle fera d'une belle couleur, jettez-la dans votre fucre cuit à la plume, & la travaillez de même que ci-devant.

CONSERVE de fleurs d'Orange liquide. La conferve de fleurs d'Orange liquide eft très-néceffaire dans les Offices, & c'eft, fuivant moi, la meilleure façon pour conferver le baume de la fleur, & pour en faire des conferves dans toutes les faifons. Pour cet effet, vous la ferez de la même maniére que j'ai mentionné ci-devant, à l'exception que vous y mettrez plus de fleurs, & que vous ne la travaillerez pas tant ; elle fe met dans des petits moules, ou dans des pots pour la conferver, & dont vous en prendrez une cuillerée ou deux , lorfque vous voudrez en faire, fuivant la quantité de fucre que vous aurez, que vous ferez cuire à la plume, & que vous travaillerez comme les autres conferves. Vous pouvez en faire de même de toutes autres fleurs , & vous pouvez être affuré que vous l'aurez auffi bonne comme dans la faifon.

CONSERVE blanche de toutes fortes de fruits d'odeur. Prenez du fucre-royal, la quantité qu'il vous plaira ; faites-le cuire à la petite plume, & lorfqu'il fera cuit , mettez-y une goute, ou plus, d'effence de telles efpèces de fruits qu'il vous plaira ; laiffez repofer un moment votre fucre, alors travaillez-le comme les autres conferves, & le mettez tout-de-fuite dans vos moules de papier. La conferve de canelle & de girofle fe font de même , lorfque l'on en a les effences.

CONSERVE de fruits d'odeur , avec jus & écorce. Vous raperez l'écorce de votre fruit , & la prefferez dans une étamine ; vous ferez cuire du fucre à la petite plume, vous y jetterez votre écorce, & travaillerez votre fucre comme ci-devant ; lorfqu'il blanchira, preffez un peu de jus de votre fruit, pourfuivez de le travailler

comme

comme les autres conferves, jettez-le dans vos moules, laiffez-le réfroidir, & le levez de même que les autres.

CONSERVE de Cerifes, de Fraifes, de Grofeilles, de Framboifes, d'Epine-vinette & de Grenade. Ces efpèces de fruits fe font de même. Prenez l'un ou l'autre de ces fruits, que vous écraferez, & que vous paflerez fur le feu pour les faire fondre, paffezles par un tamis & les faites deffécher, jufqu'à ce qu'ils foient en pâte; faites cuire du fucre à la plume, mettez-y votre pâte, la délayant avec votre fucre, afin qu'elle fe mêle par-tout. Vous travaillerez votre fucre, jufqu'à ce qu'il faffe une petite glace pardeffus, & qu'il foit un peu blanchis; vous verferez votre conferve dans vos moules, & ferez de même qu'aux autres ci-devant.

CONSERVE de Violettes. Prenez de la Violette la plus belle, & bien épluchée feüille à feüille; vous en peferez aux environs deux onces, que vous pilerez dans un petit mortier de marbre; vous ajouterez en la pilant un peu de jus de citron. Vous ferez cuire deux livres de fucre à la petite plume; vous le laifferez un peu réfroidir, & le remuerez avec une cuillier trois ou quatre tours; mettez-y votre fleur, & la remuez jufqu'à ce que vous voyiez que le fucre blanchiffe; verfez votre conferve dans vos moules; fi vous lui voulez donner une couleur purpurine, mettez-y davantage de jus de citron.

CONSERVE de rofes, d'œillets, fe font de même que celle de violettes.

CONSERVE de Safran. Prenez de bon Safran en feüille, que vous ferez bien fécher, réduifez-le bien en poudre, délayez-le avec un peu de fucre clarifié, & un peu de cochenille préparée; faites cuire du fucre à la petite plume, laiffez-le un peu repofer; mettez-y votre Safran, & travaillez votre conferve comme les autres.

CONSERVE de Piftaches. Vous prendrez deux onces de Piftaches, que vous monderez, vous les laverez dans de l'eau fraiche.

H

Egoutez-les & les pilez bien avec un peu d'eau, pour les paſſer par un tamis ; vous ramaſſerez avec une carte vos Piſtaches par-deſſous le tamis. Faites cuire du ſucre à la petite plume ; laiſſez-le un moment repoſer, donnez-lui deux ou trois tours de cuillier ; alors mettez-y vos Piſtaches, & travaillez votre conſerve comme les autres.

CONSERVE de Chocolat. Prenez deux ou trois onces de Chocolat, que vous raperez & paſſerez par un tamis ; délayez-le avec un peu de ſucre clarifié ; faites cuire du ſucre à la petite plume, mettez-y votre Chocolat, & travaillez votre conſerve de même que les autres.

CONSERVE de Caffé. Elle ſe fait de même que celle de Chocolat, à la différence qu'il faut torréfier de bon Caffé, & le paſſer par un tamis ; pour lui donner une belle couleur, prenez douze à quinze grains de Caffé, que vous brûlerez en charbon, & que vous pilerez & paſſerez avec l'autre.

CONSERVE d'Ache. Prenez les feüilles de l'Ache, faites-les blanchir, rafraichiſſez-les, égoutez-les, & les pilez dans un mortier, paſſez-les par un tamis ; faites cuire du ſucre à la petite plume, délayez votre Ache avec du ſucre clarifié, mettez-la dans votre ſucre, & la travaillez comme les autres conſerves.

CONSERVE à l'Allemande. La conſerve à l'Allemande eſt toute différente des autres, parce que l'on ne ſe ſert que de ſucre en poudre paſſé au tamis fin ; pour la faire, elle ſe dreſſe ſur des feüilles de cuivre bien unies & bien propres, de la grandeur d'une paſtille ronde ; on les ſert dans des petites caiſſes de papier, de la longueur de trois pouces, ſur un pouce de largeur, comme la fleur d'Orange pralinée.

Maniére de la faire.

Ayez du ſucre royal, paſſé comme je l'ai marqué ci-deſſus ; prenez aux environs d'un verre d'eau-de-roſe ou de fleur d'orange, mettez-la dans un poëlon à bec, faites-la frémir ſur le feu, alors mettez - y du fucre en poudre, jufqu'à ce que vous la trouviez au dégré d'être coulée , c'eft-à-dire qu'il fe forme une glace deffus ; remuez-la toujours avec un petit bâton qui foit bien rond ; inclinez votre poëlon fur vos feüilles, & avec votre bâton faites-la tomber goutte-à-goutte.

On en fait des rouges avec du jus d'épine-vinette, que l'on travaille de la même maniére : pour faire le jus d'épine-vinette. *Voyez* Jus.

CONSERVE foufflée. Les conferves foufflées font differentes des autres conferves, en ce qu'elles font foufflées, & ne fervent aujourd'hui que pour former des petits rochers, & pour décorer les fujets d'un fruit. On en fait de toutes fortes de couleur ; employez celles que j'ai marquées pour le paftillage. *Voyez* COULEUR.

Maniére de la faire.

Vous ferez d'abord une glace royale un peu épaiffe. *Voyez* GLACE ROYALE. Si vous voulez colorer votre conferve, délayez-vos couleurs avec très-peu d'eau, & la mêlez avec votre glace royale ; ayez plufieurs feüilles de papier étendües fur une table bien propre & bien unie ; poudrez un peu votre papier avec du fucre, prenez-en alors la quantité qu'il vous plaira ; mettez un peu d'eau deffus pour le faire fondre, faites-le cuire à caffé ; retirez-le enfuite & y jettez une cuillier à bouche pleine de votre glace dedans ; remuez le tout avec une fpatule, vous verrez que votre conferve foufflera ; remuez-la toujours fans la quitter, parce qu'elle retombera ; alors, dès que vous verrez qu'elle reffoufflera, jettez-la fur votre papier ; vous tiendrez au-deffous un moment votre poële, jufqu'à ce qu'elle ne fouffle plus. La conferve foufflée blanche fe fait avec du fucre royal ; beaucoup d'Officiers mettent dans cette conferve un peu d'eflence pour lui donner du goût.

Elle fert à faire des fables quand on en a befoin, quoique les fables fe faffent encore d'autres maniéres. *Voyez* SABLE.

CONSERVE pour faire des vafes & figures. Il faut avant tout, avoir huilé les moules de plomb dans lefquels vous voulez

H ij

tirer vos figures, avec de l'huile d'amande douce, ou huile d'olive; après les avoir bien liés, vous prendrez du sucre royal, que vous ferez cuire à la grosse plume, en y ajoutant dans le moment un peu de jus de citron; laissez-le un moment reposer, alors vous le travaillerez, & dès qu'il commencera à blanchir, remuez-le & le coulez tout de suite dans vos moules. Lorsque votre conserve sera prise, & de bonne consistence, vous ouvrirez vos moules & en sortirez vos conserves.

L'on met ensemble les piéces séparées avec la même conserve. Les moules ont ordinairement plusieurs piéces, pour se joindre & pour qu'ils soient de dépoüille, afin d'avoir plus de facilité de les tirer. C'est pourquoi, *Voyez* CUISSON, vous trouverez la méthode de tirer les figures de caramel, où j'ai donné une explication plus ample : servez-vous des mêmes principes.

CORIANDRE, est une graine qui croît sur une plante, qui pousse une tige à la hauteur d'un pied & demi, ou deux pieds, ronde, remplie de moële & rameuse; ses feüilles d'en-bas naissent semblables à celles du persil, mais celles d'en-haut, qui sont attachées à la tige, sont découpées beaucoup plus menuës : ces feüilles ont une odeur très-forte.

La coriandre est cultivée dans les jardins aux environs de Paris; la graine est verte sur la plante, mais on la fait sécher, & elle devient légére, jaune, blanchâtre, d'une odeur & goût aromatique.

Il faut la choisir nouvelle, grosse, bien nourrie, bien nette, bien seche, blanchâtre, de bonne odeur & de bon goût.

On l'emploïe dans le vin brûlé, avec les épices que l'on met dans les noix, dans les pains-d'épices, & en dragées. *Voyez* l'un & l'autre.

CORME. *Voyez* SORBE.

CORNE de Cerf, est une plante qui pousse de sa racine beaucoup de feüilles longues, étroites, nerveuses, découpées profondément, représentant en figure des petites cornes de Cerf, d'un goût un peu astringent, mais agréable; il s'éleve d'entre ses feüilles des tiges grêlées, rondes, roides & veluës à la hauteur d'un demi pied ; (*) il faut toujours la choisir jeune & tendre. On la cultive dans les jardins potagers ; elle sert de fournitures dans les salades.

CORNICHON, est un petit concombre mal bâti dans sa figure, & que l'on confit pour s'en servir dans les salades cuites ; pour les confire, observez la même méthode que j'ai marqué au chou-cabus, en observant de les laisser entiers, de les passer au sel, & de les piquer avec une épingle.

CORNOUILLE, est le fruit d'un arbre assez grand & étendu, dont le bois est dur & compact, blanc, couvert d'une ecorce rude, rougeâtre ou cendrée, d'un goût astringent ; ses feüilles sont longues, larges, douces au toucher, veneuses ; ses fleurs naissent en bouquets sur les extrémités des branches, attachées à un pedicule court ; elles sont composées chacune de quatre feüilles jaunâtres disposées en rond ; lorsque cette fleur est passée, son calice devient un fruit charnu, ovale, aprochant en figure d'une olive, mais plus petit ; premiérement verd & acerbe au goût, puis en meurissant il devient rouge, & quelquefois jaunâtre, d'un goût aigrelet agréable. On trouve dans ce fruit un noyau osseux, oblong, blanchâtre, divisé intérieurement en deux loges, qui renferment chacune une petite sémence oblongue. On cultive cet arbre dans les jardins potagers ; ce fruit ne quitte point le noyau, il se met en compote comme les cerises, & se confit de même que les grateculs. *Voyez* GRATECULS.

CORROMPRE, terme d'Office, se dit d'une fleur que l'on chifone, d'un moule de plomb auquel on fait des bosses, & que l'on ne joint pas bien suivant ses morceaux ; corrompre se dit d'une figure que l'on ne met pas bien ensemble ; corrompre se dit encore de plusieurs utensiles d'Office, que l'on force, & qui ne se trouvent plus dans leur premier état.

COTIGNAC, est une gelée forte de coing, qui se met

(*) La Quint.

dans des boëtes, ou dans des pots : pour la faire. *Voyez* GELE'E DE COINGS.

COTISSURE. Ce mot fe dit du fruit, quand, par fa chûte, il s'eft froiflé ou meurtri. La moindre cotiffure empêche les fruits de fe garder ; elle fait d'ordinaire pourrir le fruit à l'endroit du coup, & fait enfuite pourrir le refte.

COTONNE'E. Ce terme fe dit des pommes de reinette, qui font vieilles & ridées. On dit vulgairement ces pommes font cotonnées, parce qu'elles font blanches & féches, & qu'elles n'ont plus de goût : ce terme eft encore apliqué aux raves.

COUCHE, fe dit du fucre que l'on emploïe pour les dragées, que l'on met par petites mefures alternativement, & que l'on fait fecher à mefure.

COULER, terme d'Office. On dit couler une conferve, couler du caramel dans des moules de plomb. Couler fe dit des fruits qui ont fleuri, & qui n'ont pas noué.

COULEURS pour le paftillage. Celles que l'on emploïe pour le paftillage font la cochenille préparée, dont j'ai donné la defcription, & la maniére de la préparer, l'indigo, le carmin, la gomme-gutte, le fafran, le verd-de-veffie & le noir d'yvoire.

COCHENILLE.

La cochenille préparée, mêlée avec du paftillage, fait un rouge cramôifi pâle ; vous pouvez donner cette même couleur avec un pinceau, fur du paftillage blanc, en diminuant la couleur du plus ou du moins, avec de l'eau.

INDIGO.

L'indigo eft fait avec un fuc épaiffi, bleu ou couleur d'azur obſcure, que l'on tire des feüilles de l'anil, qui croît dans le Brezil, on nous l'aporte en maſſe des Indes Orientales. Il y en a de pluſieurs eſpèces, & le meilleur que l'on puiſſe employer, doit être léger, net, médiocrement dur, de belle couleur, & nageant ſur l'eau.

Pour l'employer dans le paſtillage, il faut bien le broyer ſur un porphire avec très-peu d'eau, & ne le point rendre trop liquide; mêlez-le avec votre pâte de paſtille, & vous aurez une pâte d'un très-beau bleu.

CARMIN.

Eſt une poudre d'un très-beau rouge, qu'on tire de la cochenille par le moyen d'une eau, dans laquelle on a fait infuſet de la graine de chouan, & de l'écorce d'autour. Il doit être en poudre impalpable, & haut en couleur; le mêlant avec vôtre pâte, vous ferez un très-beau rouge.

GOMME-GUTTE.

La gomme-gutte eſt une gomme réſineuſe, qui découle d'un arbre qui croît dans les Indes, & d'où on nous l'aporte en morceaux aſſez gros, durs, mais caſſants, extrêmement jaunes. Il faut obſerver de ne la point mettre en poudre dans votre pâte, mais de la faire diſſoudre dans de l'eau; donnez alors la couleur avec un pinceau à votre pâte lorſqu'elle ſera ſéche.

SAFRAN.

Il faut le délayer ou le broyer ſur un porphire avec un peu d'eau, pour le mêler dans votre pâte. Pour voir ſa deſcription & ſes autres uſages. *Voyez* SAFRAN.

VERD-DE-VESSIE.

Le verd-de-veſſie eſt tiré du fruit du nerprun, que lon met en pâte dure, on les écraſe quand ils ſont bien noirs & bien meurs; on les met à la preſſe, & l'on en tire le ſuc, qui eſt viſqueux & noir.

On fait fécher ce fuc à petit feu, on y ajoute un peu d'alun de glace diffous dans de l'eau, pour rendre cette matiére plus haute en couleur, on continuë toujours à petit feu, jufqu'à ce qu'elle ait pris une confiftence de miel; vous la mettrez alors dans des veffies de cochon, que vous boucherez bien, & les pendrez à la cheminée pour les faire fécher. Vous pouvez vous en fervir pour teindre votre pâte, lorfqu'elle fera diffouë dans de l'eau, comme la gomme-gutte.

NOIR D'YVOIRE.

Le noir d'yvoire eft fait avec de l'yvoire coupé par petits morceaux, & calciné à feu couvert, jufqu'à ce qu'il ne fume plus; étant bien broyé avec un peu d'eau, vous le mêlerez avec votre pâte.

COULEURS pour le caramel. Les couleurs pour le caramel font les crêpons rouges & bleus, l'indigo & le fafran.

CRESPON.

Le crêpon eft une toile qui eft empreinte d'une couleur rouge ou bleuë, qui nous vient d'Hollande.

Maniére de le préparer.

Prenez un poëlon dans lequel vous mettrez un gobelet d'eau fraiche, avec une cuillerée de fucre clarifié; faites-les boüillir enfemble, & y jettez votre crêpon rouge ou bleu; laiffez-le boüillir jufqu'à ce qu'il ait quitté toute fa couleur; cuifez votre couleur plus que moitié, alors paffez-la par un linge, & ne jettez votre couleur dans votre fucre, que vous deftinez pour le caramel, qu'à caffé; conduifez alors votre fucre comme je l'ai enfeigné. *Voyez* CUISSON. Le crêpon rouge fait un rouge dans le caramel qui eft tranfparent; le bleu en fait de même.

INDIGO.

Comme j'ai déja décrit fon emploi aux couleurs du paftillage,

il

il eft bon de dire l'effet qu'il fait dans le caramel. Prenez une affiete d'argent , fur laquelle vous mettrez la quantité d'eau que vous aurez befoin de couleur ; frottez dedans votre indigo , jufqu'à ce que votre eau foit bien foncée de couleur. Jettez de cette eau dans votre fucre, lorfqu'il fera à caffé, & finiffez de le cuire au cara-mel. Vous aurez un caramel d'un très-beau verd : obfervez qu'il ne faut faire de ce caramel verd, que ce qu'il vous en faut pour rem-plir vos moules, parce qu'en rechauffant votre caramel fouvent, il eft fujet à changer de couleur.

SAFRAN.

On fe fert de fafran pour le caramel jaune, lequel fe prépare en l'infufant dans un peu d'eau tiéde, & que l'on ne met dans le fucre que lorfqu'il eft à caffé ; au refte pour tous les caramels de couleur, obfervez les mêmes principes que je donne pour le caramel. *Voyez* Cuisson. Lorfque vos couleurs font ainfi préparées pour faire du cara-mel (s'il falloit que vous en faffiez plufieurs cuiffons de la même couleur) obfervez de jetter dans votre fucre votre couleur, avec une petite cuillier , pour vous régler d'en mettre autant à la cuiffon fuivante ; par ce moyen vous ferez toujours vos cuiffons de caramel égales, en prenant la même quantité de fucre qu'auparavant.

COULEURS pour les conferves foufflées & fables. Prenez les mêmes couleurs que pour le paftillage ; que vous délayerez ou broyerez avec très-peu d'eau , & que vous mêlerez avec votre glace royale.

COULEURS pour les fruits glacés , font la cochenille pré-parée, l'indigo, le carmin, la gomme-gutte , le fucre brûlé , le chocolat, la crême fraiche & la pierre fafranée.
Délayez toutes ces couleurs féparément avec de l'eau, mettez-les chacune à part dans des taffes ; ayez pour chaque couleur deux taffes ; dans l'une vous laifferez votre couleur dans fon beau, & dans l'autre vous y mettrez de la même couleur, dans laquelle vous y mettrez de l'eau de plus pour la rendre plus claire, & pour don-

I

ner des teintes plus légéres ; avec ces couleurs vous en ferez plusieurs sortes en les mêlant.

COULEUR VERTE.

Prenez gomme-gutte & indigo, que vous mêlerez ensemble.

COULEUR D'ORANGE.

Prenez gomme-gutte & carmin, que vous mêlerez ensemble, ou la pierre safranée, qui est véritable couleur d'orange.

SUCRE BRULE'.

On mêle un peu d'eau dans le sucre brûlé, il sert rarement pour colorer les fruits glacés, à moins que ce ne soit des marrons ou avelines ; il sert pour colorer les fromages, auxquels on donne cette couleur, pour imiter leur croute

CHOCOLAT.

Le chocolat sert pour colorer des truffes glacées, des hures de sanglier, & des langues fourées glacées.

CREME FRAICHE.

La crême fraiche sert à donner aux fruits glacés leurs fleurs, comme aux mirabelles, aux reines-claudes, ou autres prunes, ce qui se fait en la mettant avec un pinceau sur les fruits que l'on a déja coloré.

Comme il faut que ce soit l'Officier qui aplique les couleurs, il faut qu'il se serve de pinceau dont le poil soit dur, & avoir de l'eau propre auprès de lui, pour néttoyer fait-à-mesure ses pinceaux, de peur qu'il ne mêle ses couleurs.

Il est inutile de marquer les couleurs que l'on doit mettre sur chaque fruit glacé, c'est à celui qui les fait, d'employer celles que j'ai décrit, & les plus convenables, ayant toujours pour principe d'imiter la couleur naturelle des fruits, le plus qu'il lui sera possible.

COUTEAUX d'Office. Il y en a de différentes espèces ; savoir les couteaux ordinaires, dont le taillant doit être droit, de la longueur de trois pouces ; les couteaux à tourner, dont le taillant est de même que les précédens, de la longueur de deux pouces. Les couteaux à pâte, dont la lame doit être comme une régle, & fort mince des deux côtés. Les couteaux à couper le bâtonage, doivent être de même que les couteaux à pâte, à la réserve qu'ils ne doivent avoir qu'un taillant, & un dos comme les autres couteaux. Pour mieux vous instruire, *Voyez* leurs figures Plan. 1. Lett. G. couteau d'Office à tourner. H. couteau à pâte. I. couteau à bâtonage.

CREME, est la partié du lait la plus grasse, la plus épaisse & la plus délicate. Elle sert dans l'Office de plusieurs maniéres, soit dans sa nature ou foüettée, soit dans des fromages glacés, neiges, mousses & fruits glacés. *Voyez* l'un & l'autre. Soit dans les gaufres. *Voyez* GAUFRE.

Comme aujourd'hui l'Office ne se sert de la crême que dans ce que je raporte, il est inutile de marquer toutes les façons de crême qui se font dans les cuisines, & qui ne dépendent point à présent de l'Office. L'on verra dans chaque chose toutes les differentes maniéres de l'employer.

CREME de tartre, est faite d'une matiére dure, pierreuse ou crouteuse, qu'on trouve attachée contre les parois intérieurs des tonneaux de vin. Elle est composée de la partie la plus saline du vin, qui s'étant séparée par la fermentation, s'endurcit jusqu'à se pétrifier aux côtés du tonneau.

On purifie cette matiére dure, en la faisant boüillir dans de l'eau, la passant par des chausses, & la mettant évaporer & crystalifer ; c'est ce que l'on nomme crême de tartre. Elle sert dans la préparation de la cochenille, de la façon que je l'ai marqué. *Voyez* COCHENILLE.

CRESSON. Il y a deux espèces de cresson ; je ne raporte ici
que celui qui sert dans l'Office , qui est le cresson alenois.

Le cresson alenois est une plante que l'on seme & cultive dans les
jardins ; ses tiges se lévent à la hauteur d'un pied, ses feüilles sont
oblongues, découpées profondément, d'un goût acre, mais agréable :
il sert de fourniture dans les salades.

CRISTE-MARINE, ou perce-pierre, est une plante haute
environ d'un pied , s'étendant en large ; ses feüilles sont étroites ,
charnuës, de couleur verte, brune, d'un goût tirant sur le salé ;
croît sur les rochers dans les Païs chauds ; elle sort des fentes de la
pierre qu'elle semble avoir faites, c'est de-là qu'on la nomme perce-
pierre. Elle sert pour mettre dans les salades cuites, lorsqu'elle est
confite ; il faut la confire au vinaigre de même que les choux-cabus.

CRYSTAUX. On apelle crystaux tous les verres à tiges ou
autres, qui servent pour monter un fruit, ou pour mettre des neiges
& des mousses, comme gobelets, tiges , pilastres ou autres, dont il
y a de chaque façon plusieurs figures & plusieurs grandeurs. Ces
sortes de verres sont ordinairement faits avec du verre fort clair &
fort net. *Voyez* leurs figures Plan. 3. Plan. 4.

CUILLIERS. Il y a differentes sortes de cuilliers dont on se
sert ; il y a des cuilliers à dresser ; on se sert ordinairement de cuilliers
d'argent , de cuilliers percées comme celles d'olive , & de cuilliers
à sucre , qui sont comme des cuilliers à pot où il y a un bec. Cela
dépend des Officiers de les faire faire à leur fantaisie, pour qu'elles
leur soient plus commodes.

CUISSON du sucre. La cuisson du sucre est le fondement
de tout ce qui se fait dans une Office , c'est pourquoi je donne ci-
après toutes les differentes cuissons, avec les termes dont on se sert
pour les désigner. Il y a le lissé , le perlé, le soufflé, la plume, le
boulet, le cassé & le caramel ; à quelques-unes de ces cuissons ,
l'on distingue encore le plus ou le moins, comme le petit & le grand

liſſe, le petit & le grand perlé, la petite & la grande plume, le petit
& grand boulet.

CUISSON DU SUCRE AU LISSE.

Lorſque vous aurez clarifié votre ſucre, de la façon comme je
l'enſeigne, *Voyez* Sucre, vous le mettrez ſur le feu pour le faire
boüillir ; vous connoitrez que votre ſucre eſt à liſſé, lorſque vous
tremperez le bout du doigt dedans, & que vous l'apliquerez ſur le
pouce, vous les ouvrirez auſſi-tôt un peu, vous verrez qu'il ſe fait
de l'un à l'autre un petit filet qui ſe rompt d'abord, & qui reſte en
goutte ſur le doigt ; quand ce filet eſt preſque imperceptible, ce
n'eſt que le petit liſſé, & quand il ſe fend davantage avant que de
ſe défaire, c'eſt le grand liſſé ; vous pouvez ainſi juger des autres
cuiſſons par grand & petit, en leur donnant quelques boüillons de
plus ; le grand & petit ne comprennent que le liſſé, le perlé, la
plume & le boulet.

CUISSON DU SUCRE AU PERLE.

Lorſque votre ſucre eſt au liſſé, vous le ferez encore boüillir ;
vous le tâterez de la même maniére que j'ai décrit ci-devant ; lorſque vous ſéparerez vos deux doigts, & que vous verrez que le filet
qui ſe fait ſe maintient de l'un à l'autre, c'eſt une marque que votre
ſucre eſt à petit perlé. Vous connoitrez le grand perlé, lorſque vous
verrez que le filet ſe continuë de même, & que vous ouvrirez
davantage les doigts, que vous dilaterez entiérement. Vous connoitrez encore cette cuiſſon, lorſque vous verrez que le boüillon
de votre ſucre formera des eſpèces de perles rondes & élevées.

CUISSON DU SUCRE AU SOUFFLE

Lorſque vous aurez cuit votre ſucre au perlé, & que vous lui
aurez donné quelques boüillons de plus, vous prendrez une écumoire que vous tremperez dans le ſucre, vous la couërez un peu,
& ſouſſlerez à travers de ſes trous, en allant & revenant d'un côté

à l'autre. Si vous voyez qu'il en fort comme des étincelles, ou petites bouteilles, c'est une marque que votre fucre est cuit au fouflé ;
c'est ordinairement la cuiffon où l'on met le fucre pour faire le tirage.

CUISSON DU SUCRE A LA PLUME.

Votre fucre étant cuit au perlé, vous lui donnerez encore plufieurs boüillons ; vous tremperez alors une écumoire dans votre fucre,
& la fecouërez d'un revers de la main ; vous fouflerez à travers, &
lorfque vous en verrez partir des plus groffes étincelles, ce fera
une marque que votre fucre fera à la petite plume. Vous continuerez de faire boüillir votre fucre, vous le fouflerez de même,
& lorfque votre fucre formera des bouteilles ou étincelles encore
plus fortes, & en plus grande quantité, cela vous prouvera que
votre fucre fera à la grande plume.

CUISSON DU SUCRE AU BOULET.

Le boulet eft une cuiffon qui fe trouve entre la grande plume &
le caffé ; beaucoup d'Officiers admettent cette cuiffon, parce qu'elle
avertit que le fucre entre bien-tôt au caffé. Vous connoitrez cette
cuiffon en moüillant votre doigt dans de l'eau, que vous tremperez
dans votre fucre, & que vous plongerez tout-de-fuite dans l'eau
fraiche ; lorfque vous verrez que vous pourrez former avec votre
fucre une petite boulette, ce fera une marque qu'il fera au boulet.
On diftingue le boulet par grand & petit comme les autres cuiffons.

CUISSON DU SUCRE AU CASSE'.

Lorfque votre fucre aura paffé toutes les cuiffons que j'ai décrit
ci - deffus, vous aurez foin d'avoir auprès de vous un vafe rempli
d'eau fraiche, dans lequel vous moüillerez votre doigt ; vous
le tremperez alors dans le fucre, & le plongerez auffi-tôt dans votre
eau, de peur que vous ne vous bruliez ; vous détacherez le fucre
que vous aurez après votre doigt, & lorfque vous verrez qu'il fe
caffera, en faifant un peu de bruit, votre fucre fera au caffé.

CUISSON DU SUCRE AU CARAMEL.

Lorſque votre ſucre ſera à caſſé, mettez-y la couleur telle que vous jugerez à propos (Si vous en voulez mettre) avec quatre ou cinq gouttes de jus de citrons, ſuivant la quantité que vous aurez de ſucre, pour empêcher qu'il ne graine ; vous l'eſſayerez comme aü caſſé, & lorſque vous verrez qu'il ſe caſſèra net comme le verre, il ſera au caramel. Alors vous le retirerez du feu, & tremperez le cul du poëlon dans l'eau, pour rafraichir le cuivre, qui pourroit, par ſa chaleur, brûler votre caramel; laiſſez-lui tomber ſes boüillons; pour-lors vous vous en ſervirez pour votre uſage : il faut prendre garde de moment en moment, pour qu'il parvienne à cette derniere cuiſſon, de peur de la manquer. Vous connoitrez encore la cuiſſon du caramel, lorſqu'en le tâtant, (comme il eſt marqué à la cuiſſon du caſſé) il petera & fera du bruit entre vos doigts. Pour connoitre les couleurs qui s'emploïent dans le caramel. *Voyez* COULEUR.

Maniére de couler le caramel.

Lorſque l'on veut tirer des figures de caramel, il faut avoir ſes moules tout-prêts, c'eſt-à-dire bien propres, bien huilés, & bien ficelés ; vous commencerez alors à couler votre caramel dans les moules les plus petits; lorſqu'ils ſeront pleins, vous les renverſerez pour en ſortir le ſurplus, pour que vos piéces ſe trouvent creuſes ; vous les ferez toujours tourner dans les mains le jet en bas, pour que votre ſucre ſe trouve égal par-tout, juſqu'à ce que vous puiſſiez ſouffrir la chaleur du moule dans les mains ; vous détacherez alors le moule piéce par piéce, & les remettrez toujours deſſus, juſqu'à ce qu'elles ſoient toutes levées. Dépoüillez enſuite votre moule à moitié, & lui faites prendre un peu d'air, pour rafraichir votre caramel, de peur que votre ſucre ne s'avachiſſe ; dépoüillez après l'autre moitié, en remettant votre caramel ſur la premiére dépoüille, & le laiſſez ainſi réfroidir.

Il eſt bon d'obſerver cela, pour empêcher que l'on ne corrompe la figure.

Comme aujourd'hui l'on ſe ſert des moules de figures, dont les bras, les jambes, les draperies & les ornemens, se trouvent séparés de leur corps ; c'est pourquoi il est de l'Officier de reconnoître ses morceaux, pour qu'il puisse les attacher à leur corps, avec le même caramel, & mettre la figure bien ensemble, car j'ai vû bien des figures estropiées, par la confusion de plusieurs piéces que l'on prenoit l'une pour l'autre. C'est pourquoi je recommande à ceux qui désirent d'aprendre l'Office, de s'attacher le plus qu'ils pourront au dessein, pour éviter tous ces inconvéniens.

DEC

DÉCOCTION. On apelle décoction toutes sortes de fruits que l'on fait cuire avec de l'eau, soit pour en tirer le jus, comme pour les gelées, les clarequets & les glaces, soit pour en amolir la chair, pour la rendre en marmelade & la passer au tamis, pour en faire des pâtes, des marmelades, des conserves & des glaces.

DÉCOUPOIR, est un utensile d'Office avec quoi on découpe le pastillage, ou des pâtes de fruit ; il y en a de differentes façons, comme pour les pastilles & les fleurs de pastillage : ils sont ordinairement de fer blanc. *Voyez* Fig. Plan. 1. Lett. W.

DÉCORATION, est l'enjolivement des services, par le moyen des figures de caramel & de pastillage, des fleurs artificielles, des fruits crus & secs, & des cristaux que l'Officier met sur son service.

DÉCORER, est de bien draper une figure, de poser une fleur avec goût, & d'orner un fruit de plusieurs choses qui puissent flatter le goût, & recréer la vuë.

DÉCUIRE. On dit décuire un sirop, une confiture qui se candit, ou qui est trop cuite. Cette opération se fait en mettant votre sirop ou confiture, dans une poële, avec un peu d'eau, & lui donnant deux ou trois boüillons.

DÉGRAISSER,

DE'GRAISSER, se dit du sucre. Cette opération se fait dans un sucre qui a servi plusieurs fois pour le tirage, & que l'on dégraisse en y jettant un peu d'esprit-de-vin à son premier boüillon.

DE'POUILLE. Dépoüiller, se dit d'un moule de plâtre ou de plomb, que l'on léve facilement piéce par piéce, pour en ôter le caramel que l'on y a coulé, ou le pastillage que l'on y a imprimé.

DESSEIN. Ce n'est point toujours contenter les Seigneurs, que leur servir de bonnes choses, & des confitures bien faites, (quoique cela fasse l'essentiel;) mais on les voit bien plus témoigner leur contentement, lorsqu'un Officier leur sert un service décoré & orné avec goût; je ne veux point par-là dire qu'il falut faire des dépenses extraordinaires pour donner du brillant à une table; mais je dis qu'un Officier qui sait un peu de dessein, a toujours plus de goût pour dresser, pour monter un fruit, & pour lui donner le coup d'œil, & la grace.

C'est pourquoi il est à propos pour ceux qui désirent d'apprendre l'Office, d'apprendre à dessiner, & même à modeler. J'ai entendu beaucoup de jeunes gens qui disent, que tous les Maîtres n'avoient pas besoin de décoration; c'étoit bien souvent cette raison qui les empêchoient de profiter de leur tems, & de s'apliquer au dessein : je soutiens que le dessein est une chose nécessaire dans l'Office, s'il ne sert pas dans un tems, il sert dans l'autre; il est toujours plus avantageux pour un aprentif de se perfectionner, que de rester ignorant, d'autant plus qu'il ne sait pas où il se pourra trouver. Le dessein ouvre l'imagination, & donne la facilité d'exécuter tout ce que l'on imagine; c'est par le dessein que vous mettez une figure bien ensemble, & que vous lui donnez les graces convenables; c'est par le dessein que vous donnez votre goût à un Fleuriste, de même à un Vitrier pour découper les verres; c'est par le dessein que vous placez une fleur, un gobelet, un verre découpé, un fruit, une confiture avec goût sur votre service; c'est par le dessein que vous pourrez tirer le plan d'une table, prendre vos proportions & vos mesures, pour

K

montrer à vos Maîtres ce que fera votre fruit avant fon exécution , & connoître quand quelques chofes jurent dans votre décoration : je ne faurois affez exprimer l'utilité du deffein, puifque la magnificence des tables ne provient que delà. *Voyez* TABLE.

DESSE'CHER, c'eft de confumer une décoction, & d'en faire diffiper le liquide fur le feu à tels degrés que l'on voudra, ce qui fert pour les pâtes & les marmelades. Deffécher, fe dit encore de la pâte de maffepains.

DESSERT, fe dit du fruit que l'on fait, & du dernier fervice que l'on fer.

DIABLOTIN. On apelle diablotin, du chocolat que l'on fond , & que l'on met en façon de paftilles bien minces, de la grandeur d'une piéce de vingt-quatre fols.

Maniere de les faire.

Il faut avoir du bon chocolat qui foit frais fait & bien gras, vous en raperez autant qu'il faudra pour la quantité que vous en voudrez faire ; vous le mettrez enfuite dans un compotier d'argent, & le ferez fondre fur un réchaud, jufqu'à ce qu'il foit en confiftence de pâte prefque liquide ; vous les drefferez alors de la grandeur que vous voudrez fur du papier, & lorfqu'ils feront dreffés ; vous prendrez la feüille de papier par les deux bouts & la fraperez fur une feüille de cuivre pour les faire aplatir ; fi vous jugez à propos de les couvrir de nompareille dans le moment, il ne tiendra qu'à vous, parce que le chocolat étant en pâte prefque liquide fait attacher la nompareille : il faut obferver de n'en dreffer qu'une douzaine à la fois fur un carré de papier, parce que les premiers que l'on dreffe pourroient devenir froids, & ne pourroient plus s'étendre : ils fervent de garniture pour les fruits ; on les fert encore en papillotte. *Voyez* PAPILLOTTE.

DORMANT. On apelle dormant, ce qui se met d'abord au commencement, dans le milieu des tables, avec les services de cuisine, & qui reste si l'on veut jusqu'à la fin du repas.

Il y en a de toutes façons ; il y en a qui sont montés sur des jattes qui se trouvent éloignées des unes des autres, parce que l'on en met une, ou trois, ou cinq, ou plus : d'autres sont montés sur des plateaux de bois, que l'on contourne de différentes figures, suivant la figure des tables, ou sur des carrés de glace.

C'est à l'Officier de décorer ses dormants du mieux qu'il pourra, ayant soin d'y mettre des gobelets, pour mettre des bigarades & des citrons. Pour mieux vous éclaircir sur les dormants. *Voyez* TABLE & SERVICE.

DRAGE'E. Il y a des dragées de toutes façons, comme vous verrez ci-après ; la dragée n'est point une chose que l'on fait ordinairement dans les grandes Maisons, puisque l'on en trouve chez tous les Confiseurs ; d'ailleurs, on ne peut en faire peu à la fois, ce qui feroit une grande dépense pour en faire l'assortiment, d'autant plus que pour ce que l'on en use, on ne les pourroit pas toujours consommer : je ne laisse pas cependant que d'en donner la connoissance, & la façon de les faire.

Les Dragées sont lissées ou perlées ; il faut pour les faire, faire deux cuissons de sucre différentes, l'une à lissé & l'autre à perlé, c'est ce qui fait que l'on dit dragée lissée & dragée perlée. Pour ce qui concerne leur travail, il faut avoir une grande poële de cuivre rouge, plate par le fond, avec une anse dans le milieu pour la pouvoir manier, & deux autres aux deux côtés, soutenuës en l'air avec deux cordes à la hauteur de la ceinture, sous laquelle il faut mettre une poële de feu, à quatre doigts du fond de la poële, *Voyez* Fig. Plan. 2. Lett. F. elle sert à faire la grosse dragée & la perlée ; & pour faire la dragée fine lissée, on met la poële sur un tonneau défoncé d'une grandeur proportionée à la poële, avec un feu modéré dessous, *Voyez* la Fig. Planch. 2. Lett. I. K. & qui soit mis d'une manière, qu'il ne soit éloigné de la poële que d'un pied, faisant ensorte de bien boucher les ouvertures, pour que la chaleur ne s'évapore point, & qu'elle se conserve plus long-tems. K ij

DRA

AMANDES LISSE'ES.

Prenez des amandes douces & bien entiéres, mettez-les sécher pendant deux jours à l'étuve, nettoyez-les bien en les secoüant dans une serviette ; mettez-les dans la poële branlante avec du feu dessous, les menant un peu de tems pour les bien faire sécher ; faites boüillir de la gomme-arabique avec de l'eau sur le feu, en la tournant jusqu'à ce qu'elle soit fonduë ; ôtez-la du feu & y mettez, suivant la quantité, la moitié de sucre clarifié cuit à lissé, que vous mêlerez ensemble, & en chargez les amandes d'une couche, les remuant jusqu'à ce qu'elles soient séches ; mettez-y ensuite une autre couche de sucre cuit à lissé, sans gomme, & cela alternativement jusqu'à huit à dix couches, ayant soin de les faire sécher à chaque couche ; vous ôterez alors les amandes de la poële, & la laverez ; essuyez-la, & quand elle sera bien séche, vous remettrez les amandes dedans, & les continuërez de sucre jusqu'à ce qu'elles soient assez chargées, les menant sur la fin fortement sans les faire sauter, ce qui les lisse ; vous les mettrez à l'étuve pour les achever de sécher, ensuite dans des coffrets avec du papier, & les garderez dans un lieu sec.

On peut encore les achever de lisser dans la poële sur le tonneau avec la main, en mettant au lieu de sucre, de l'eau de fleur d'orange, & leur donnant seulement deux couches.

ANIS DE VERDUN.

Prenez de bon Anis bien doux, mettez-le sécher à l'étuve pendant deux ou trois jours, ayant soin de le bien frotter sur un tamis pour en ôter la poussiére, faisant ensorte qu'il n'y reste que le grain ; mettez-le dans la poële sur le tonneau avec un feu modéré, chargez-le d'une couche de sucre cuit à lissé, en le remuant continuellement avec les mains pour le faire sécher ; & pour connoître quand il est bien sec, il faut que le sucre paroisse comme de la poudre sur le dos des mains ; continuez-le de même, jusqu'à ce qu'il soit assez gros pour le petit anis, que l'on

DRA

nomme anis à la Reine ; lorfqu'il fera bien fec, vous le paſſerez dans un gros tamis fait exprès : celui qui reſte dans le tamis fert à en faire du gros, que vous chargerez à la groſſeur que vous ſouhaiterez. Le Fenoüil ſe fait de même.

CORIANDRE PERLE'E.

Prenez de la Coriandre nouvelle, nettoyez-la bien de ſes or-dures, mettez-la fécher à l'étuve comme les autres, mettez-la enſuite dans la poële branlante, & la chargez de ſucre gommé, comme les amandes, & enſuite de ſucre cuit à perlé, que vous mettrez dans une entonnoire qui ſe nomme perloir, & dont le goulot ſoit environ de la groſſeur d'une lentille ; il faut le ſuſ-pendre en l'air au milieu de la poële, ayant ſoin à chaque couche de la bien faire fécher & de la bien remuer, de peur qu'elle ne s'attache ; il faut bien faire ſauter cette dragée dans la poële, afin qu'elle prenne ſucre également & qu'elle ſe perle.

PISTACHES.

Vous prendrez des Piſtaches bien entiéres & bien choiſies que vous ferez bien fécher ; mettez-les dans la poële branlante ; échauf-fez-les bien & les conduiſez comme les amandes. Les Avelines ſe font de même.

CANELAS.

Prenez de la bonne Canelle, laiſſez-la de la longeur de deux travers de doigt, & la mettez tremper pendant une heure dans de l'eau boüillante ; n'en mettez guéres tremper à la fois, pour que vous euſſiez le tems de la couper ; d'ailleurs elle racornit quand elle eſt vieille trempée. Pour en retremper ſervez - vous toujours de la même eau ; coupez - la par petites feüilles, le plus mince qu'il vous ſera poſſible, avec un petit couteau, de la longueur d'un lardon ; mettez- la fécher ſur un tamis pendant deux jours ; alors, mettez-la dans la poële branlante, ayez votre perloir pré-paré, comme pour la Coriandre, avec du ſucre cuit à perlé, &

la menez à chaque couche jufqu'à ce qu'elle foit féche ; quand elle
fera à moitié chargée, laiffez-la repofer jufqu'au lendemain avec
un petit feu deſſous ; achevez-la enfuite de charger de la groffeur que vous fouhaiterez ; ayez foin de la bien fauter, de peur
qu'elle ne s'attache, & de ne la point mener qu'en la chargeant,
parce qu'elle fe cafferoit.

ORANGEAT PERLE'.

Prenez des chairs d'Oranges confites & tirées au fec ; coupez-
les par lardons de la groſſeur d'une plume, & de la longueur
d'un travers de doigt ; mettez-les fur un tamis fécher à l'étuve
pendant deux ou trois jours ; menez-les à la poële branlante avec
un perloir ; comme pour le canelas, & les achevez de même.

EPINE-VINETTE.

Prenez les grains des Epines-vinettes dans la faifon, & les faites
fécher pendant quinze jours à l'étuve, vous pourrez les conferver toute l'année ; lorfqu'elles feront féches, vous les mettrez
dans la poële branlante & les chargerez de fucre gommé cuit à
liſſé, comme pour les amandes ; menez-les jufqu'à ce qu'elles
foient à moitié chargées ; ôtez-les du feu & les mettez fécher
à l'étuve ; pour les achever vous les menerez au tonneau pour
les bien liſſer.

PASTILLES EN DRAGE'E.

L'on fait des Dragées de Paſtilles de plufieurs façons, comme
de girofle, de canelle, de violette, de chocolat, de caffé, de
parfait-amour, de bergamotte, &c. Pour les faire, *Voyez* PASTILLES.
Prenez telles efpèces que vous voudrez, mais bien féches,
mettez-les dans votre poële branlante, comme les amandes ; menez-les jufqu'à ce qu'elles foient chargées à moitié, avec du fucre
cuit à liſſé ; ôtez-les & les mettez à l'étuve : vous les menerez
alors fur le tonneau pour les bien liſſer.

DRA DRE DUV
NOMPAREILLE.

Prenez de la graine de celery, faites-la bien fécher à l'étuve, pilez-la & la paflez par un tamis fin, ou du fucre paflé de même; mettez l'une ou l'autre efpèce dans la poële, menez-la fur le tonneau à petites couches de fucre cuit à liflé; chargez-la de la grofleur que vous voudrez, en la travaillant avec la paume de la main; ayez foin de la bien fécher à l'étuve; alors, vous pourrez lui donner telle couleur qu'il vous plaira. Servez-vous des couleurs que j'ai marquées pour le paftillage; délayez-les bien avec de l'eau, & mettez-y votre couleur, comme fi vous la chargiez avec du fucre. Je crois avoir donné une fuffifante idée touchant la façon de faire les dragées, c'eft à ceux qui veulent aprendre à les faire, à fe donner de la peine, & de donner de la perfection à leur ouvrage par la pratique.

DRAGEOIRE, eft le nom d'une efpèce de Sous-coupe, qui eft faite de cryftal, ou de verre blanc, fur laquelle on dreffe des pyramides de cerifes & d'autres petits fruits, que l'on met fur un fervice, fur un gobelet de quelle hauteur que l'on veut. Il y en a de toutes grandeurs. *Voyez* Fig. Planche 3. Lett. K.

DRESSER, fe dit des pyramides de quelle nature qu'elles puiffent être. Dreffer, fe dit des compotes, des pâtes, de la pâte de bifcuits, & de tous les fours en général. Dreffer, fe dit auffi des neiges, des mouffes, & des glaces, lorfqu'on les met fur des affiétes, ou dans des gobelets.

DUVET, fe dit des fruits qui en ont, comme les Abricots & les Pêches, &c.

EAU

EAU. On dit Eau de grofeilles, de cerifes, de fraifes, de framboifes, lefquelles font une boiffon pour fe rafraichir pendant les chaleurs.

EAU

Maniére de les faire.

Prenez l'une ou l'autre efpèce de ces fruits, nettoyez-les proprement, & les lavez ; mettez-les dans une poële avec de l'eau
propre ; faites-les fondre fur le feu, & leur donnez deux ou trois
boüillons ; jettez-les fur un tamis, fous lequel fera une terrine, pour
recevoir la décoction ; mettez-y du fucre avec modération, & de
l'eau, fi vous la trouvez trop forte ; paffez-la par une étamine, &
la faites rafraichir. Quand on eft preffé, on écrafe le fruit fur un
tamis, fans le mettre fur le feu, mais l'eau n'eft jamais fi claire
qu'à la façon précédente.

EAU-DE-VIE, eft une liqueur fpiritueufe, qui eft tirée de
toutes fortes de vins, par le moyen de l'alambic. On doit toujours
employer la meilleure & la plus fine pour mettre des fruits à l'eau-
de-vie.

ABRICOTS A L'EAU-DE-VIE.

Les Pêches fe travaillent de même que les Abricots, fi ce n'eft
qu'on leur ôte la peau, en les faifant un peu blanchir, fi l'on veut.
Prenez l'une ou l'autre efpèce, choififfez-les meurs, effuyez-les
légérement avec un linge pour leur ôter le duvet ; faites cuire du
fucre à la groffe plume ; jettez votre eau-de-vie dedans ; faites bien
fondre votre fucre, alors tirez-le du feu. Arrangez votre fruit dans
un flacon, tant qu'il en pourra tenir ; jettez deffus votre eau-de-vie,
& en rempliffez votre flacon. Bouchez alors votre flacon très-foigneufement avec du liége & un parchemin moüillé par-deffus,
lorfque votre eau-de-vie fera froide.

D'autres font cuire leur fucre au gros perlé, jettent dedans leur
fruit, & lui donnent deux boüillons. Ils le laiffent ainfi pendant
une couple d'heure à l'étuve ; alors, ils l'égoutent, & font recuire
leur firop à la plume, & y mettent leur eau-de-vie ; ils rangent
leur fruit dans un flacon, & achevent de la même maniére que ci-
devant. Obfervez qu'il ne faut qu'une demi-livre de fucre par pinte
d'eau-de-vie.

CERISES

CERISES A L'EAU-DE-VIE.

Prenez de belles cerises, coupez-leur le bout de la queuë, lavez-les proprement, égoutez-les, & les mettez dans des flacons ; prenez une demi-livre de sucre, sur une pinte d'eau-de-vie, que vous ferez cuire à la grosse plume ; versez-y votre eau-de-vie, remuez-la pour faire fondre le sucre ; alors emplissez-en vos flacons, bouchez-les de même qu'à la manière précédente ; vous y pourrez mettre un peu de canelle & de girofle, suivant votre goût.

Les raisins muscats se font de même.

AUTRES FRUITS A L'EAU-DE-VIE.

Les reines-claudes, les amandes vertes, les rousselets & les abricots verds, doivent être confits. Voyez l'un & l'autre, pour voir la manière de les confire. Alors vous les égouterez légérement ; mettez dessus votre eau-de-vie, que vous aurez soin de faire tiédir, pour qu'elle se mêle avec le sirop ; prenez une cuillier percée pour les mettre dans vos flacons ; versez dessus votre eau-de-vie, & les bouchez de même que les autres.

Il est bon de dire que les fruits qui ont été confits, & que l'on met à l'eau-de-vie, peuvent se mettre au tirage & au caramel : les autres qui ne le font pas, ne peuvent se mettre qu'au caramel ; tous les fruits à l'eau-de-vie servent pour compote avec leur liqueur.

EAU de fleur d'orange. Elle est tirée de la fleur, dont on a tiré la substance & l'odeur, par le moyen de l'alambic ; on ne s'en sert pas souvent dans l'Office, si ce n'est pour faire tremper la gomme adragante, ou pour faire de la conserve à l'Allemande, ou pour mettre dans la pâte, ou sirop d'orgeat, & sirop de capillaire.

EAU de sucre. Ce n'est autre chose que du sucre royal que l'on cuit à cassé ; observez qu'aussi-tôt qu'il prend son boüillon, c'est d'y mettre deux gouttes de jus de citron ; aussi-tôt qu'il sera cuit, trempez le cul du poëlon dans l'eau fraiche, pour empêcher que la chaleur

L

du cuivre ne le rougiſſe. Ayez des feüilles de cuivre bien unies & bien huilées avec de l'huile d'amande douce ; attendez que votre ſucre ſoit un peu moins chaud, pour le pouvoir filer ; alors prenez une fourchette, trempez-la dans votre ſucre, & le filez ſur vos feüilles en façon de nappes d'eau ; levez-le tout-de-ſuite, pendant qu'il eſt maniable, & en garniſſez avec goût le ſujet que vous aurez fait. Ce ſucre imite beaucoup l'eau, c'eſt pourquoi l'on s'en ſert pour faire des jets d'eau, & des caſcades.

ECORCE. On apelle écorce le deſſus de la chair des fruits d'odeur, dans laquelle eſt renfermée toute l'odeur du fruit.

ECUME, eſt la partie la plus groſſiére, que l'on enléve du ſucre & des confitures.

ECUMER, eſt d'enlever avec une écumoire toutes les écumes du ſucre & des confitures. C'eſt une choſe à laquelle on doit faire attention, car bien ſouvent un peu d'écume ſur une confiture, eſt capable de faire pouſſer les confitures, lorſqu'elles ſont dans les pots.

ECUMOIRE, eſt un utenſile d'Office, avec lequel on écume ; on doit en avoir de cuivre pour les ſucres & les confitures, & de fer blanc, pour la crême que l'on met en mouſſe. *Voyez* ſa Fig. Plan. 1. Lett. S.

EGOUTER. On dit égouter un fruit, c'eſt-à-dire le ſéparer de ſon ſirop, en le mettant ſur une égoutoire, pour que le ſirop tombe dans une terrine, ou dans une poële : égouter ſe dit encore des candys. *Voyez* CANDYS.

EGOUTOIRE, eſt un utenſile d'Office, qui eſt de cuivre rouge, de la grandeur d'un grand plat, & percé comme une écumoire : on s'en ſert pour faire égouter les fruits. *Voyez* Pl. 2. Let. B.

EGRENER, ſe dit lorſqu'on épluche de la groſeille, ou de l'epine-vinette, ou lorſqu'on ôte les pepins à certains fruits, comme au verjus, & aux grateculs.

EMPOTER, c'eſt mettre les confitures dans des pots, après les avoir bien échaudées, & bien féchées à l'étuve.

EPINAR, eſt une plante qui croît dans les potagers, dont les feüilles ſont larges, découpées, tendres, molles, d'un verd obſcur, ſucculentes, & attachées à de longues queuës. On ne s'en ſert que pour faire de la couleur verte, comme pour teindre des amandes de couleur de piſtaches, ou des conſerves & des pâtes.

Maniére de préparer ce verd.

Prenez des épinars bien épluchés & bien lavés; pilez-les bien dans un mortier, exprimez-en bien le jus par une étamine; prenez ce jus, mettez-le dans une poële, & lui donnez deux boüillons, vous verrez auſſi-tôt le verd ſe ſéparer de l'eau; jettez le tout ſur un tamis, & vous ſervez du verd pour colorer ce qui eſt marqué ci-deſſus.

EPINE-VINETTE, eſt un fruit qui croît ſur un arbriſſeau épineux, duquel l'écorce eſt mince, liſſe; ſon bois eſt jaune; ſes feüilles ſont petites, oblongues, vertes, crenelées en leur bord, & un peu rudes, d'un goût acide; ſes fleurs ſont diſpoſées en grapes, & compoſées chacune de pluſieurs petites feüilles jaunes, rangées en roſe; quand elles ſont tombées, il leur ſuccede ce fruit, qui eſt petit, oval, tendre, rempli de ſuc, prenant, à meſure qu'il meurit, une belle couleur rouge, d'un goût acide, mais agréable; cet arbriſ-ſeau croît dans les lieux incultes, & dans les buiſſons. (*a*) On s'en ſert de differentes maniéres, pour confire au liquide, comme vous ver-rez ci-après: pour faire des pâtes, des candys, des conſerves & des jus. *Voyez* l'un & l'autre.

Maniére de la confire.

Prenez de l'épine-vinette groſſe & meure, & de la plus rouge; ôtez les branches de deſſus le bois, & les égrenez proprement, ou les laiſſez en branche. Faites cuire du ſucre clarifié à la plume; jettez

(*a*) M. Pit. Tournefort.

votre fruit dedans, & lui donnez cinq ou six boüillons ; écumez-le bien , & le laiſſez ainſi repoſer juſqu'au lendemain. Egoutez-le alors, & faites cuire votre ſirop à perlé ; gliſſez-y votre fruit, & lui donnez deux boüillons couverts; écumez-le bien , & le mettez dans des pots.

E P I C E. Les épices que l'on emploïe dans l'Office, ſont la canelle , le girofle, la muſcade, & la fleur de muſcade. *Voyez* l'un & l'autre.

E P L U C H E R , ſe dit des fleurs, des herbes, des petits fruits, où il ſe rencontre très-ſouvent d'autres choſes parmi ; car on dit communément égrener de la groſeille , de l'épine-vinette , ôter le noyau , les taches , le pourri d'un fruit.

E S P R I T - D E - V I N. L'eſprit-de-vin eſt tiré de l'eau-de-vie, comme l'eau-de-vie eſt tirée du vin. Il ſert à dégraiſſer un ſucre de tirage qui aura déja ſervi pluſieurs fois , ou dans lequel on aura mis des fruits ſans les avoir bien lavés. Quelques-uns en mettent un peu dans le ſucre que l'on a cuit pour le candy ; il ſert pour rendre les glaces , ou carré de glaces, bien claires , lorſqu'on en met un peu ſur la glace, après l'avoir nettoyée , & qu'on l'eſſuye propre-ment avec une ſerviette : on en met encore dans le vernis pour le paſtillage. *Voyez* VERNIS.

E S S E N C E , c'eſt la partie la plus ſubtile qui ſe tire des ſubſtances dont on fait des extraits. Les eſſences ſont tirées des fleurs, des fruits & des aromates ; les eſſences que l'on emploïe dans l'Office, ſont celles de cédrac, de bergamotte, d'orange, de citron, de lime-douce, de canelle, de girofle & d'ambre.

E S T R A G O N , eſt une plante qu'on cultive dans les jardins potagers , qui pouſſe pluſieurs tiges ou verges, à la hauteur de trois pieds, dure , un peu anguleuſe , rameuſe, portant beaucoup de feüilles longues, & étroites, comme celles du lin, odorantes , de couleur verte-obſcure , luiſante, d'un goût acre, aromatique , & accompagnée de certaines douceurs agréables ; elle ſert de fourniture dans les ſalades , mais il faut la choiſir jeune & tendre.

ETAMINE, eſt une étoffe de poil de chevre, que l'on coupe de différente grandeur, & qui ſert à paſſer des ſirops, des eaux, & tout ce qui eſt liquide.

ETUVE, eſt une armoire, ou un cabinet muré, garni de barreaux de diſtance en diſtance, pour que la chaleur du feu que l'on met dans une poële, puiſſe pénétrer par-tout ; on augmente ou on diminue le feu, ſelon le beſoin ; dans un Office réglé, l'étuve doit être continuellement chaude, pour conſerver ce qui doit être ſec, & que l'humidité ne l'amoliſſe point.

Étuve, eſt encore un terme d'Office. On dit, cet Officier fait bien l'étuve, pour dire qu'il fait bien les pâtes, les clarequets, les candys, & qu'il tire bien à l'étuve toutes ſortes de fruits.

EXPRIMER, c'eſt preſſer un fruit, pour en faire ſortir le ſuc.

EXTRAIRE, eſt de paſſer une décoction, ou un jus par une étamine, & d'en ſéparer le clair, d'avec ce qui ne l'eſt pas.

***

FARINE. La farine eſt une choſe très-eſſentielle, pour pouvoir réuſſir dans l'employ que l'on en veut faire ; c'eſt pourquoi il faut toujours choiſir la farine de froment, paſſée par un bluteau fin, laquelle s'apelle pure farine ; il ſera toujours bon de la faire ſécher ſept à huit heures à l'étuve, avant que de l'employer, & de la paſſer toujours par un tamis en l'employant.

On ſe ſert encore de farine de ris ; pour la faire, on pile bien le ris, après l'avoir fait ſécher à l'étuve, & on le paſſe au tambour ; on en mêle un peu dans la pâte de paſtillage pour faire des figures, parce que cette farine étant ainſi mêlée avec le ſucre, lui donne plus de corps, & le rend très-dur.

FENDRE, ou ſe fendre, terme apliqué au fruit ; il ſe dit des pêches, des prunes, &c. quand elles quittent bien leurs noyaux ; la pêche fe fend , & le pavie ne fe fend point ; plufieurs prunes en font de même.

FENOUIL. Le fenoüil croît fur une plante, qui pouſſe une tige à la hauteur de quatre ou cinq pieds, droite, canelée, de couleur verte-brune , remplie d'une moëlle fongeuſe , rameuſe ; ſes feüilles font d'un verd - obſcur, d'une odeur agréable , d'un goût doux & aromatique ; ſes ſommités ſoutiennent des ombelles , ou bouquets larges, jaunâtres, odorans , ſur leſquels ſont des fleurs , ordinairement à cinq feüilles , diſpoſées en roſe à l'extrémité du calice. Lorſque cette fleur eſt paſſée , le calice devient un fruit à deux graines oblongues , arrondies , canelées ſur le dos, aplaties de l'autre côté, blanchâtres , & d'un goût très-doux, aromatique, & très-agréable. On cultive le fenoüil aux lieux ſecs & chauds, à cauſe de ſa ſemence : le meilleur vient du Languedoc.

Lorſque le fenoüil eſt verd, on le met en branche au candy, & la ſemence en dragée. *Voyez* l'un & l'autre.

FER. Il y a differens fers dans les Offices, qui ſervent pour pluſieurs choſes , comme les differens fers à gaufres, & les fers à découper du papier. *Voyez* leurs Fig. Pl. 2. Let. T. & Pl. 1. Let. P. R.

FERMENTATION, eſt un mouvement intérieur cauſé par des eſprits qui cherchent paſſage pour ſortir de quelques corps, & rencontrent des parties terreſtres & groſſiéres qui s'opoſent à leur paſſage ; ils font gonfler & raréfier la matiére, juſqu'à ce qu'ils en ſoient détachés.

On fait fermenter la groſeille, les framboiſes , les ceriſes , le jus de limon & les épine-vinettes : pour en faire des ſirops. *Voyez* SIROP.

FEUILLE. Ce mot eſt apliqué à un cuivre aplati de bonne épaiſſeur , en forme de feüilles de papier ; on s'en ſert à differens uſages ; elles doivent être toujours très-unies & très-propres.

FANER, ſe dit des fleurs & des fruits qui ſe ſéchent & ſe flétriſſent.

FIGUE, eſt un fruit qui vient ſur un arbre de médiocre grandeur, dont la tige n'eſt pas droite ; ſon écorce eſt unie, mais un
peu rude, de couleur cendrée ; ſon bois eſt fongueux, moëlleux, &
blanc en dedans ; ſa feüille eſt grande, large, épaiſſe, découpée en
cinq parties ou angles, reſſemblante à celle du meurier, mais plus
grande, plus dure, plus rude & plus noirâtre ; attachée par une
queuë qui jette une liqueur laiteuſe quand on la rompt.

Vous pouvez les confire lorſquelles ſont encore vertes, & de-là,
les tirer à l'étuve, ou au tirage. *Voyez* l'un & l'autre.

Maniére de les confire.

Prenez des figues à demi meures ; piquez-les du côté de la queuë ;
blanchiſſez-les, juſqu'à ce qu'elles ſoient un peu molles ; laiſſez-les
ainſi à demi réfroidir, & les jettez enſuite dans de l'eau fraiche ;
mettez-les égouter ; faites cuire du ſucre clarifié à perlé ; mettez-y
votre fruit, & lui donnez trois ou quatre boüillons couverts ; ôtez-
le de deſſus le feu, & l'écumez bien ; mettez-le dans une terrine
pour lui faire paſſer la nuit à l'étuve ; le lendemain égoutez le ſirop,
ſans ſortir le fruit de la terrine, & lui faites prendre dix à douze
boüillons ; rejettez-le ſur vos fruits, lorſqu'il ſera tiéde ; le lendemain faites la même choſe, & les laiſſez encore ; alors vous égouterez vos fruits, & cuirez votre ſirop à gros perlé ; mettez-y vos
fruits, & leur donnez un boüillon couvert ; écumez-les & les mettez dans des pots.

Maniére de connoître la maturité des Figues.

Comme il eſt important de les bien prendre dans leur tems,
attendu qu'elles n'ont qu'un jour ou deux, parce qu'elles dépériſſent ;
c'eſt pourquoi on juge de la parfaite maturité d'une figue, à la voir
& à la toucher ; (*a*) ſi après les avoir vû d'une belle couleur jaunâtre, ou autre qui apartient à ſon eſpèce, d'une peau ridée, & un peu
déchirée ; d'une tête panchée, & d'un corps tout rapetiſſé, on la

(*a*) La Quint. Tom. 2. Part. V. pag. 18.

trouve moëlleufe au toucher , & qu'elle vienne à quitter l'arbre, pour peu qu'on la fouleve , ou qu'on l'abaiffe , on peut alors la cuëillir hardiment ; comme ce fruit perdroit beaucoup de fon agrément, s'il venoit à fe défleurir, on doit avoir foin de le mettre dans un panier garni de feüilles de vigne , .& les placer chacune féparément, fans qu'elles fe preffent ; ou qu'elles foient les unes fur les autres.; ne les mettez point fur l'œil , parce que c'eft par-là que leur fuc s'écoule.

On les fert pour hors d'œuvre , en fendant un peu le bout de la queuë en quatre , & les arrangeant proprement fur des affietes avec des feüilles de vigne.

FIGURES. Maniére de les faire en caramel, & en paftillage. *Voyez* CUISSON A CARAMEL & PASTILLAGE.

FIGURE fe dit de tout ce que l'on tire dans des moules de plomb , ou de plâtre, pour en avoir la repréfentation.

FILTRER, c'eft paffer une liqueur par un papier gris, que l'on met dans un entonnoir fur fur une bouteille. *Voyez* Plan. 2. Let. E.

FLEUR, eft la production de la plante, qui fe fait remarquer par fon odeur, & par la diverfité de fes couleurs ; il n'y a prefque point de plantes qui n'ayent des fleurs.

Les fleurs que l'on emploïe dans l'Office, font la fleur d'orange, la violette, l'œillet , le jafmin & la rofe. On en fait des pralinées & grillées, au liquide, en conferve, au candy , en firop, en gâteau & en marmelade. *Voyez* chaque mot féparement, vous y trouverez la maniére de les préparer , & la façon de les faire.

FLEURS-ARTIFICIELLES. Ce font des fleurs compofées, qui imitent le naturel, qui font faites de coque de foïe, de velin & de papier , & dont les tiges & les branches font de fil-de-fer ; elles fervent pour garnir les fervices.

Le mot de fleur-artificielle , comprend les fleurs à tige , les guirlandes , les verdures , les arbres, les ifs , les bouquets, les feüilles détachées, qui fervent dans plufieurs décorations, &c.

C'eft

FLE FON FOU

C'eſt de ces fleurs que l'on doit avoir un grand ſoin, attendu qu'elles coûtent beaucoup, & qu'elles périſſent facilement ; il faut donc, pour cet effet, les garder toujours dans un endroit ſec, (*a*) dans des coffrets, ou boëtes bien couverts, où vous rangerez vos fleurs chacune avec celles de ſon eſpèce, & mettrez du papier entre deux.

Quand on veut s'en ſervir, il faut toujours leur donner de la grace, en ajuſtant les feüilles pour imiter la nature de la fleur, le plus qu'il vous ſera poſſible ; vous les attacherez avec de la cire verte. *Voyez* CIRE D'OFFICE.

On peut, dans la ſaiſon, ſe ſervir de fleurs naturelles, en mettant la tige de la fleur dans un gobichon, qui ſera rempli d'eau, pour maintenir la fleur toujours fraiche.

FLEURS de paſtillage. *Voyez* PASTILLAGE.

FLEUR, eſt attribuée au fruit. C'eſt une certaine petite blancheur, une certaine fraicheur que les fruits ont ſur les arbres, avant'que d'être maniés ou fanés, comme les prunes, les raiſins, &c.

FONDRE, ſe dit du ſucre, ou des fruits à jus. On dit fondre de la groſeille, des framboiſes, des fraiſes & des épines-vinettes, ce qui ſe fait en mettant de l'eau avec, & leur donnant trois ou quatre boüillons.

FOUETTER, ſe dit du blanc d'œuf, & de la crême que l'on met en neige, ou en mouſſe, à force de les foüetter ; on les foüette ordinairement avec un petit balet d'ozier.

FOULER, ſe dit des groſeilles, des framboiſes, des ceriſes, des fraiſes & des épines-vinettes, que l'on écraſe dans une terrine, pour en avoir le jus, ou pour les faire fermenter.

(*a*) Les fleurs artificielles ont beaucoup de cole & de gomme-arabique, & ſont conſéquemment fort ſujettes à ſe gâter à l'humidité, parce que l'une ou l'autre s'y diſſoüe, & pour-lors la fleur eſt obligée de périr ; obſervez de ne les point mettre à la fumée, ni à la pouſſiére.

M

FOUR, ſe dit de tout ce qui eſt cuit au four, comme biſcuits de toute eſpèce, macarons, pains-d'épices, meraingues, maſſepains & tourons ; on dit faire une aſſiete de four, c'eſt garnir une aſſiete de biſcuits, ou de four mêlé, avec un papier découpé deſſous ; on dit faire bien le four, c'eſt de bien faire toutes les eſpèces.

FOUR, c'eſt dans quoi l'on fait cuire ce que l'on veut y mettre ; il y en a de deux façons dont on ſe ſert, qui ſont le four muré, & le four de campagne, ce dernier eſt fait de tole de fer, ou de cuivre rouge. *Voyez*. Plan. 2. Let. C. L'un & l'autre ſervent à la même choſe, mais le four muré eſt toujours le meilleur ; pour ſe ſervir avec ſuccès du four muré, c'eſt de le bien échauffer également, le nettoyer, & de-là, attendre que la chaleur ſoit au point que vous la déſirez ; tenez-le bouché, pour qu'il perde ſa chaleur également.

Le four de campagne s'échauffe en mettant du feu deſſus & deſſous également, à la quantité qu'il en faut pour cuire ce que vous avez dedans ; obſervez de ne le point ſaiſir tout-de-ſuite à force de feu, parce que ce four, comme étant fait de tole de fer, ou de cuivre rouge, eſt ſujet à rougir, & par-là, vous ſeriez en riſque de perdre tout ce que vous auriez dedans.

FOURNEAU. Tout le monde ſait ce que c'eſt qu'un fourneau pour cuire les confitures ; c'eſt pourquoi il eſt inutile d'en faire l'explication. On dit communément travailler au fourneau, c'eſt faire les confitures ; l'on dit : cet homme eſt bon pour le fourneau, c'eſt-à-dire qu'il eſt habile dans le genre des confitures.

FOURNITURE, ſe dit des herbes, ou plantes que l'on emploïe pour garnir les ſalades, comme le cerfeüil, l'eſtragon, le baume, ou mente domeſtique, la pimpinelle, la corne-de-cerf, la cive, le creſſon alenois & la trique-madame : pour les connoître, *Voyez* leur deſcription. On fait des ſalades de fourniture ſeulement, que l'on apelle ſalade à la Vendome. *Voyez* SALADE.

FRAISE, eſt un fruit oval plein de ſuc, ayant à-peu-près la figure d'une mure de Renard, de couleur verte au commencement, puis blanche, & enfin rouge, quand il eſt meure ; d'une odeur agréable, & d'un goût vineux, doux & délicieux ; il y a des fraiſes qui ſont blanches. Elle croît ſur une plante, qui pouſſe de ſa racine pluſieurs pédicules, ou queuës menuës, longues, veluës, portant les unes, chacune trois feüilles, les autres des fleurs ; de plus, elle jette certains fibres, ou filamens qui ſerpentent à terre, qui y prennent racine en pluſieurs endroits, & qui multiplient leur eſpèce ; ſes feüilles ſont oblongues, moyennement larges, dentelées, crenelées tout-au-tour ; on les ſert cruës, lorſqu'on les a bien épluchées & lavées ; en compotes, en neiges & fruits glacés, en conſerve ; on en fait du blanchiſſage. *Voyez* l'un & l'autre : on en fait encore de la boiſſon. *Voyez* EAU.

FRAMBOISE, eſt un fruit plus gros que la fraiſe, rond, un peu velu, compoſé de pluſieurs bayes entaſſées, & jointes les unes aux autres, de couleur ordinairement rouge ; car il y en a des blanches, d'une odeur réjoüiſſante, fort agréable, pleines d'un ſuc doux & vineux, renfermant chacune une ſemence. Ce fruit naît ſur une eſpèce de ronce, apellée framboiſier, qui eſt un arbriſſeau qui croît juſqu'à la hauteur d'un homme ; ſes branches ſont tendres, vertes, moëlleuſes, garnies de petites épines qui ne ſont guères piquantes ; ſes feüilles ſont ſemblables à celles de la ronce ordinaire, mais plus tendres, plus molles, vertes-brunes en-deſſus, blanchâtres en-deſſous ; on cultive cet arbriſſeau dans les jardins ; on les ſert cruës comme les fraiſes ; on en fait des pâtes, des conſerves, de la boiſſon, des neiges & du ſirop. *Voyez* l'un & l'autre.

Manière de les confire.

Prenez cinq à ſix livres de framboiſes, groſſes & vermeilles ; épluchez-les bien, & faites cuire ſept à huit livres de ſucre clarifié, que vous ferez cuire à la groſſe plume ; mettez vos framboiſes dedans, & dès que vous verrez que votre ſucre commencera à boüillir, ôtez-les du feu, & les laiſſez ainſi repoſer une demi-heure, pour qu'elles jettent leur jus ; alors, faites-les frémir un moment ſur le feu, & les mettez dans une terrine à l'étuve pendant une journée; alors, vous les égouterez, & les acheverez, en faisant cuire votre sirop à gros perlé; mettez-y votre fruit; donnez-lui un boüillon couvert; écumez-le & l'empotez; vous pouvez ajouter un peu de jus de cerise à votre sirop.

FREMIR, se dit lorsque l'on met du fruit avec son sirop sur le feu, & qu'on l'échauffe doucement; pour qu'un sirop frémisse, il ne faut point qu'il boüille.

FROMAGE. Le fromage est fait avec du lait, qu'on fait coaguler ou cailler; ce n'est point à l'Officier de faire les fromages, mais il est de son devoir de les servir, & de les entretenir le plus proprement qu'il lui sera possible; il n'y a presque point de Païs ni de Province qui n'aient chacun leur méthode pour faire des fromages, c'est ce qui fait que l'on en distingue de tant de façons; chaque Païs a ses cantons renommés. L'Angleterre estime les fromages de Chester; le Hainaut vante ceux de Marolle; la Picardie ceux de Guise; la Normandie ceux de Neuchatel; le Dauphiné celui de Sassenage; la Suisse celui de Guïere; le Languedoc le fromage de Rocfort; enfin le Milanois envoïe par-tout le fromage de Lodi, que nous nommons Parmesan, parce qu'une Princesse de Parme l'a, dit-on, fait connoître en France, où il soutient toujours sa réputation.

Maniére d'affiner les fromages.

Lorsqu'on juge qu'ils sont trop secs, on les enferme dans un endroit où les animaux qui leur sont nuisibles, ne peuvent point aprocher; on les trempe dans une eau salée, & on les envelope dans des feüilles d'orme ou d'ortie; mettez-les dans quelques vaisseaux, pour qu'ils puissent se communiquer leur humidité.

FROMAGES GLACE'S, sont faits de crême douce; on leur donne différens goûts, & différentes figures, comme vous verrez ci-après.

Manière de préparer la crême pour les fromages.

Prenez sur trois pintes de crême vingt-quatre œufs frais ; séparez les blancs d'avec les jaunes ; passez vos jaunes à travers d'une étamine dans une poële ; délayez votre crême avec vos jaunes ; ensuite mettez-la cuire sur un petit feu, sans cesser de la remuer avec une spatule, jusqu'à ce que vous voyiez qu'elle veüille boüillir ; retirez-la du feu, & la passez tout-de-suite par un tamis, sous lequel sera une terrine pour recevoir votre crême.

Il est bon d'observer qu'en Eté, la crême est sujette à se tourner, c'est pourquoi il faut faire cuire votre crême à part, & alors, la délayez avec vos jaunes d'œufs ; du moins si la crême tourne, vous ne perdrez point les œufs.

Cette crême sert pour faire les fromages glacés, de pistaches, de chocolat, de caffé, de canelle, de girofle, de vanille, de safran à l'Italienne, &c.

FROMAGE de pistaches. Prenez une livre de pistaches ; après les avoir bien mondées, vous les pilerez avec deux quartiers de cedra confi., & les moüillerez avec un peu de crême pure, pour les empêcher de tourner en huile ; lorsqu'elles seront bien pilées, passez-les par un tamis avec une spatule ; prenez alors deux pintes de cette crême préparée, lorsqu'elle sera un peu froide, & délayez vos pistaches avec ; mettez-y du sucre en poudre à votre goût, & repassez le tout par un tamis ; mettez votre crême dans une sarbotiére à la glace, & la faites prendre en neige ; lorsqu'elle sera ainsi, ayez un moule de fromage de telle figure qu'il vous plaira, que vous aurez bien serré de glace ; vous y mettrez votre crême, déja prise en neige, proprement avec une cuillier ; couvrez-le avec le couvercle du moule, & le laissez ainsi au moins une heure avant que de le lever. Pour le sortir du moule, *Voyez* FRUITS GLACE'S, vous y trouverez la manière qui est générale pour tous les fromages glacés, fruits glacés, & autres choses en glace.

FROMAGE de chocolat. Prenez une demi-livre de bon chocolat, que vous ferez fondre dans fort peu d'eau ; lorsqu'il sera

fondu, prenez une pinte de cette crême préparée, avec quoi vous
délayerez votre chocolat ; mettez-y du fucre à votre goût ; paffez
le tout par un tamis, & le finiffez comme celui de piftaches.

FROMAGE de caffé. Prenez un quarteron de bon caffé bien
torréfié, & bien moulu ; faites-en de fort caffé, c'eft-à-dire mettez-y
la moitié de l'eau qu'il faudroit pour le mettre en boiffon ; laiffez-le
repofer fur des cendres chaudes ; tirez-le au clair, & le mêlez avec
une pinte de cette crême préparée ; ajoutez-y du fucre en poudre
à votre goût ; paffez le tout par un tamis, & le finiffez comme les
autres fromages.

FROMAGES de canelle, de girofle, de vanille & de fafran.
Prenez l'une ou l'autre de ces efpèces ; pilez-la bien ; mettez-la dans
un pot de fayance ; prenez de l'eau boüillante, que vous jetterez
deffus en petite quantité ; remuez le tout enfemble ; bouchez le pot
foigneufement, & laiffez-la infufer du jour au lendemain à l'étuve ;
lorfque cela eft bien repofé, vous prendrez deux pintes de cette
crême préparée, dans laquelle vous mettrez du fucre en poudre à
votre goût ; vous y mettrez alors de votre infufion, jufqu'à ce que
vous lui trouviez affez de goût ; paffez le tout par un tamis, & le
finiffez de même que les autres.

FROMAGE à l'Italienne. Prenez de la marmelade de cédra,
ou de fleur d'orange ; délayez-la avec une pinte de cette crême préparée ; ajoutez-y du fucre en poudre à votre goût ; paffez le tout
par un tamis, & finiffez votre fromage de même que les autres.

FROMAGE de Parmefan. Prenez de la coriandre, un peu
de canelle & de girofle, que vous mettrez dans trois chopines de
crême fraiche ; ajoutez-y une demi-livre de fromage rapé ; faites
cuire le tout fur le feu, jufqu'à ce qu'il foit prêt de boüillir, en le
remuant toujours ; paffez-le par un tamis ; mettez-y du fucre en
poudre ; faites-le prendre en neige ; lorfqu'il le fera, mêlez-y un
quarteron de fromage de Parmefan, qui fera bien rapé ; mettez-le
alors dans un moule qui ait la figure d'un quartier de fromage de

FRANÇAIS
FRO

Parmefan. *Voyez* Fig. Plan. 6. Fig. 2. Finiffez-le comme les autres; lorfqu'il fera levé, vous lui donnerez la couleur de fa croute avec du fucre brûlé. *Voyez* COULEUR.

FROMAGE à la Gentilly. Prenez deux pintes de crême fraiche, & bien douce; paffez-la par un tamis dans une terrine; mettez-y du fucre en poudre à votre goût, avec quelques zeftes de cédra, ou fucre de fleur d'orange, ou autre chofe, fuivant le goût que vous lui voudrez donner; laiffez-la repofer environ une heure au frais, pour que ce que vous y aurez mis puiffe y donner du goût; paffez le tout par un tamis fur une autre terrine; ayez encore une autre terrine, fur laquelle vous mettrez un tamis qui foit fec; vous commencerez alors à foüetter votre crême en mouffe, & fait-à-mefure que vous la verrez mouffer, enlevez-en la mouffe avec une écumoire de fer-blanc, & la mettez fur votre tamis, pour qu'elle s'égoute; continuez ainfi, jufqu'à ce que vous en euffiez affez pour remplir votre moule. *Voyez* Fig. Planche 6. Fig. 1. Mettez enfuite votre moule à la glace, & le ferrez bien de glace.

Empliffez votre moule de cette mouffe, & la laiffez prendre pendant deux heures; vous le leverez comme les autres fromages. Il faut obferver éxactement la méthode d'égouter votre mouffe fur un tamis, car il eft certain qu'en levant la mouffe, vous enlevez auffi de la crême qui n'eft point foüettée, & que fi vous la mettiez tout-de-fuite dans vos moules, il s'y formeroit des glaçons, ce qui deviendroit fort defagréable.

FROMAGE à la Genoife. Le fromage à la Genoife ne differe de celui à la Gentilly que par le travail; c'eft pourquoi après avoir préparé votre crême, comme pour celui à la Gentilly, vous commencerez à foüetter votre crême de la façon comme il faut faire pour foüetter des blancs d'œufs; lorfque vous verrez que votre crême fera prête à devenir en beure, jettez la fur un tamis, & de ce qui reftera fur le tamis, empliffez-en un moule, ou des petits moules: au refte, gouvernez-le comme les autres.

On doit fervir les fromages dans des compotiers profonds, ou dans des jattes creufes de porcelaine, ou dans des faladiers d'argent.

Pour mieux vous inftruire fur les explications des termes, de lever un fromage, un fruit glacé, *Voyez* mettre à la glace, ferrer de glace, travailler une glace, *Voyez* chaque mot féparément.

FRUIT. C'eft la production que fait un arbre, ou une plante: on diftingue ordinairement les fruits, en fruit à noyau, & fruit à pepin ; en fruit rouge, en fruit d'Eté, en fruit d'Automne, & en fruit d'Hyver ; les fruits à noyau font les prunes, les cerifes, les pêches & les abricots ; les fruits à pepins font les fraifes, les framboifes & les grofeilles ; les fruits d'Eté font ceux qui viennent, & qu'on mange en Eté ; les fruits d'Automne font ceux qui viennent en Automne ; les fruits d'Hyver, font ceux qui viennent en Automne, mais qu'on ne mange qu'en Hyver.

Ceux qui font bons à manger étant crus, fe fervent crus dans la garniture de votre fruit fur des gobelets & drageoires ; les autres fe mettent en compote, ou on les fait cuire, ou confire.

Moyen de conferver les fruits à noyau.

Ayez un pot de terre, & l'emplissez moitié de miel, & moitié eau commune, que vous aurez bien battu enfemble auparavant ; vous y mettrez vos fruits tous frais cueillis, & vous couvrirez bien le pot ; lorfque vous les tirerez du pot, lavez-les dans l'eau fraiche.

FRUIT d'odeur. Les fruits d'odeur font des fruits qui nous viennent d'Italie & de Provence, comme le cédra, la bergamotte, l'orange, la bigarrade, le citron, le limon, la limette, la lime-douce, la Chinoife, le poncire & la mellarofe. *Voyez* chaque efpèce en particulier, vous trouverez leur defcription, & la maniére de les confire.

FRUIT à l'eau-de-vie. *Voyez* EAU-DE-VIE.

FRUIT. On apelle fruit ce qui comprend tout le fervice d'un deffert.

FRUIT aqueux, fe dit d'un fruit qui ne fent que l'eau,
FRUIT

FRUIT paſſé, ſe dit d'une poire qui devient blette, ou d'un fruit qui a perdu ſon goût & ſon odeur.

FRUIT glacé. Les fruits glacés, & autres choſes qui imitent leur nature, ſont un ouvrage aſſez difficile, & auquel il faut faire beaucoup d'attention pour réuſſir ; c'eſt pourquoi j'ai fait mon poſ-ſible pour donner la méthode de les faire le plus facilement que j'ai pû m'imaginer.

Premiérement pour les faire, il faut avoir les moules faits de la façon comme je le marque à l'article des moules, *Voyez* Plan. 6. & de ſuivre éxactement ce que j'enſeigne ci-après.

Ce n'eſt point que par-là je veüille renchérir ſur M. Boulogne, qui a été le premier à qui nous en devons les principes ; d'autres (*a*) ont depuis fait leur poſſible pour pouſſer le travail des glaces au dégré de perfection, où ils ont parfaitement réuſſi ; je me ferai tou-jours gloire de les citer, & d'avoir été ſous leurs aîles, puiſque c'eſt à eux que j'ai l'obligation de ſçavoir les faire, comme j'en donne la méthode.

Les fruits glacés, &c. ſont faits avec des liqueurs préparées, que l'on met en neige ; j'enſeigne la façon de compoſer la liqueur pour chaque fruit, &c. *Voyez* NEIGES. Pour réuſſir, conſultez tous ces mots ſéparément : mettre à la glace, faire prendre une glace, ſer-rer de glace, & travailler une glace.

Lorſque toutes les liqueurs dont vous voulez faire des fruits, &c. ſeront en neige, ayez de la glace bien pilée en abondance, & la mêlez avec du ſel, fait-à-meſure que vous l'employez ; ayez pluſieurs baquets, d'une certaine grandeur, qui puiſſent contenir une ving-taine de moules, avec la glace qu'il faut aux moules, ſupoſé qu'il falut que vous en faſſiez beaucoup, afin que vous puiſſiez avoir plus de facilité de lever de ſuite tous ceux de la même eſpèce, & par-là les pouvoir colorer, & les mettre enſemble dans votre cave, pour les avoir plus vite à la main, lorſqu'il s'agit de les dreſſer.

Alors, eſſuyez bien le couvercle de votre ſarbotiere avec une ſerviette, de peur qu'il ne s'y trouve du ſel ; travaillez bien votre neige avec la houlette ; alors, mettez-la dans votre moule à fruit,

(*a*) Meſſieurs Cecile & Travers.

N

& y mettez une branche en forme de queuë , ſi le fruit en a une,
pour lui donner plus de grace ; fermez - le tout-de-ſuite , les feüilles
de la branche en dehors du moule ; envelopez - le de papier ; mettez - le dans le baquet dans lequel vous aurez mis un lit de glace
pilée, mêlée avec du ſel , & fait-à-meſure que vous y mettrez un
moule, ſerrez-le de glace & continuez de même.

    Il y a de certains fruits auſquels on met des branches en forme
de queuës, comme j'ai déja dit , & des noyaux ſuivant leur nature.
Les branches dont on ſe ſert, ſont les branches d'orangers., comme
étant les plus liantes , & les plus en état de ſoutenir la fraicheur ;
vous formerez donc vos branches de la même maniére que je mon-
tre la Figure. Plan. 7. Let. I.

    Les noyaux dont on ſe ſert, ſont ceux des mêmes fruits que l'on
veut faire , après les avoir lavé très-ſoigneuſement à l'eau boüillante.

Maniére de les lever , & de les colorer.

    Il faut avant que de les lever , que vos fruits reſtent au moins
une heure dans la glace, c'eſt-à-dire , mis de la façon que je l'ai en-
ſeigné ci - deſſus. Ayez votre cave bien miſe à la glace , & garnie
de feüilles de vignes en dedans , ou de papier, ſi c'eſt en Hyver ;
alors , ſortez vos moules les uns après les autres de votre baquet ;
trempez-les dans de l'eau tiéde , (*a*) & auſſi-tôt dans de l'eau fraiche ; dépoüillez-le de ſon papier ; retrempez - le dans de l'eau fraiche
pour en ôter bien le ſel ; ouvrez le moule , & en ſortez le fruit ;
donnez-lui tout-de-ſuite la couleur qui lui convient : pour connoître
les couleurs, *Veyez* COULEUR (pour les fruits glacés,) & le mettez dans
votre cave, pour le conſerver juſqu'au moment de ſon ſervice ; (*b*) alors
vous le dreſſerez ſur des aſſiétes , ou ſur des gobelets qui ſeront colés
fru des jattes ſuivant votre goût : les fromages glacés ſe lévent de même.

    J'ai enſeigné ci-deſſus la maniére de travailler les fruits glacés, &c.
& de les finir ; mais l'eſſentiel eſt d'en bien faire les liqueurs, ce que

---

(*a*) On doit toujours tremper le moule avec ſon papier, parce que la chaleur de l'eau détache
le papier d'avec les feüilles de la branche que l'on y a mis, & qui ſont toujours gelées enſemble , quand on les ſort de la glace, & que ſi l'on ne faiſoit point cela, l'on arracheroit les
feüilles de la branche, ce qui ôteroit la beauté de votre fruit glacé.

(*b*) Lorſque les fruits ſont dans la cave , ils prennent le velouté.

vous trouverez, comme j'ai déja dit, à l'article neige. J'ai pareillement enseigné la connoissance de tous les fruits, pour en prendre le
goût & les couleurs. Il ne reste plus que d'en avoir les moules ; vous
pourrez donc, ayant les neiges & les moules de tous ces fruits,
faire. *Voyez* Plan. 6.

Cédras	-	Fig. 19.	Ananas.
Pommes	- - -	8.	Bergamottes.
Pêches	- - -	23.	Prunes.
Poires	- - -	12.	Abricots.
Fraises	- - -	24.	Framboises.
Amandes vertes	-	11.	Cerises.
Marrons	- - -	13.	Avelines.
Cornichons	- -	10.	Noix.
Biscuits à la cuillier	-	15.	Artichaux.
Citrons.			Raves.
Citrons de Madere.			Biscuits d'amandes amères.
Oranges.			Echaudés.

Il y a certains fruits, & autres choses, dont on veut représenter
la figure en glace, comme *Voyez* Plan. 6.

Grenades	- -	Fig. 26.	Langues fourées - 22.
Melons	- - -	5.	Truffes - - - 16.
Ecrevisses	- - -	18.	Cardons d'Espagne.
Hure de Saumon	-	7.	Marbrées.
Hure de Sanglier	-	6.	Galantines.
Oeufs à l'oseille -	14. & 17.		Figues.
Saumoneaux	- -	20.	Asperges.
Jambons	- - -	21.	

qui méritent plus d'attention, par raport au mêlange de plusieurs
neiges qu'il faut mettre ensemble, & la difficulté de leur travail ;
c'est pourquoi je décris ci-après les neiges qu'il faut prendre, la
méthode pour les travailler, & la façon de les gouverner, pour
réussir parfaitement.

GRENADE.

La grenade fe fait differemment en neige qu'en fruit, c'eft pour-quoi il ne faut point avoir recours à fa neige ; ayez des moules de grenade bien faits, qui s'ouvrent en deux ; faites fondre de la cire d'Office , ou à modeler ; trempez dedans de la toile coupée par bande ; bouchez foigneufement les jointures de votre moule , afin que le fel & l'eau ne puiffent point tranfpirer. Vos moules étant ainfi tous préparés, prenez de la crême que vous ne ferez point boüillir ; mettez-y du fucre feulement , & la paffez par un tamis ; alors empliffez de cette crême vos moules avec un entonnoir , & les bouchez très-foigneufement avec de la cire , & mettez un bout de votre toile par-deffus la cire.

Lorfqu'ils feront tous remplis, ayez un baquet dans lequel vous aurez mis un bon lit de glace mêlé avec du fel ; mettez dedans tous vos moules, & les ferrez de glace ; fecoüez le baquet pour les faire prendre ; obfervez qu'il faut qu'ils n'y reftent qu'un quart-d'heure, de peur qu'ils ne fe glacent tout-à-fait ; vous aurez préparé avant tout, ce qui fuit.

Prenez de la gelée de grofeille rouge , ou de pomme, la plus ferme que vous aurez faite exprès , & coulez fur des affiétes de l'épaiffeur de trois ou quatre écus ; coupez-la avec un couteau en petit dez , & le plus finement qu'il vous fera poffible ; mettez-les fait-à-mefure dans une petite terrine , avec fi peu de crême qu'il faudra , pour enveloper de blanc tous ces petits morceaux ; ôtez alors vos moules l'un après l'autre de la glace ; trempez-les avec viteffe dans de l'eau froide ; ôtez-en vite la toile que vous aurez mis au-tour, & fendez votre moule en deux avec un couteau, (le furplus de la crême en fortira, & ce qui fera glacé , fera l'écorce de votre fruit ;) mettez tout-de-fuite votre gelée avec une cuillier ; refermez le moule ; envelopez-le de papier, & le ferrez de glace ; levez-le de même que les autres, & les achevez de même : obfer-vez encore , que comme il y a d'autres fruits aufquels on peut donner des écorces, & qui fe gouvernent de même, l'on doit pro-portionner le tems à la grandeur du moule, pour les laiffer à la glace ; mais le plus long-tems qu'ils y doivent refter, c'eft un quart-d'heure.

FIGUES.

Prenez quinze à vingt figues des plus meures ; ôtez-leur la peau, & les paffez par un tamis avec une fpatule fur une terrine ; lorf- qu'elles feront ainfi, mettez-y trois verres de vin d'Efpagne, un verre d'eau, & le jus de deux citrons ; ajoutez-y un peu de fucre clarifié fuivant votre goût ; mêlez bien le tout enfemble, & le paffez par un tamis ; mettez votre liqueur à la glace, & la faites prendre en neige ; vous aurez les moules préparés, comme je l'ai marqué ci-devant ; donnez-leur leur écorce de la même ma- niére comme les grenades ; alors, vous remplirez vos moules de votre neige, & les finirez de même que les grenades ; fi vous voulez que le dedans de vos figues foit rouge, mettez-y un peu de coche- nille préparée.

MELON.

Le melon fe fait de deux maniéres ; les uns le font en vuidant un melon, & le rempliffant de fa neige, que je marque ci-après ; d'autres le font avec un moule fait exprès, & lui font une écorce comme a la grenade ; c'eft pourquoi je parle du dernier, qui, fuivant moi, eft le plus difficile à faire.

Pour faire la liqueur du melon, il faut en prendre un ou deux, (fuivant ce que peut contenir votre moule ;) ôtez la chair avec une cuillier, paffez-la par un tamis dans une terrine ; mettez-y en- viron une demie chopine de vin d'Efpagne, deux verres d'eau, le jus d'un citron, un peu de fucre clarifié à votre goût ; mêlez bien le tout enfemble ; paffez votre liqueur par un tamis, & la faites prendre en neige ; préparez de la crême, comme pour les grenades, à laquelle vous donnerez une couleur verdâtre, foit avec des pifta- ches, ou avec des épinars préparés ; vous la mettrez dans votre moule, que vous aurez préparé, comme je l'ai marqué ci-devant, & le conduirez de la même maniére ; mettez-y enfuite votre neige, & l'achevez de même que les grenades.

Vous pouvez encore mettre les pepins du melon, que vous aurez bien lavé, en mettant votre neige dans les deux côtés du moule, & les pepins dans le milieu.

FRU

ECREVISSES.

Prenez des fraifes que vous écraferez & pafferez par un tamis ; délayez-les avec autant de crême fraiche ; ajoutez-y du fucre en poudre à votre goût ; mêlez le tout enfemble, & le paffez par un tamis ; faites prendre votre liqueur en neige, & la mettez dans votre moule : finiffez-la de même que les fruits glacés.

ASPERGES.

Les afperges fe font avec les neiges du fromage à l'Italienne pour le blanc, & du fromage de piftaches pour le verd ; il faudra avoir foin de les mettre comme il faut dans vos moules, & les achever comme les fruits glacés : les artichaux fe font de même. *Voyez* FRO-MAGE.

HURE DE SAUMON.

Le moule de la hure de faumon doit être de trois piéces, c'eft-à-dire, il doit s'ouvrir en deux, & la troifiéme doit être fur la coupe du poiffon, avec un petit trou pour pouvoir l'emplir ; préparez votre moule avec de la toile, comme j'ai dit ci-deffus ; empliffez-le de même crême comme ci-devant ; faites-le prendre de même, & le vuidez, en ouvrant fa troifiéme piéce ; empliffez-le de neige de fraifes ; fermez-le tout-de-fuite, & le ferrez de glace, en le mettant de maniére que la troifiéme piéce foit en haut ; laiffez le ainfi pendant une heure ; vous ouvrirez votre troifiéme piéce, & alors vous prendrez un fer, fait comme une gouche, que vous enfoncerez le plus que vous pourrez dans votre neige, pour faire des féparations de la maniére comme le blanc eft marqué dans fa chair ; fait-à-mefure que vous en ferez, jettez dedans de la crême toute pure ; continuez ainfi jufqu'à ce qu'il y en ait fuffifamment ; refermez votre moule ; envelopez-le de papier, & le ferrez de glace : finiffez votre hure comme les fruits glacés, & lui donnez une couleur de bleu.

HURE DE SANGLIER.

Le moule de cette hure doit être de trois piéces, ainsi que celui du saumon; il le faut préparer de même, & lui faire sa peau, comme celle du saumon, vous gouvernerez votre moule de même; vous emplirez alors votre moule de neige de fraises ou de groseilles, & y fourerez par-ci par-là des lardons; fermez tout-de-suite votre moule; envelopez-le de papier, & le serrez de glace; finissez votre hure de même que celle du saumon, en lui donnant une couleur un peu noire avec du chocolat. Pour faire ces lardons, il faut avoir un moule comme un petit moule à fromage, que vous emplirez de neige de crême, & que vous serrerez bien de glace; vous la leverez alors, & la couperez par lardons.

OEUFS A L'OSEILLE.

Pour faire un œuf, il faut deux moules, un pour faire le jaune, & l'autre pour faire le blanc. Il faut d'abord emplir le moule du jaune avec de la neige, comme le fromage au safran; envelopez-le de papier, & le serrez de glace; lorsque vous jugerez qu'il sera assez pris, levez-le comme les fruits glacés; emplissez les deux côtés de votre autre moule, de neige de crême, & mettez votre jaune dans le milieu; fermez votre moule; envelopez-le de papier, & le serrez de glace: finissez-le de même que les fruits glacés.

Vous pouvez les servir entiers, ou, si vous voulez, les couper par quartiers; étendez sur une assiéte de la neige de crême aux pistaches, & les rangez dessus, pour imiter des œufs à l'oseille; si votre crême de pistaches n'est point assez verte, usez d'épinars. Voyez EPINARS.

CARDONS D'ESPAGNE.

Le cardon d'Espagne se fait comme un fruit glacé; emplissez votre moule de neige de crême, & lorsque vous les voudrez servir, rangez-les proprement sur une assiéte, & mettez par-dessus un peu de crême au caffé qui ne soit point en neige; vous pouvez faire de même les culs d'artichaux, si vous en ayez les moules.

FRU

MARBRE'ES.

La marbrée eſt un ouvrage de cuiſine , & que l'on peut imiter en glace ; rangez ſur une ſerviette friſée , que vous aurez mis ſur une petite jatte , des écreviſſes , des ſaumoneaux , des truffes & des citrons que vous couperez par tranche , & pluſieurs autres choſes qui y ont du raport , & qui ſoient de glace ; gliſſez deſſus , pour couvrir le tout , une gelée blanche de pommes , ou de groſeilles , de l'épaiſſeur d'un doigt , que vous aurez fait exprès dans une pareille jatte , & la ſervez tout-de-ſuite.

SAUMONEAUX.

Empliſſez vos moules de neiges de citron , ou de groſeille blan-che ; conduiſez - les comme les fruits glacés , & lorſque vous les leverez , donnez-leur une couleur de bleu , & les mouchetez après avec un peu de rouge ; il faut les ſervir ſur une aſſiéte , ſur laquelle ſera une ſerviette friſée , ou autre.

GALANTINES.

La galantine eſt encore un ouvrage de cuiſine , & que l'on peut très-bien imiter. Pour cet effet , il faut avoir une petite ſarbotiere ; mettez-la à la glace , & l'empliſſez à moitié de crême à l'Italienne , que l'on fait comme pour le fromage ; travaillez-la comme pour la mettre en neige ſans la travailler ; ſitôt que vous verrez qu'elle ſera priſe contre la ſarbotiere , de l'épaiſſeur de deux écus , ſortez-la de la gla-ce ; eſſuyez-la proprement , & vuidez-la de la crême qui n'eſt point priſe ; remettez la ſarbotiere tout-de-ſuite à la glace , pour que ce qui eſt pris ne ſe fonde point ; mettez-y enſuite des lardons , (comme je l'ai marqué à la hure de ſanglier) en blanc , & beaucoup en rouge ; fou-rez-y par-ci par-la des truffes coupées par morceaux , & des piſtaches ou amandes glacées , juſqu'à ce que vous voyez qu'elle ſoit ſuffiſam-ment garnie ; alors , ſerrez-la de glace , pour qu'elle devienne ferme comme un fromage ; levez-la de même ; coupez-la par tranche , & la ſervez avec une ſerviette friſée deſſous ; les lardons blancs doivent être

de

FRU

de neige de la même crême que celle de la peau, & les rouges, de neige de crême à la canelle, que vous rougirez avec de la cochenille préparée.

JAMBONS.

Pour l'imiter comme il faut, il faut mettre premiérement dans le deſſus de votre moule un lit de neige de crême, enſuite un lit de neige de fraiſes ; empliſſez l'un & l'autre côté de ces deux neiges mêlées enſemble ; fermez votre moule ; envelopez-le de papier, & le ſerrez de glace. Lorſque vous le leverez, mettez-le ſur une ſerviette, pour le pouvoir panner, & le mettez dans votre cave ; ſervez-le ſur une ſerviette friſée ; pour le panner, on prend des macarons bien ſecs, que l'on pile bien, & que l'on paſſe par un tamis.

LANGUES FOURE'ES.

Mêlées enſemble des neiges de fraiſes & de crême, mais un peu plus de fraiſes que de crême ; mettez-les dans vos moules ; envelopez-les de papier, & les ſerrez de glace ; lorſque vous les leverez, coupez-les un peu des deux bouts, après les avoir colorées avec du chocolat : ſervez-les ſur une ſerviette friſée.

TRUFFES.

Faites fondre une demi-livre de chocolat avec de l'eau ; mettez-y un peu de ſucre en poudre ; ſi vous le jugez à propos ; faites-le prendre en neige ; mêlez avec ſuffiſamment de la neige de crême, juſqu'à ce que vous voyiez qu'il ſoit bien marbré ; mettez-le alors dans vos moules, & les gouvernez comme les fruits glacés : ſervez-les dans une ſerviette bien pliée.

Je crois en avoir dis aſſez, pour donner une idée générale des fruits glacés & de leur travail, & pour contrefaire toutes ſortes de choſe en glace ; c'eſt à celui qui veut aprendre, à profiter de ces principes pour pouvoir réuſſir, il peut par-là s'imaginer que l'on peut encore faire quelque choſe de mieux, ce qui dépendra de ſon expérience, & de ſon invention. *Voyez* les figures des moules Planc. 6.

O

FRUITERIE, eft une ferre, ou une chambre bien clofe, garnie de tablettes & chaffis doubles, pour y ranger & conferver les fruits. C'eft auffi dans un Palais, ou un Hôtel, une place près de l'Office, où l'on tient & l'on dreffe les fruits de la faifon pour le fervice des tables.

La fituation qu'il faut donner aux fruits cueillis, pour les conferver dans la fruiterie.

Le véritable moyen de conferver les fruits, eft de les cueillir dans leur jufte maturité ; ceux qui font extrêmement tendres & délicats, achevent d'acquerir leur maturité hors du jardin ; les uns & les autres perdent infiniment de leur luftre & de leur agrément, s'ils viennent à être meurtris, défleuris, écorchés ou tachés de marques noires ; telles font les figues, & les pêches avec leur coloris & leur chair fine ; telles font les prunes avec leur fleur, & les poires beurées qui font tout-à-fait meures.

Chaque figue, chaque pêche & chaque prune ayant été cueillies avec toutes les précautions néceffaires, enforte qu'en les détachant de l'arbre, rien ne manque à leur perfection. Je fupofe qu'en les cueillant on les ait mifes, par exemple, dans une corbeille garnie de quelques feüilles tendres & délicates, comme feüilles de vigne ou d'ortie, & qu'on les ait placées chacune féparément de l'autre, fans qu'elles fe preffent fur les côtés, ou qu'elles foient les unes fur les autres, la pefanteur de celles de deffus eft capable de meurtrir celles de deffous, & cela particuliérement en fait de pêches & de figues, car pour les prunes, elles ne font pas affez lourdes pour fe bleffer les unes & les autres.

Or, pour conferver quelques jours ces trois fortes de fruits, il les faut mettre dans votre fruiterie qui foit féche, propre, garnie d'ais, ayant toujours les fenêtres ouvertes, à moins que ce ne foit dans le grand froid ; il faut que fur ces ais on ait mis l'épaiffeur d'un travers de doigt de mouffe, qui leur ferve, pour ainfi dire, d'une maniére de matelas, prenant garde que cette mouffe foit féche, & n'ait aucune mauvaife odeur ; cela étant, chaque pêche ainfi placée fur la mouffe, fe fait fa niche elle-même, enforte qu'elle ne touche rien de dur dans la place, & qu'elle ne preffe, ni ne foit preffée d'aucune de fes voifines. Il faut foigneufement les vifiter une fois le jour, pour voir s'il n'y paroît aucune marque de pourriture, & ôter à l'inftant toutes celles qui paroiffent en avoir, ou autrement * leur voifinage en gâte d'autres. Il eft important de bien placer les fruits dans la fruiterie ; ceux qui n'ont point ces fortes d'égards, en perdent beaucoup par leur faute.

La bonne fituation des pêches, eft d'être non-feulement fur la mouffe, mais que ce foit fur l'endroit de leur queuë ; les autres fituations les meurtriffent. Celle des figues eft d'être couchées fur le côté, comme je l'ai dit à l'article FIGUES ; rien ne leur eft fi contraire que d'être placées fur l'œil, parce qu'elles fe vuident par-là de ce qu'elles ont de meilleur jus. A l'égard des prunes, comme ce font des corps d'une médiocre pefanteur, toute forte de fituation leur eft indifferemment bonne, auffi-bien qu'aux cerifes.

La bonne fituation des poires, dont la figure eft piramidale, eft d'y être fur l'œil, & d'avoir la queuë en haut. Celle des pommes, dont la figure eft prefqu'un cube parfait, eft indifferente, foit fur l'œil, foit fur la queuë, qui réguliérement eft fort courte. Ces deux fortes de fruits fe confervent affez bien fur le bois nud, & fouffrent même d'y être pour un tems les uns fur les autres au fortir du jardin, & jufqu'à ce qu'ils aprochent de leur maturité ; il ne leur faut fur-tout aucun lit, ni aucune couverture de foin, ou de paille, à caufe de la mauvaife odeur qu'ils en prennent pour l'ordinaire.

A l'égard du raifin, rien ne lui eft fi avantageux que d'être pendu en l'air, attaché par un fil, foit à quelque cerceau fufpendu, foit à des cloux attachés aux folives ; cependant il n'eft pas mal fur la paille : pour en conferver jufqu'en Février, Mars & Avril, il le faut avoir cueilli avant qu'il ait acquis une parfaite maturité, autrement il pourrit trop vite, bien entendu cependant, que de deux ou trois jours l'un, il en faut foigneufement éplucher les grains pourris.

Avec les précautions ci-devant remarquées, on conferve aifément & fans aucun embarras, les fruits autant qu'ils le peuvent être ; il n'y a que les groffes gelées qui foient fort redoutables, parce qu'elles peuvent pénétrer dans la fruiterie, & donner atteinte aux fruits ; c'eft pourquoi, voyez ci-après les conditions d'une bonne fruiterie.

O ij

FRUI

Conditions d'une bonne fruiterie.

La première condition d'une bonne fruiterie, est qu'elle soit impénétrable à la gelée ; le grand froid, comme j'ai déja dit, est l'ennemi mortel des fruits ; ceux qui ont été une fois gelés, ne sont plus bons qu'à jetter.

La seconde, est que la fruiterie doit être sur-tout exposée au midi, ou au levant, ou du moins au couchant : l'exposition du Nord lui seroit très-pernicieuse.

La troisiéme, est que les murs de la fruiterie doivent être pour le moins de vingt-quatre pouces d'épais : une moindre épaisseur ne garantiroit pas de la gelée.

La quatriéme, demande que les fenêtres, outre les panneaux ordinaires, doivent avoir de fort bons chassis doubles, & sur-tout de papier, & qu'ils soient bien calfeutrés, & en même-tems il y ait une double porte pour l'entrée, ensorte que jamais dans le tems du péril, l'air froid de dehors ne puisse avoir liberté d'entrer, car il détruiroit l'air temperé qui est de longue main au dedans. On ne sauroit avoir trop de précaution ; il ne faut qu'une petite ouverture négligée, pour faire en une nuit de gelée, un désordre infini.

La cinquiéme, est de s'étudier à défendre les fruits du mauvais goût ; le voisinage du foin, de la paille, du fumier, du fromage, de beaucoup de linge sale, & sur-tout de linge de cuisine, &c. tout cela est extrêmement à craindre, & ainsi il faut que la fruiterie en soit tout-à-fait éloignée : un certain goût renfermé, avec une odeur de plusieurs fruits mis ensemble, font encore un grand désagrément, & par conséquent, il faut que la fruiterie soit bien percée & assez élevée ; une élévation de dix ou douze pieds, en doit faire la juste mesure ; il faut aussi tenir souvent les fenêtres ouvertes, c'est-à-dire, aussi souvent que le grand froid n'est point à craindre, soit la nuit, soit le jour ; un air nouveau de dehors, quand il est bien conditionné, fait des merveilles pour purifier & rétablir celui qui est renfermé de longue main.

La sixiéme condition demande qu'il y ait beaucoup de tablettes, tenantes & enchassées les unes dans les autres, afin de loger les fruits séparément les uns des autres ; la distance raisonnable de ces tablettes doit être de neuf à dix pouces, avec une largeur raisonnable de chacune, qui soit de dix-sept à dix-huit pouces, pour y en loger beaucoup ensemble, & en voir aussi beaucoup d'une seule vuë.

Il faut pour septiéme condition que les tablettes soient un peu en pente vers la partie de dehors, c'est à-dire, d'environ trois pouces dans leur largeur, & qu'elles soient bornées d'une petite tringle d'environ deux doigts, pour empêcher les fruits de tomber ; on ne voit pas si bien d'un coup d'œil tous les fruits d'une tablette, quand elle est de niveau, que quand elle est de cette maniéce, & ainsi on ne s'aperçoit pas si aisément de la pourriture qui survient à quelques fruits, & se communique à leurs voisins ; quand on n'y remédie pas d'abord ; cette pourriture à craindre, oblige, que sans y manquer, on visite au moins chaque tablette de deux jours l'un, pour faire éxactement la recherche de tout ce qui est gâté.

La huitiéme condition demande, que les tablettes soient garnies de quelque chose, comme de mousse bien séche, ou d'environ un pouce de sable fin, afin que chaque fruit posé sur la basse, comme il doit être, se fasse une maniére de nid, ou de niche particuliére, qui le maintienne droit, & l'empêche de toucher à ses voisins.

Il faut pour derniére condition, qu'on ait grand soin de nettoyer & balayer souvent la fruiterie, d'en ôter les toiles d'araignées, d'y tenir de petits piéges contre les rats & les souris, & même il ne seroit pas mal-à-propos d'y laisser quelque entrée sécrette pour les chats, autrement on a souvent le désagrément de voir les plus beaux fruits attaqués par ces animaux.

FUMERONS, sont des morceaux de charbons qui ne sont pas bien cuits, & qui se trouvent parmi le bon charbon.

GAL

GALANT. On apelle galant, les tournures des fruits d'odeur, lorsqu'ils sont en roquilles ; ce qui se fait lorsqu'ils sont confits. *Voyez* TOURNURE. Après les avoir égoutés de leur sirop, on les tourne autour du doigt à une certaine grosseur ; on les met

GAR GAT GAU

fur des feüilles de cuivre fécher à l'étuve jufqu'à ce que vous voyez qu'ils ne poiffent plus , & qu'ils foient en état de fervir. On en met au tirage que l'on tourne de même, mais ceux-ci fervent d'un moment à l'autre ; confultez les mots de tirage, & tirer à l'étuve.

GARNIR. On dit garnir des jattes, un fruit, un fervice : c'eft d'y mettre toutes fortes de confitures féches.

GARNITURE, fe dit de toutes fortes de confitures féches, comme les fruits tirés au fec ; les fruits à mi fucre, tirés à l'étuve, les pâtes, les clarequets, les conferves, les fruits tirés au caramel, les grillages , &c.

GATEAU, eft une conferve foufflée, dans laquelle on met des fleurs, à l'exception que l'on n'y met point de glace-royale.

GATEAUX de fleurs d'oranges, de violettes, de rofes, d'œillets , &c.

Maniére de les faire.

Prenez du fucre clarifié ou autre, que vous ferez cuire à la grande plume ; mettez-y à proportion , des fleurs de quelle efpèce qu'il vous plaira ; dès que vous verrez qu'elles auront jetté leur eau, & que le fucre fera revenu à la grande plume, travaillez-le alors avec une fpatule, en frottant autour de la poële, & au milieu ; quand votre fucre viendra à monter , & que vous le fentirez léger fous la main , jettez-le tout-de-fuite dans des moules de papier un peu élevé, que vous aurez fait auparavant ; ne les rempliffez qu'à moitié, pour lui donner l'aifance de fe bien lever.

Le gâteau de fleur d'orange grillée fe fait de même, à l'exception que la fleur doit être grillée, ou faites-la griller avec un peu de fucre dans une autre poële ; fitôt que vous verrez que votre fucre fera à cuiffon, mettez-y votre fleur, & la travaillez de même.

GAUFFRE, eft faite avec une pâte liquide faite de différentes maniéres, que l'on fait cuire entre deux fers, lefquels s'ouvrent & fe ferrent enfemble par le moyen d'une charniére. *Voyez* Fig. Plan. 1. Let P. gauffrier à la Flamande, Let. R. gauffrier ordinaire. Les gauffres fe cuifent à petit feu, ayant foin de tourner le fer de tems-en-tems ; lorfque vous les jugez cuites, & que vous les voyez d'une belle couleur dorée, ôtez avec un couteau la pâte qui peut être autour du fer ; ouvrez votre fer ; levez votre gauffre ; mettez-la fur un rouleau, pour lui donner une forme de tuile, ou roulez-la fur un petit bâton, ou faites-en des cornets. On donne aux gauffres, de quelle façon elles puiffent être, toutes ces figures, à l'exception des gauffres à la Flamande, que l'on fert telles qu'elles fortent du fer. C'eft à l'Officier d'en faire des affiétes le plus proprement qu'il lui fera poffible, en mettant un papier découpé deffous.

GAUFFRES ordinaires. Prenez une livre de farine, demie livre de fucre en poudre, un peu de rapure de citron ; mettez le tout dans une terrine ; ajoutez-y fix jaunes d'œufs ; délayez le tout enfemble avec de l'eau ; faites fondre un quarteron de beure avec un peu d'eau, que vous mêlerez avec votre pâte ; battez bien le tout enfemble, & délayez bien votre pâte, de façon qu'il ne s'y trouve point de grumeaux, & qu'elle foit un peu claire.

Alors vous ferez chauffer votre fer, & le graifferez des deux côtés, avec du beure que l'on met dans le milieu d'un linge ; vous coulerez votre pâte fur un côté du fer avec une cuillier, fermez tout-de-fuite votre fer ; mettez-le fur le fourneau ; faites cuire votre gauffre, & la levez comme je l'ai marqué ci-deffus.

GAUFFRES fines. Prenez fix cuillerées à bouche pleines de farine, trois de fucre en poudre, un peu de rapure de citron, trois jaunes d'œufs, une chopine de crême & un verre de vin d'Efpagne ; délayez le tout enfemble, & les faites cuire comme les autres.

GAUFFRES au chocolat. Prenez la même dofe qu'aux gauffres fines, à l'exception du vin d'Efpagne ; ajoutez-y un peu de crême de plus, avec trois onces de chocolat rapé : finiffez-les de même que les autres.

On peut par la même raifon en faire de différents goûts, en y mettant des infufions de caffé, de vanilles, &c.

GAUFFRES à l'Allemande. Prenez une livre de farine, une demi - livre de fucre en poudre, la rapure d'un citron, un peu d'épice mêlée de canelle, de girofle, & de mufcade bien mis en poudre, fix jaunes d'œufs ; délayez le tout enfemble avec trois chopines de vin du Rhin : faites-les cuire comme les autres.

GAUFFRES à la Flamande. Prenez une livre & demie de farine, dans laquelle vous mettrez un peu de levure de biere (a) gros comme une petite noix, une pincée de fel ; vous cafferez douze œufs, dont vous féparerez les blancs, & mettrez les jaunes dans votre farine qui fera dans une terrine ; alors vous prendrez une livre de bon beure que vous ferez fondre dans une pinte de crême ; délayez-la avec votre farine, & la battez bien pour qu'il n'y refte point de grumeaux ; foüettez enfuite vos blancs d'œufs, comme pour du bifcuit, & mêlez le tout enfemble ; mettez votre pâte pendant une couple d'heures dans une étuve, où le feu foit bien moderé, pour qu'elle puiffe fe lever.

Ayez un fer comme je l'ai marqué Planche 1. Let. P. mettez votre pâte dedans, & la conduifez comme les autres. Obfervez que comme cette gauffre eft fort épaiffe, il ne faut point la cuire trop vite, pour qu'elle ait le tems de bien cuire ; faites attention qu'elles doivent être fervies le plus chaudement que l'on pourra, c'eft pourquoi il ne faut commencer à les faire cuire, qu'au moment que l'on eft prêt à fervir le fruit.

GELE'E. C'eft le fuc des fruits, qui a reçu une confiftence épaiffe par le moyen du feu. On fait de la gelée de plufieurs fortes de fruits, comme vous verrez ci-après.

GELE'E de grofeilles rouges ou blanches. Prenez telle quantité de grofeilles meures qu'il vous plaira ; ôtez-leur la grape ; mettez-les dans une poële avec un peu d'eau, fuivant la quantité que vous en aurez ; mettez-les fur le feu pour les faire fondre, & leur donnez deux ou trois boüillons couverts ; jettez-les fur un tamis fous

(a) Il y a de certains Officiers qui fe fervent de biere en place de levure, mais elle donne de l'amertume, & occafionne de l'aigreur à la pâte ; c'eft ce que je confeille de ne jamais faire.

lequel

lequel fera une terrine pour recevoir le jus ; laiffez-les égouter pendant une heure : repaffez le jus par une étamine, pour le rendre plus clair. Alors mefurez votre décoction, foit dans une cuillier, ou autre chofe ; mettez la même quantité de fucre clarifié, que vous ferez cuire à caffé ; alors jettez-y votre décoction, & la laiffez cuire jufqu'à ce qu'elle faffe la nappe, *Voyez* NAPPE, ce que vous con- noîtrez avec une écumoire, en la mettant dans votre gelée ; vous la fortirez de la gelée, & la balancerez un peu en l'air ; alors vous la pencherez, & fi vous voyez la gelée qui eft à l'écumoire tom- ber en nappe, votre gelée fera cuite ; écumez-la & l'empotez ; quand elle eft dans les pots, il s'y fait encore une petite écume qu'il faut ôter avec une cuillier pour la rendre nette : couvrez-la un jour après.

Dans la faifon on met de cette gelée dans des moules à clare- quets, en obfervant ce que j'ai marqué à l'article clarequet.

GELE'E de grofeille framboifée. Prenez telle quantité qu'il vous plaira de grofeilles ; mettez-les avec un tiers de framboifes ; faites-les fondre, & leur donnez deux ou trois boüillons couverts ; jettez-les fur un tamis, fous lequel fera une terrine pour recevoir le jus ; lorfqu'elles feront bien égoutées, paffez le jus par une étamine pour le rendre plus claire. Alors mefurez votre décoction ; mettez la même quantité de fucre clarifié, que vous ferez cuire à caffé ; alors, vous y jetterez votre décoction, & la laifferez cuire, jufqu'à ce qu'elle faffe la nappe, comme je l'ai marqué ci- devant ; écumez-la bien, & la mettez dans des pots, & ne la couvrez qu'un jour après.

GELE'E de grofeilles fans feu. Prenez des grofeilles bien meures, & les plus propres que vous pourrez trouver ; écrafez- les fur un tamis pour en tirer le jus ; pefez votre jus, & par chaque livre de jus, mettez-y une livre de fucre en poudre ; délayez le tout enfemble ; paffez-le alors par une étamine, & mettez votre gelée dans des petits pots, que vous expoferez pendant deux jours au foleil. Il eft bon d'obferver qu'il ne faut point du tout laver

P

la grofeille : cette gelée eft meilleure, & a plus de goût que celle
qui eft cuite, mais elle n'eft pas fi tranfparente.

GELE'E de pommes blanche rouge. Prenez une trentaine
de pommes de reinette ; coupez-les en quatre ; ôtez-leur la peau,
& les nettoyez bien ; jettez-les fait-à-mefure dans de l'eau fraiche
pour les empêcher de noircir ; coupez-les alors par petits morceaux, & les changez d'eau ; mettez-les dans une poële, avec
environ deux pintes d'eau ; couvrez-les avec une feüille de papier,
& les faites cuire fur le feu, jufqu'à la réduction d'une pinte ;
jettez vos pommes fur un tamis, pour en égouter le jus ; enfuite
paffez votre jus par une étamine, & le mefurez ; Prenez même
quantité de fucre clarifié, que vous ferez cuire à caffé, jettez-y
votre jus ; faites cuire le tout enfemble, jufqu'à ce que vous voyez
que votre gelée faffe la nappe ; écumez-la bien, & la mettez dans
des pots, ou moules à clarequets ; fi vous la voulez rouge, mettez-y un peu de cochenille préparée, & la mettez à même cuiffon.
Comme l'on a des pommes toute l'année, on n'en fait pas grande
provifion ; d'ailleurs la gelée de pomme ne fert que pour des clarequets, ou pour des compotes.

GELE'E de coings. Prenez une vingtaine de beaux coings, qui
foient bien fains ; effuyez-les avec un linge ; coupez-les par morceaux ; faites-les cuire dans fix pintes d'eau, jufqu'à réduction de
deux pintes ; jettez-les fur un tamis, fous lequel fera une terrine ;
laiffez-les bien égouter ; paffez votre jus par une étamine, & le
mefurez ; prenez prefque même quantité de fucre clarifié, (a) que
vous ferez cuire à caffé ; jettez-y votre jus, & faites cuire le tout
enfemble à la même cuiffon que la gelée de pommes ; fi vous la
voulez rouge, mettez-y de la cochenille préparée ; écumez-la
proprement, & la mettez dans des pots.

Il eft bon de dire qu'après que tous ces fruits feront égoutés, l'on
peut encore s'en fervir, en les paffant au tamis, foit pour faire des
pâtes, des marmelades, ou des conferves.

_____

(a) Il faut obferver que plus il y a de fucre dans la gelée de coings, plus elle eft fujette à
devenir graffe, attendu que le fuc des coings eft déja gras par lui-même.

GÉNÉRALE, est la compote dont on a le plus. On dit donner de la générale, lorsque l'on donne de cette compote.

GERCER, se dit de la pâte de pastillage. Ce défaut provient de ce que l'on ne l'employe pas tout-de-suite, ou que l'on y met trop de sucre, en la rendant trop dure, ou lorsqu'après en avoir fait une abaisse, on la néglige, ou qu'on la laisse un peu sécher avant que de l'employer. Ce défaut vient encore quand on ne couvre pas bien la pâte.

GIROFLE. Le girofle a la figure d'un cloux, & c'est le fruit ou ambrion des fleurs desséchées d'un arbre des Indes, dont les feüilles sont longues, assez larges & pointuës.

On doit le choisir gros, bien nourri, entier, de couleur brune, facile à rompre, fort odorant, d'un goût piquant & aromatique; on s'en sert dans plusieurs choses, où vous en trouverez l'employ.

GIMBELETTE, est une espèce de four. Prenez une douzaine d'œufs, dont vous mettrez le blanc & le jaune ensemble dans une poële ; battez-les bien avec une livre & demie de sucre en poudre ; lorsqu'ils seront bien battus, mettez-y de la farine à telle quantité, jusqu'à ce que le tout forme une pâte maniable ; mettez-y de la rapure de citron. Alors roulez votre pâte, & en formez des petits anneaux ; lorsque vous aurez ainsi fini votre pâte, ayez de l'eau boüillante sur le feu ; arrangez vos gimbelettes sur une écumoire, & les trempez un moment dans cette eau boüillante ; sortez-les & les mettez sur une nappe pour les faire égouter ; dressez-les ensuite sur des feüilles de cuivre, & les faites cuire d'une belle couleur au four.

GLACE, est un terme d'Office, qui a différentes significations ; on dit la glace d'un biscuit, d'un pain-d'épice, d'un fruit qui est bien tiré au sec, d'une conserve bien faite, d'une compote qui est brillante, d'un fruit tiré au caramel, &c.

GLACE. On entend par glace, les fruits glacés, les neiges, les mousses, les fromages, & toutes sortes de choses glacées, dont on imite la figure. *Voyez* FRUIT GLACE'.

GLACE, se dit des glaces étamées qui sont encadrées, & sur lesquelles on monte les fruits. Les glaces d'ordinaires que l'on met dans le milieu, ont dix-sept pouces en quarré, & ceux des côtés ont dix-sept pouces de longueur, sur onze de largeur. *Voyez* Fig. Plan. 5. Let. A.

GLACE-ROYALE, se fait avec du blanc d'œuf, & du sucre en poudre, que vous mêlez bien ensemble, jusqu'à ce qu'elle soit un peu épaisse ; de cette manière, elle sert pour les conserves soufflées, & si c'est pour glacer des massepains, &c. vous y pouvez ajouter un peu d'eau de fleur d'orange, & jus de citron.

GLACER, est lorsque l'on poudre légérement des biscuits avec du sucre, pour leur donner une glace, ou des compotes que l'on poudre de même, ausquelles on donne couleur, soit au four, ou avec une paile rouge. On dit encore glacer un massepain, un pain-d'épice. *Voyez* l'un & l'autre.

GLACON, se dit des durillons qui se trouvent dans les fruits glacés, lorsque les neiges ne sont pas bien travaillées.

GOBELET. On apelle gobelet tout ce qui peut porter, & contenir quelque chose, comme les gobelets à tiges, les gobelets à mousses, & les gobelets à neiges. Ils doivent être de verre, ou de cryftal ; il y en a de différentes figures, & de différentes hauteurs. *Voyez* leurs Fig. Plan. 3. Let. D. & Plan. 4. Let. B. gobelet à tige Let. D. Plan. 3. Let. E. gobelet à neige, Plan. 4. Let. C. gobelet à mousse.

GOBICHON, est un petit gobelet de la hauteur d'un pouce, sur lequel on met un petit fruit cru, ou confi ; il y en a que l'on remplit d'eau, & dans lesquels on met des fleurs naturelles. *Voyez* leurs Fig. Plan. 3. Let. B. & Let. M.

GOMME, est un suc visqueux, qui découle de certains arbres, & qui se congele. Celles que l'on employe dans l'Office,

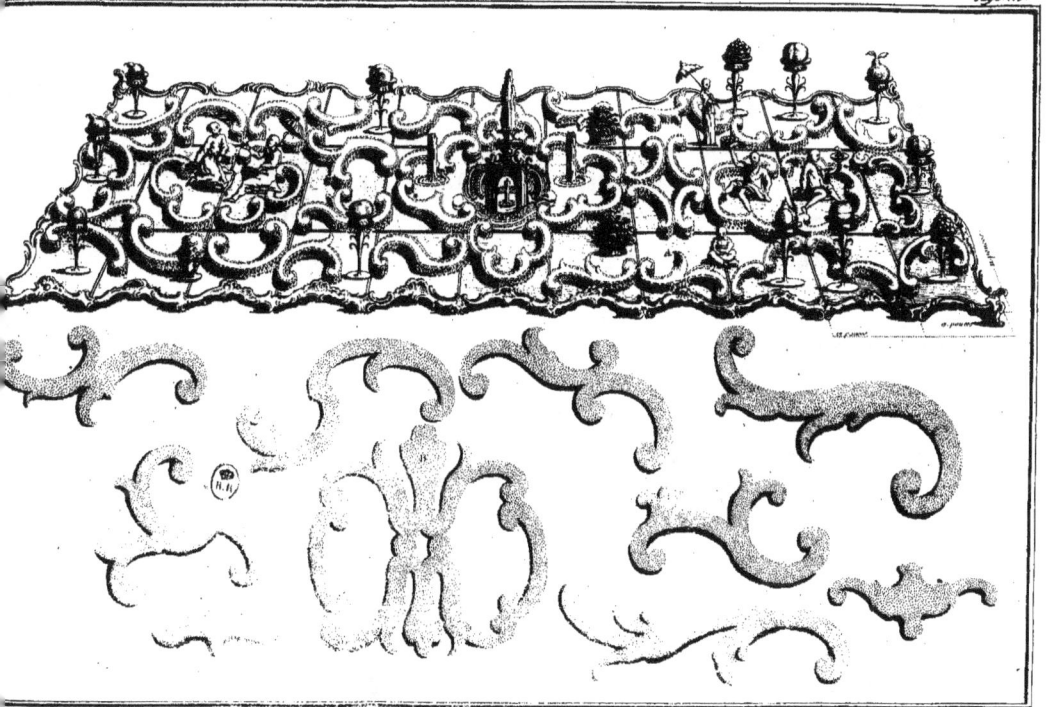

font la gomme adragante, la gomme-arabique & la gomme-gutte.

GOMME adragante, nous eſt aportée de la Syrie, & de Candie, en petits morceaux longs, menus, entortillés en maniére de verres blancs, luiſans & legers. Elle ſort par inciſion de la racine, & du tronc d'un petit arbriſſeau épineux, que l'on nomme barbe-renard, ou épine de bouc.

Il faut la choiſir en petits morceaux blancs, luiſans, legers, & où il n'y paroiſſe aucune ordure, & inſipide au goût. Elle ſert pour faire le paſtillage & les paſtilles, & le macaron de Carême. *Voyez* l'un & l'autre, vous trouverez la maniére de l'employer.

GOMME arabique, eſt une gomme qu'on nous aporte en groſſes larmes, ou morceaux blancs, tirant quelquefois ſur le jaune, clairs, tranſparens, gluans à la bouche & ſans goût ; elle eſt tirée par inciſion d'un petit arbre épineux, qui croît abondamment dans l'Arabie heureuſe, & dans pluſieurs autres lieux.

On doit choiſir la gomme-arabique, ſéche, blanche, claire, tranſparente, nette, polie, de ſubſtance maſſive, ſe diſſolvant, ou ſe fondant aiſément dans l'eau ; elle ſert dans les dragées, & dans le vernis pour le paſtillage. *Voyez* l'un & l'autre.

GOMME gutte. *Voyez* COULEUR.

GRAINER, terme d'Office, ſe dit d'une confiture, d'un ſucre cuit au caramel ; c'eſt lorſque l'on y voit des petits grumeaux de ſucre gros comme de la graine. Ce défaut vient à quelques confitures lorſqu'elles ſont trop cuites, & que leurs fruits ſont d'une ſubſtance graſſe & acide, (*a*) au caramel ; lorſqu'il n'eſt point à cuiſſon parfaite, ſou qu'on le verſe lorſqu'il eſt encore boüillant, ou lorſque l'on n'y met point de jus de citron, ou lorſque le ſucre n'eſt pas bien clarifié, ou qu'il s'y trouve quelques ordures. Ce défaut vient encore, lorſque l'on employe de la mauvaiſe eau pour

(*a*) Le ſucre de ces confitures, par ſon trop de cuiſſon, ne peut pas pénétrer les pores du fruit avec lequel il eſt mêlé ; les acides du fruit ne pouvant s'y joindre, font une agitation contre les parties ſalines du ſucre, & le font grainer.

clarifier le fucre : (*a*) le tirage eſt encore fujet à grainer, lorſqu'il eſt trop cuit. *Voyez* TIRAGE.

GRAISSER, eſt un terme qui ſe dit d'un fucre que l'on cuit au caramel ; cette opération ſe fait en y mettant du jus de citron, comme je l'enſeigne à la cuiſſon au caramel, pour empê- cher qu'il ne graine lorſqu'il eſt trop ſec par lui-même.

GRAS, eſt un terme d'Office, apliqué au fucre, au tirage, aux pâtes & aux gelées. On dit ce tirage eſt gras, lorſqu'il n'eſt pas bien ſec ; cette pâte eſt graſſe, lorſqu'elle eſt poiſſante ; cette gelée eſt graſſe, lorſqu'elle poiſſe, & qu'elle n'eſt pas tremblante, & de bonne conſiſtence.

GRATECUL, eſt un fruit oval, ou oblong, gros com- me un gland, verd au commencement, mais prenant une cou- leur rouge de corail à meſure qu'il meurit ; ſon écorce eſt charnuë, moëlleuſe, d'un goût doux, acide & agréable. Ce fruit renferme en ſa cavité beaucoup de ſémences oblongues, anguleuſes, blan- ches, dures, entourées d'un poil dur qui s'en ſépare aiſément. Ce fruit croît ſur le roſier ſauvage, qui eſt un arbriſſeau grand, haut, épineux, qui croît ſans culture dans les hayes & buiſſons ; ſa fleur eſt une roſe ſimple à cinq feüilles, à laquelle ſuccede ce fruit.

Maniére de le confire.

Prenez des grateculs, que vous fendrez d'un côté, & vuiderez de leur ſémence ; mettez du fucre dans une poële avec moitié eau ; faites-le boüillir, & lorſqu'il boüillira, jettez-y vos grate- culs, que vous aurez lavé auparavant ; donnez leur deux boüillons couverts ; retirez-les du feu ; mettez-les dans une terrine ; couvrez- les de papier, & les laiſſez ainſi juſqu'au lendemain ; alors égou- tez-les, & faites cuire votre fucre à liſſé ; attendez qu'il ſoit froid pour le jetter deſſus ; laiſſez-les ainſi encore une journée ; alors

(*a*) Pour employer le caramel grainé, il faut le décuire, le paſſer par une étamine, & le remettre à cuiſſon ſans y mettre du jus de citron, il vous ſervira de même.

vous les ferez frémir un moment , & au bout de quatre heures égoutez-les ; faites cuire votre sucre à gros perlé ; mettez-y vos grateculs, & leur donnez un boüillon couvert ; écumez-les bien & les empotez.

On les fait encore différemment, lorsqu'ils sont vuidés de leurs sémences ; on les laisse ainsi jusqu'à ce qu'ils s'amolissent ; pour-lors on les jette dans du sucre clarifié froid , & pour le reste on les conduit de même.

GRENADE , est un fruit gros comme une grosse pomme ronde , garnie d'une couronne ; son écorce est dure comme du cuir ; elle est divisée intérieurement en plusieurs loges , remplies de grains entassés les uns sur les autres , de belle couleur rouge , pleins d'un suc trè -agréable au goût, & renfermant chacunes en son milieu une sémence oblongue, jaunâtre. Ce fruit croît sur un grenadier cultivé, dont les rameaux sont menus, anguleux, garnis de quelques épines ; l'écorce est rougeâtre ; ses feüilles sont petites , ressemblantes à celles du grand mirthe , mais moins pointuës, atta-chées par des queuës rougeâtres.

On en fait des compotes , des conserves & des neiges. *Voyez* l'un & l'autre.

GRILLAGE. Il y a plusieurs espèces de grillage , & qui ne different entr'eux que par la qualité de ce que vous employez, comme les amandes , les pistaches , les avelines , les noix , les pignons, & les boutons confits de fleurs d'orange, &c. On peut en faire en mêlant quelques-unes de ces espèces ensemble , & mettre dessus de la nompareille de toute couleur ; pour-lors , ce grillage se nomme grillage à l'arlequine.

Manière de le faire.

Lorsque vos amandes , ou autres , seront mondées & coupées en long , préparez d'abord vos feüilles de cuivre, en les huilant avec de l'huile d'amande douce , pour que le grillage ne tienne point contre ; faites fondre une livre de sucre , & y jettez une livre & demie de vos amandes, ou autres ; faites-les cuire jufqu'à ce qu'elles pétillent, & qu'elles commencent à rouffir, cependant d'une belle couleur, en les remuant toujours avec une fpatule ; mettez-y des dragées, & les jettez fur vos feüilles ; étendez vos amandes, & les aplatiffez avec une feüille huilée que vous mettrez deffus ; lorfqu'il fera un peu froid, levez-le avec un couteau à pâte, & le coupez par morceaux, tels que vous le jugerez à propos ; confervez-le dans une étuve modérée : le grillage eft au rang des garnitures pour les fruits.

On peut encore faire du grillage avec du miel, en mettant moitié miel, & moitié fucre.

GRILLE. Il y en a de différentes grandeurs ; elles font faites ordinairement de fil de leton ; les grandes fervent pour le tirage fur lefquelles on met les fruits que l'on tire, pour les égouter du furplus de leur fucre. *Voyez* Plan. 1. Let. M. Les petites font celles à candy, que l'on met l'une fur l'autre dans leur moule, & toujours les fruits que l'on veut candir entre deux : ces grilles empêpêchent que les fruits ne s'attachent, lorfqu'ils fe candiffent. *Voyez* Plan. 1. Let. Z.

GRILLER, fe dit des poires de bon-chrétien, que l'on met dans un fourneau ardent pour leur griller la peau. *Voyez* COMPOTE GRILLE'E.

Griller fe dit de la fleur d'orange pralinée, que l'on étend fur un plafond, à laquelle on donne une couleur grillée à un four d'une chaleur modérée, en la remuant de tems-en-tems, pour qu'elle prenne couleur par-tout.

GROSEILLE. Grofelier eft un petit arbriffeau, qui pouffe des rameaux durs & tortus ; fes feüilles font prefque rondes, vertes, dentelées autour ; fes fleurs font difpofées en petites grapes, dont les pédicules fortent des aiffelles des feüilles ; chacune de ces fleurs eft compofée de plufieurs feüilles difpofées en rofe, & attachées au parois du calice ; quand ces fleurs font tombées, il leur fuccéde des bayes, groffes environ comme celles du geniévre,

rondes,

rondes, rouges ou blanches, molles, luisantes, remplies d'un suc rouge ou blanc, aigrelet & fort agréable au goût ; elles renferment aussi plusieurs sémences : ces bayes sont les groseilles.

Elles s'employent de différentes façons ; on les confit entiéres ; on en fait des gelées, des pâtes, des conserves, des sirops, des compotes, des eaux rafraichissantes & des neiges. *Voyez* l'un & l'autre article, où vous trouverez la maniére de les travailler. On en fait encore du jus, que l'on conserve pour l'Hyver. *Voyez* Jus.

Maniére de les confire entiéres.

Prenez quatre livres de belles groseilles égrenées, & faites cuire cinq livres de sucre à la plume ; jettez vos groseilles dedans, & les faites cuire à grand feu sept à huit boüillons ; ôtez-les du feu, & les laissez reposer une demi-heure ; égoutez-les alors, & remettez votre sirop sur le feu, & y ajoutez une demie chopine de jus de cerises, que vous aurez passé à la chausse ; faites cuire votre sirop à gros perlé ; jettez-y ensuite vos groseilles, & leur donnez deux boüillons couverts ; ôtez-les de dessus le feu ; écumez-les bien, & les laissez ainsi presque réfroidir ; mettez-les alors dans des pots ; lorsqu'elles seront tout-à-fait froides, vous pouvez mettre dessus un peu de gelée de groseille ; bouchez vos pots au bout de vingt-quatre heures.

GROSEILLE verte. Les groseilles vertes sont des fruits ronds, ou ovales, moux, charnus, gros comme des gappes de raisin, rayés, verds au commencement, & empreints d'un suc acide, mais prenant à mesure qu'ils meurissent une couleur jaunâtre, & d'un goût doux & agréable. Ils renferment plusieurs sémences menuës ; ils croissent sur un arbrisseau que l'on cultive dans les jardins ; il est fort rameux, & garni de toutes parts d'épines fortes & aiguës ; ses feüilles ressemblent assez aux feüilles du groselier ordinaire.

On les emploïe en compotes, en les vuidant de leur sémence, avec une petite videlle, & les faisant blanchir. On en fait des pâtes, & des conserves : suivez les mêmes principes que pour la groseille.

Q

Maniére de la confire.

Prenez des groseilles lorsqu'elles sont encore vertes ; fendez-les par un côté avec un ganif ; ôtez leur toutes les sémences ; vous les mettrez alors dans de l'eau, que vous mettrez sur le feu, & que vous tiendrez bien modérée ; quand elles seront montées au-dessus de l'eau, vous les descendrez de dessus le feu, & les laisserez reposer dans leur même eau ; lorsqu'elles seront froides, vous les changerez d'eau pour les faire reverdir à petit feu, jusqu'à ce qu'elles soient bien mollettes ; alors vous les ôterez du feu, & les rafraichirez dans de l'eau fraiche ; égoutez-les bien, & les mettez dans un sucre clarifié ; vous leur ferez prendre sept à huit boüillons ; écumez-les bien, & les laissez ainsi jusqu'au lendemain, pour qu'elles prennent bien leur sucre ; alors vous les égouterez, & ferez cuire votre sirop à perlé, vous y glisserez votre fruit, & lui ferez prendre trois ou quatre boüillons couverts ; écumez-les proprement, & les empotez.

GRUMEAU, se dit d'une farine qui n'est pas bien délayée, soit dans les gauffres, ou dans les biscuits. Grumeau se dit des amandes, ou autres espèces semblables, lorsqu'elles ne sont pas bien pilées. Grumeau se dit encore des glaçons qui se trouvent dans les neiges, ou fruits glacés. *Voyez* GLAÇONS.

GUÉRIDON, est le nom d'un gobelet à tige, dont on ne se sert pas beaucoup à present ; car en mettant un drageoire, & un gobelet l'un sur l'autre, vous faites un guéridon. *Voyez* Plan. 1. Let. L.

GUIGNE, est une espèce de cerise noire, ressemblante au bigarreau, qui se sert de même, & que l'on peut confire comme les cerises.

HYP HOU HUI

HYPOCRAS, eſt une liqueur compoſée avec du vin, des pommes & des épices.

Maniére de le faire.

Prenez quatre bouteilles de bon vin du Rhin, une douzaine de pommes de reinette coupées par tranches, quatre ou cinq cloux de girofle, un peu de canelle, une livre & demie de ſucre-royal, le zeſte d'un citron, un peu de coriandre ; mettez le tout infuſer du jour au lendemain ; paſſez-le à la chauffe ; filtrez-le, & le mettez en bouteille. On peut y mettre un grain d'ambre-gris, que l'on met dans un petit ſachet de linge bien propre, pour lui donnner du goût, (ſupoſé que l'on aime l'ambre ;) il ne faut l'infuſer tout au plus qu'une heure.

HOULETTE, eſt un utenſile d'Office, qui eſt fait de fer-blanc en forme de houlette, avec laquelle on travaille les neiges dans les ſarbotieres, pour les rendre plus délicates, & les mieux faire prendre. *Voyez* Fig. Plan. 1. Let Q.

HUILE, eſt une liqueur graſſe, dont les particules ſont accrochées les unes aux autres, & qui prennent aiſément feu ; on ne ſe ſert dans l'Office que d'huile d'olive, & d'amande douce. Le mot d'huile eſt encore attribué aux blancs d'œufs foüettés. *Voyez* BLANCHISSAGE.

HUILER, ſe dit d'un moule à caramel, ou des feüilles de cuivre que l'on frotte avec un pinceau huilé, pour empêcher que le ſucre, ou ce qui eſt mêlé avec du ſucre, ne s'attache après. Lorſque l'on huile des moules, il faut toujours les renverſer ſur du papier, pour travailler proprement.

Q ij

JAS JAT IMP INC IND INF ING IRIS

JASMIN, eſt une fleur qui naît en maniére de petites ombelles aux ſommités des branches d'un arbriſſeau , qui pouſſe
beaucoup de rameaux fort longs, noüés, plians, verds, s'étendant
beaucoup, & tombant s'ils ne ſont ſoutenus par des perches, ou
par une muraille : elles ſont petites , mais agréables, blanches,
d'une odeur douce & très-odorante ; chacune d'elles eſt un tuyau
évaſé par le haut, & découpé en étoile à cinq parties.

L'on met le jaſmin au candy ; on en fait des conſerves comme
de la violette ; on en fait du ſirop. *Voyez* SIROP.

JATTE, eſt un plat rond de porcelaine, ſur lequel on met
un plateau de même grandeur , & que l'on attache avec trois
boulettes de cire, pour empêcher que le plateau ne ſe dérange,
& ſur lequel on monte des cryſtaux & verres découpés. Il y en a
de différentes grandeurs ; conſultez le mot de ſervice, vous y
trouverez la quantité qu'il vous en faudra pour pluſieurs tables.

IMPRIMER , ſe dit d'une abaiſſe de paſtillage, que l'on
imprime dans un moule pour en tirer l'empreinte , comme pour
faire une figure, ou une fleur de paſtillage.

INCORPORER , terme d'Office : c'eſt de mettre une
choſe avec une autre.

INDIGO. *Voyez* COULEUR.

INFUSION. C'eſt une préparation d'épices , ou autres
choſes , qui ſe fait en les mettant dans de l'eau boüillante , ou
autre liquide, pour les empreindre de leur goût, & en extraire
le materiel.

INFUSION pour les glaces. *Voyez* FROMAGES GLACE'ES.

INGREDIENS. *Voyez* PASTILLES.

IRIS de Florence , eſt une racine blanche, groſſe comme le

pouce, oblongue, laquelle on nous aporte de Florence, où elle croît fans culture ; fa tige eft femblable à l'iris commun, mais fes feüilles font plus étroites, & fes fleurs plus blanches. On doit la choifir bien nourrie, bien blanche, pefante, compacte, nette, ayant une odeur de violette douce & agréable : elle fert pour faire des paftilles de violettes, *Voyez* PASTILLES

JUS, eft une fubftance liquide que l'on tire de plufieurs fruits, en les exprimant, ou en les faifant fondre fur le feu.

Maniére de faire le jus de grofeille & d'épine-vinete, pour le conferver pendant l'Hyver.

Prenez lequel vous voudrez de ces fruits ; égrenez-le bien ; mettez-le enfuite dans une terrine, & le foulez ; laiffez-le ainfi fermenter pendant cinq ou fix jours dans un endroit chaud, ou une étuve modérée ; exprimez alors votre jus dans une preffe ; paffez-le dans une chauffe, & pour mieux faire, filtrez-le ; mettez-le tout-de-fuite dans des bouteilles ; mettez par-deffus de l'huile d'amande douce à la hauteur de deux doigts ; bouchez bien vos bouteilles, fiffelez-les, & les mettez debout à la cave. Vous pourrez vous en fervir pour faire des conferves, des firops, rougit & donner leur goût à des compotes, telles que vous le jugerez à propos.

Maniére de faire le jus de limon & de citron, pour le conferver pendant l'Hyver.

Après que vous aurez levé les chairs de ces fruits, (que vous pourrez cependant employer comme vous le jugerez à propos ;) exprimez-en le jus dans une preffe ; paffez-le par une étamine double ; mettez votre jus dans un flacon ; bouchez-le légérement & l'expofez au foleil pendant une journée, ou mettez votre jus dans une étuve modérée pendant le même tems ; paffez votre jus encore par une étamine, ou le filtrez ; mettez-le enfuite dans des bouteilles avec de l'huile d'amande douce à la hauteur de deux doigts ; bouchez bien la bouteille, & la fiffelez ; mettez-la enfuite à la cave : j'en ai gardé moi-même pendant trois ans, & toujours bon.

LAIT LAM

LAIT, est une liqueur blanche, filtrée par les glandesd es mammelles, ou tettes femelles, & n'est à proprement parler, qu'un chyle déja digeré, travaillé, & destiné à soutenir & à nourrir l'animal qui le suce. Celui que l'on employe dans l'Office est le lait de vache : le lait de vache est celui qu'on tire du pis d'une vache.

La bonté du lait se connoît d'abord à sa blancheur, & à son odeur ; on le connoît encore mieux, si en mettant une goutte sur l'ongle, elle y demeure attachée comme une perle sans couler ; le lait qui est d'une couleur bleuâtre n'est point gras ; on s'en sert pour faire des caillebottes. *Voyez* CAILLEBOTTES. Lorsque vous n'aurez point de crême, vous pouvez vous en servir pour faire des glaces.

LAITUE, est une plante connuë de tout le monde ; il y en a de trois espèces, dont on se sert dans l'Office pour les salades.

Savoir la petite laituë, la laituë pommée & la laituë romaine.

La petite laituë est la laituë naissante, laquelle par la suite, devient pommée, par les soins des Jardiniers.

La laituë pommée a des feüilles grandes, replissées, tendres, blanchâtres, empreintes d'un suc laiteux, doux & agréable au goût.

La laituë romaine a la feüille longue, médiocrement large, légérement découpée ; cette laituë n'est bonne à manger, que quand elle est jaune, tendre, blanchâtre, pleine de suc, douce & de bon goût. La pommée & la romaine, ont chacune un chicon qui ont beaucoup de raport ensemble ; on cultive toutes ces laituës dans les jardins potagers : pour les mettre proprement en salade, consultez le mot de SALADE.

LAMPROYE, est un poisson de Mer, cartilagineux, ayant le ventre blanc, le dos semé de taches bleuës & blanches, la peau lisse, la chair molle & gluante ; il a la figure d'une anguille. Ce poisson n'a point d'os, il passe dans les rivieres au printems ;

lorsqu'ils sont marinés , on en met dans les salades cuites.

L E V E R. On dit lever un clarequet , une conserve plate ou soufflée , un fruit glacé , &c. C'est les sortir de leur moule. *Voyez* CLAREQUET , CONSERVE ET FRUIT GLACÉ.

On dit lever la chair & l'écorce d'un fruit d'odeur ; on dit encore lever les pièces d'un moule à caramel , pour en sortir la figure.

L E V U R E de biere, est une écume grossiére , & visqueuse qui s'éleve aux bondons des tonneaux qu'on a remplis de biere nouvellement faite ; on l'apelle levure, ou levain de biere, parce que le levain est tout ce qui peut faire gonfler , & élever une ma-tiére pour la mettre en fermentation : on ne s'en sert que dans les gauffres à la Flamande.

L I M E-D O U C E , est un petit fruit odorant, qui ne differe du limon que par sa rondeur & sa grandeur ; il croît sur un arbre que l'on apelle Linçonnier ; ce fruit s'apelle lime, parce qu'il ne parvient pas à la même grosseur que le limon , étant cependant de la même espèce : on le confit comme le cédra.

L I M E T T E , est un fruit odorant semblable à la lime-douce , & qui n'en differe que parce qu'il est aigre & amère ; la limette croît sur un limonnier, sur lequel on a enté des branches d'oranges amères : on le confit de même que le cédra.

L I M O N S , font des fruits qui ne different des citrons , qu'en ce qu'ils sont plus ronds , & en ce que leur écorce est moins épaisse ; il y en a des aigres & des doux ; ils sont couverts d'une écorce jaune, ou citrine en dehors, blanche en dedans, odorante principalement en sa superficie , d'un goût aromatique ; leur substance est vesiculeuse , divisée en célules remplies d'un suc doux ou aigre, fort agréable à l'odeur & au goût. Ce fruit con-tient des sémences comme celles du citron, & croît sur un arbre que l'on nomme Limonnier ; ses feüilles & ses fleurs sont sembla-bles à celles du Citronnier ordinaire , de sorte que l'on ne le distin-

gue que par son fruit : on les confit de même que les cédras,
après les avoir tourné comme les citrons,

LIMONADE, est une liqueur fraiche, faite avec le
jus, de l'eau & le zeste du citron.

Manière de la faire.

Prenez six bons citrons, que vous zesterez dans quatre pintes
d'eau fraiche ; exprimez-en le jus ; mettez-y du sucre à votre
goût ; battez bien le tout ensemble, & le laissez infuser un moment ;
passez le tout par une étamine, & le mettez dans des bouteilles.

LIMONADE portative. Je donne la méthode de la faire,
comme étant une chose d'un très-grand secours pour les Seigneurs
qui voyagent, d'autant plus que l'on ne trouve point des citrons
par-tout. Zestez vingt-quatre beaux citrons, qui ayent beaucoup
de jus, sur une feüille de papier ; exprimez-en leur jus ; passez-le
par une étamine. Pilez, & passez au tamis huit livres de sucre ;
alors ayez un pot de terre vernissé, ou marmite d'argent, qui
puisse contenir le tout ; rangez dans le fond de votre vase, à la
hauteur de trois doigts, des petites verges bien propres, que vous
tirerez d'un foüet, avec lequel on foüette le blanc d'œuf ; mettez
dessus une étamine ; alors mettez un lit de sucre, un lit de zeste,
jusqu'à ce que tout y soit ; jettez dessus le jus de vos citrons, avec
très-peu d'eau ; bouchez ainsi votre vase en le bien lutant, avec
du papier que vous colerez autour. Alors mettez votre vase dans
une grande poële, que vous remplirez d'eau ; faites-la boüillir
pendant dix heures consécutives ; alors tirez votre vase, & l'ouvrez
lorsqu'il est chaud ; passez le tout par une étamine, & le mettez dans
des pots, cela viendra comme du miel, ou comme une conserve
moëleuse. Lorsque vous voudrez vous en servir, délayez de cette
composition dans de l'eau fraiche, vous aurez une limonade parfaite,

LIQUEUR. Ce nom est attribué à toutes les compositions
liquides que l'on fait pour les glaces.

LISSE'.

LISSE'. Cuiſſon du ſucre. *Voyez* CUISSON.

LISSER, ſe dit de la dragée que l'on mene ſur le tonneau, pour la rendre bien unie, en la remuant continuellement, & lui donnant des couches legeres. *Voyez* DRAGE'E.

MAC

MACARON, eſt une eſpèce de four, fait avec des amandes douces ou piſtaches, du ſucre, & du blanc d'œuf. On fait encore des macarons de Carême, dans leſquels il n'y entre point d'œufs.

Maniére de les faire.

Prenez une livre d'amandes douces ou piſtaches, que vous aurez bien mondé, & laiſſez-les un moment à l'étuve pour leur ôter leur humidité; pilez-les bien en pâte fine, avec quelques blancs d'œufs, de peur qu'elles ne ſe tournent en huile. Etant bien pilées, prenez une livre & demie de ſucre en poudre, avec encore trois ou quatre blancs d'œufs, un peu de rapure de citron; mêlez bien le tout enſemble, (ſi vous voulez, foüettez vos blancs d'œufs en neige;) dreſſez vos macarons ſur du papier en forme de langue; faites-les cuire dans un four moderé; lorſqu'ils ſeront cuits, & d'une belle couleur dorée, retirez-les du four : pour les lever, laiſſez-les réfroidir.

MACARONS liquides de fleurs d'orange, ou d'abricots. Dreſſez ſur des feüilles de papier de la même pâte que ci-deſſus; faites un petit trou dans chaque macaron que vous aurez dreſſé; empliſſez-le de marmelade de fleur d'orange ou d'abricots, & le recouvrez avec la même pâte; faites-les cuire au four, & les glacez comme le maſſepain à l'Allemande. *Voyez* MASSEPAIN.

MACARON de Carême. Prenez un demi quarteron de gomme-adraganthe; mettez-la dans un petit pot de fayance;

R

mettez de l'eau avec, c'est-à-dire qu'elle furnage de l'épaisseur d'un doigt ; mettez votre pâte à l'étuve, & l'y laissez jusqu'au lendemain. Alors passez votre gomme par un tamis avec une spatule ; mettez-la dans un mortier, & la pilez bien, pour qu'elle se blanchisse ; vous pilerez à part vos amandes mondées ; à la même quantité que ci-devant, avec un peu d'eau de fleur d'orange ; alors vous mettrez le tout ensemble, & le pilerez bien ; mettez-y ensuite cinq quarterons de sucre en poudre, & pilez le tout ensemble jusqu'à ce que vous voyiez que votre pâte soit comme la précédente : dressez-les sur du papier, & les faites cuire comme les autres.

MACHE, est une plante dont les feüilles sont oblongues, vertes, pâles, oposées l'une à l'autre deux à deux ; molles, assez épaisses, les unes entières, les autres crenelées, & d'un goût douceâtre ; sa racine est petite, fibreuse & blanche. On la cultive dans les jardins : on en fait des salades, lorsqu'elle est jeune.

MACIS, c'est la fleur de muscade. *Voyez* MUSCADE.

MANIER, se dit du sucre, de la cire ; manier quelque chose comme il faut, c'est de le bien faire, & de réussir.

MANILLE. On apelle manille du papier à sucre, plié, que l'on prend pour ôter les poëles de dessus le feu, pour empêcher de se brûler.

MARMELADE, est une pâte confite à demi liquide, faite de la chair des fruits qui ont quelque consistence, comme les abricots, les pêches, les prunes, les cedras, les oranges &c.
Observez que pour toutes les marmelades de fruits, il faut toujours une livre de sucre pour une livre de fruit.

MARMELADE d'abricots verds. Prenez des abricots verds, avant que le noyau soit formé, passez-les au sel comme je l'ai déja marqué à l'article des abricots verds ; faites-les blanchir jusqu'à ce qu'ils s'écrasent sous vos doigts ; rafraichissez-les, & les faites égouter ; paffez-les à travers d'un tamis avec une fpatule, recevant ce qui paffera dans une poële ; vous le ferez enfuite def-fecher fur le feu, le remuant & retournant foigneufement avec une fpatule, jufqu'à ce qu'il quitte fon humidité. Alors faites cuire livre pour livre de fucre clarifié à la plume, que vous délayerez avec votre marmelade : faites-la un peu fremir, & l'empotez.

MARMELADE de cerifes. Prenez de belles cerifes des plus rouges, vous en ôterez les noyaux ; faites-les bien deffecher jufqu'à ce qu'elles foient reduites d'un tiers ; faites cuire du fucre clarifié à la groffe plume ; mettez-y votre fruit en le remuant bien avec une fpatule, jufqu'à ce que vous voyiez que tout foit bien mêlé. Alors vous empoterez votre marmelade, & la laifferez ré-froidir, en la poudrant de fucre avant que de la couvrir.

MARMELADE de grofeilles. Prenez de belles grofeilles égrenées ; faites-les fondre fur le feu avec un peu d'eau ; verfez-les fur un tamis, & ne prenez que les grofeilles qui feront reftées fur le tamis ; paffez-les avec une fpatule au travers dudit tamis, deffus une terrine ; faites cuire du fucre clarifié à la plume ; met-tez-y votre pâte, & la remuez bien ; donnez-lui douze ou quinze boüillons, en la remuant toujours : écumez-la, & l'empotez.

MARMELADE de framboifes. Prenez des framboifes bien épluchées, que vous pafferez à travers d'un tamis ; deffechez-les fur le feu, jufqu'à ce qu'elles foient reduites à moitié ; faites cuire du fucre clarifié à la plume ; mettez-y votre fruit ; donnez-lui douze ou quinze boüillons, en remuant toujours votre mar-melade avec une fpatule : écumez-la, & la mettez dans des pots.

MARMELADE d'abricots meurs. Prenez des abricots bien meurs, ôtez leur la peau & le noyau ; jettez les dans de l'eau boüillante ; couvrez-les, & les laiffez ûn moment ; égoutez alors votre fruit, & le paffez par un tamis ; pefez-le, & prenez autant de fucre clarifié, que vous ferez cuire à la groffe plume ; mettez-y votre fruit ; donnez-lui quatorze ou quinze boüillons, en le re-

muant toujours avec la fpatule ; mettez-y alors les noyaux que
vous aurez mondé ; donnez-lui encore deux ou trois boüillons, &
le defcendez du feu : laiffez-le repofer un moment, & l'empotez.

Autre maniére.

On fait encore de la marmelade d'abricots, en les coupant par
morceaux. Il faut pefer le fruit , & faire cuire même quantité de
fucre à la groffe plume ; mettez-y votre fruit, & le remuez toujours avec une fpatule ; faites cuire votre marmelade, jufqu'à ce
qu'elle faffe la nappe après la fpatule ; ce qui fe fait en fortant la
fpatule, & la levant en l'air, comme je l'ai marqué pour la gelée.

MARMELADE de prunes. Prenez telle efpèce de prunes
qu'il vous plaira ; faites-les blanchir jufqu'à ce qu'elles foient molles ;
jettez-les dans l'eau fraiche ; égoutez-les comme il faut , & les
paffez à travers d'un tamis ; deffechez un peu votre marmelade fur
le feu ; faites cuire du fucre clarifié à la groffe plume ; mettez-y
votre fruit ; faites-le fremir un moment, en le remuant toujours
avec une fpatule, & mettez votre marmelade dans des pots.

MARMELADE de poires de rouffelets. Faites blanchir
vos poires jufqu'à ce qu'elles foient molles ; rafraichiffez-les , &
leur ôtez la peau ; paffez la chair à travers d'un tamis , après les
avoir bien égoutées ; faites cuire du fucre clarifié à la grande plume ; mettez-y votre fruit ; donnez-lui une douzaine de boüillons,
en le remuant toujours avec une fpatule, & l'empotez.

MARMELADE de cedra , & des fruits d'odeur. Levez
les chairs & les écorces de vos fruits ; jettez les fait-à-mefure dans
de l'eau fraiche ; faites-les blanchir de façon qu'ils s'écrafent fous
les doigts ; rafraichiffez-les , & les paffez par un tamis avec une
fpatule, ou pilez-les dans un mortier, & les paffez de même ; faites
cuire du fucre clarifié à la grande plume ; mettez-y votre fruit ;
donnez-lui une douzaine de boüillons, en le remuant toujours,
& l'empotez tout-de-fuite.

MARMELADE de fleur d'orange. Prenez de la belle fleur d'orange bien épluchée ; faites-la blanchir, jusqu'à ce qu'elle soit bien molle, en y exprimant un jus de citron ; rafraichissez-la en la passant par plusieurs eaux ; égoutez-la, & la pressez le plus que vous pourrez dans un linge ; mettez-la ensuite dans un mortier bien propre , & la pilez comme il faut, en y ajoutant du jus de citron. Prenez alors trois livres de sucre royal pour livre de fleur, que vous ferez cuire à soufflé ; mettez ensuite votre fleur pilée dans un poëlon à part ; délayez petit-à-petit votre fleur avec votre sucre, sans la mettre sur le feu ; lorsqu'elle sera ainsi délayée, mettez-la dans des pots.

MARMELADE de pêches. Prenez des pêches bien meures ; ôtez leur la peau & le noyau ; mettez-les un moment dans de l'eau boüillante , sans les mettre sur le feu ; égoutez-les, & les passez par un tamis ; faites cuire du sucre clarifié à la plume ; mettez-y votre marmelade ; donnez-lui une douzaine de boüillons, & la mettez dans des pots.

MARMELADE de verjus. Prenez de beau verjus, égrenez-le, & le jettez dans une poële d'eau boüillante pour le blanchir ; quand les grains seront montés sur l'eau, couvrez la poële avec des feüilles de cuivre ; ôtez-les du feu, & les mettez sur des cendres chaudes pour les faire reverdir l'espace de deux heures ; laissez-les réfroidir dans la même eau ; égoutez-les, & les passez par un tamis ; dessechez un peu votre marmelade, & lorsqu'elle sera dessechée, ôtez-la tout-de-suite de votre poële, de peur qu'elle ne prenne le goût de cuivre ; faites cuire du sucre clarifié à la grosse plume ; mettez-y votre fruit en le remuant toujours ; faites-le fremir un moment, & l'empotez.

MARMELADE d'épines-vinettes. Faites fondre avec une chopine d'eau quatre ou cinq livres d'épines-vinettes égrenées ; jettez-la sur un tamis pour l'égouter ; passez ce qui est sur le tamis par un tamis ; dessechez-le jusqu'à ce qu'il quitte la poële ; faites cuire du sucre clarifié à soufflé ; mettez-y votre fruit, en mélant bien le tout ensemble ; laiffez-le fremir un moment, & l'empotez.

MARMELADE de rofes de provins , & de violettes.
Prenez une livre de ces fleurs bien épluchées, pilez-les bien ; faites
cuire deux livres & demie de fucre clarifié à la plume ; mettez-y
votre fleur, & la faites fremir un moment en la remuant toujours
avec une fpatule : mettez-la toute chaude dans des pots. D'autres
les font blanchir dans une eau légere, & les achevent de même.

MARMELADE de coins. Prenez des coins qui foient beaux
& jaunes ; coupez-les par quartiers ; ôtez-leur la peau & le cœur ;
faites-les blanchir jufqu'à ce qu'ils foient bien tendres ; rafraichiffez-
les, & les égoutez ; paffez-les alors par un tamis ; deffechez un
peu votre marmelade ; faites cuire du fucre clarifié à la groffe plume ; mettez-y votre fruit, & lui donnez une douzaine de boüillons , en le remuant toujours avec une fpatule : écumez-le , &
l'empotez.

La connoiffance de la cuiffon de toutes les marmelades , eft
lorfqu'elles font la nappe. Voyez NAPPE.

J'ai donné la maniere de faire toutes ces marmelades, pour que
l'on fe precautionne de les faire dans les faifons , attendu que
dans l'Hyver on n'a point de ces fruits : elles font d'une très-
grande reffource pour faire des pâtes & des glaces.

MARRON , eft une chataigne qui croît aux pays chauds,
fur le marronnier cultivé, que tout le monde connoît. On nous
les aporte du Lyonnois , du Vivarez & de Limoges : on doit le
choifir gros, charnu, & bien nourri.

On les fert de differentes maniéres, en glace, Voyez NEIGE &
FRUITS GLACE's, grillés, cuits à l'eau, glacés, en bifcuit. Voyez
BISCUIT, en compote. Voyez COMPOTE.

MARRONS glacés. Prenez de beaux marrons ; choififfez
les plus plats ; ôtez-leur la premiere peaü ; ayez de l'eau boüillante
fur le feu dans une poêle , dans laquelle vous aurez délayé deux
cuillerées de farine ; faites-les blanchir, ce que vous connoîtrez en
les piquant avec une épingle ; fi elle ne réfifte point, c'eft une mar-

que qu'ils le font ; ôtez-les de deſſus le feu ; tirez-les les uns après
les autres, pour leur ôter la peau qui leur reſte ; mettez-les à meſure dans de l'eau tiéde ; égoutez-les enſuite, & les paſſez dans de
l'eau fraiche ; égoutez-les encore, & les mettez dans du ſucre
clarifié ; faites-les fremir un moment, & les mettez à l'étuve avec
un peu de jus de citron juſqu'au lendemain ; vous les égouterez
alors, & donnerez une douzaine de boüillons à votre ſucre ; vous
y mettrez vos marrons, lorſqu'il ſera tiéde, & les remettrez à
l'étuve pendant une journée : vous pourrez alors les égouter pour
les tirer au ſec. *Voyez* TIRAGE.

MARRONS au caramel. Prenez de beaux marrons ; ôtez-
leur la premiere peau ; faites-les cuire ſoit au four, ou ſous la
cloche ; enveloppez-les un moment dans une ſerviette en les tirant
du four ; épluchez-les, & leur mettez à chacun une petite bro-
chette, pour les pouvoir tremper dans le caramel. (Tous les autres
fruits qui ſe mettent au caramel, ſe tirent de même, à l'exception
des fruits à l'eau-de-vie, que l'on a ſoin d'égouter.) Les marrons
au caramel ſervent de garnitures pour les fruits ; on peut encore
en faire des aſſietes, mêlées avec autre choſe : pour faire le caramel, *Voyez* CUISSON. Les marrons grillés, & cuits à l'eau, ſe
ſervent chaudement ſous une aſſiete.

MASSEPAIN, eſt une eſpèce de four, dont il y en a de
pluſieurs façons, comme le maſſepain commun, le maſſepain royal,
le maſſepain de piſtaches, le maſſepain ſeraingué, le maſſepain
fouré, & le maſſepain à l'Allemande.

MASSEPAIN commun. Prenez trois livres d'amandes
douces, que vous aurez bien mondées ; égoutez-les après les avoir
lavées, & eſſuyées ; pilez-les dans un mortier de marbre ; joi-
gnez-y de tems-en-tems du blanc d'œuf, afin qu'elles ne deviennent point en huile ; quand elles ſeront parfaitement pilées, faites
cuire une livre & demie de ſucre à la plume ; ôtez votre ſucre du
feu, mettez-y vos amandes, & incorporez le tout enſemble avec
une ſpatule ; alors vous tirerez votre pâte de la poële, & la mettrez

fur une planche, y poudrant du fucre deſſus & deſſous : laiſſez-la ainſi réfroidir ; alors faites-en des abaiſſes d'une épaiſſeur raiſonnable ; découpez-la avec des découpoires , ou formez-en telle figure qu'il vous plaira ; étendez-les ſur des feüilles de papier, & enſuite ſur des planches, pour ne les faire cuire que d'un côté à la fois à un four moderé : glacez-les alors ſi vous voulez , comme vous verrez ci-après.

MASSEPAIN royal. Pilez bien vos amandes ; après les avoir bien mondées & eſſuyées, arroſez-les d'eau de fleur d'orange; tirez enſuite cette pâte du mortier, & la deſſechez dans une poële avec une demie livre de ſucre en poudre pour une livre d'amandes, & un peu de rapure de citron. Alors vous en prendrez un morceau que vous roulerez de l'épaiſſeur d'un doigt ; coupez-la de la longueur, pour que vos morceaux puiſſent former un anneau ; paſſez enſuite vos anneaux dans du blanc d'œuf, que vous aurez mêlé avec un peu de marmelade d'abricots ; roulez-les enſuite dans du ſucre en poudre ; ſoufflez-les en les tirant du ſucre ; rangez-les ſur du papier pour les faire cuire au four ; il s'élevera deſſus des cloches, qui feront un bon effet.

On peut encore les glacer tout-de-ſuite, avec une glace royale, en les trempant dedans, & les laiſſant égouter un moment ſur une grille : arrangez-les ſur du papier , & les faites cuire au four.

MASSEPAIN de piſtaches. Prenez une livre de piſtaches que vous aurez bien mondées & eſſuyées ; pilez-les bien dans un mortier de marbre , avec deux quartiers de cedra, & un blanc d'œuf; lorſque votre pâte ſera bien pilée , faites cuire une demie livre de ſucre à la plume; retirez-le du feu, & y mettez vos piſtaches ; délayez bien le tout enſemble. Sortez alors votre pâte du poëlon, & la mettez ſur une planche, avec du ſucre deſſus & deſſous , & la laiſſez ainſi réfroidir ; alors roulez votre pâte de l'épaiſſeur d'un doigt ; coupez-la de la longueur, pour que vos morceaux puiſſent former un anneau ; lorſqu'ils ſeront tous faits, trempez-les dans une glace royale, & les égoutez ſur une grille ; rangez-les ſur du papier , & les faites cuire de belle couleur au four.

MASSEPAIN

MASSEPAIN feraingué. Prenez quelle efpèce de pâte que vous voudrez, dont j'ai marqué la maniére de la faire ci-devant; paffez-la à la feraingue. *Voyez* SERAINGUE. Lorfqu'elle fera paffée, mettez-la en long, en anneau, ou comme vous voudrez; mettez-les fur du papier, & les faites cuire d'une belle couleur au four.

MASSEPAIN fouré. Prenez l'une ou l'autre de ces pâtes; formez-en des abaiffes un peu minces; étendez deffus de la marmelade de quelle efpèce que vous voudrez; couvrez-la avec une autre abaiffe; coupez votre maffepain par petits quarrés; mettez-les fur des feüilles de papier, & de-là fur une planche, pour les faire cuire feulement d'un côté; lorfqu'ils feront cuits d'un côté, faites-les cuire de l'autre: alors glacez-les comme les autres, & les remettez un moment au four.

MASSEPAIN à l'Allemande. Prenez une livre d'amandes douces bien mondées, & que vous aurez un peu féchées à l'étuve; pilez-les dans un mortier de marbre, avec trois ou quatre blancs d'œufs, jufqu'à ce que vous ne fentiez plus aucun grumeau; laiffez votre pâte dans le mortier, & y mêlez petit-à-petit deux livres de fucre paffé au tambour; pilez le tout enfemble pendant une heure, (car plus la pâte eft pilée, plus le maffepain devient beau;) il faut que cette pâte foit maniable, quoique ferme, c'eft pourquoi mettez-y des blancs d'œufs autant qu'il en faudra pour lier votre pâte. Formez-en des abaiffes, & lui donnez telle figure qu'il vous plaira; rangez-les fur du papier, de-là fur des feüilles de cuivre, & les faites cuire au four: cette pâte peut auffi fe feerainguer; fi vous les voulez glacer, glacez-les avec de la glace-royale; lorfqu'ils feront cuits, vous les remettrez un moment au four: vous pourrez donner à cette pâte tel goût qu'il vous plaira.

MATURITE' des fruits. La connoiffance de la maturité des fruits dépend plus de l'expérience que du raifonnement; tous les fruits d'Eté ne font jamais meilleurs à manger, que lorfqu'ils fe détachent de l'arbre, excepté les poires qui font fujettes à fe coton-

S

ner ; car pour celles-la, il faut les cueillir un peu avant leur maturité, pour qu'elles foient bonnes.

Les poires d'Automne, comme les beurrés, les moüille-bou-
ches, les fucrés-verds, &c. & celles d'Hyver fondantes, quoiqu'elles
fe détachent facilement de l'arbre, ne font pas bonnes à manger,
jufqu'à ce que leur fermentation les ait meuries ; (a) le toucher
donne une jufte connoiffance de la maturité des poires fondantes,
des pommes, des pêches, abricots, figues, &c. Cela fe fait en
mettant doucement le pouce fur chacune, de crainte de les meurtrir ; & fi le fruit obéït fous le pouce, vous pouvez vous affurer
qu'il eft dans fa maturité. Il n'y a que le goût qui décide de la maturité des poires qui font caffantes, comme le bon-chrétien d'Hyver,
le meffire-jean, & d'autres de cette qualité qui font toujours fermes. L'on ne peut juger de la maturité des pavies, des pêches
violettes hatives & tardives, des brugnons, &c. que quand ces
fruits fe détachent d'eux-mêmes de l'arbre.

L'œil vous fait encore juger de la maturité des fruits rouges &
du raifin, &c. Il juge avec certitude qu'une cerife, une framboife,
une grape de raifin rouge ou noir, font meurs, quand les uns &
les autres ont par-tout cette belle couleur qui leur eft naturelle ;
& au contraire, fi quelqu'endroit en eft dépourvu, l'œil juge par-
là que c'eft une marque infaillible que tout le refte n'eft pas encore
dans fa jufte maturité.

Vous connoîtrez les differentes efpèces des fruits fuivant leur
faifon, aux articles poire, pomme, pêche & prune : pour les conferver, *Voyez* FRUITERIE.

MELIMELUM, eft une confiture de coings ou de pom-
mes, que les anciens faifoient avec le miel des abeilles. (b) L'on
fait cette confiture de la même maniére que l'on confit le coing,
à l'exception que l'on fe fert de miel au lieu de fucre. *Voyez* COING.

MELIMELUM vient du mot latin de *mel* & de *malum*, qui
veut dire miel & pomme.

(a) Les poires d'Automne & d'Hyver ne font bonnes que lorfque leur fermentation les a
fait meurir dans la fruiterie. *La Quint. tom. 1. pag. 215. & 216.*

(b) Mr. Lemery, en fon Traité univerfel des Drogues fimples, pag. 556.

MELON, eſt un gros fruit rond ou oval, cotté, de couleur verdâtre & jaunâtre, qui croît à une plante qui pouſſe des tiges longues, ſarmanteuſes, qui ſe couchent par terre ; ſes feüilles & ſes fleurs ſont ſemblables à celles du concombre, mais elles ſont plus petites ; cette plante eſt cultivée dans les jardins potagers. Le melon ſe ſert pour hors-d'œuvre avec la cuiſine : on en fait des glaces. *Voyez* NEIGE & FRUITS GLACE'S.

Pour choiſir un bon melon, il faut qu'il ne ſoit ni trop verd, ni trop meur, qu'il ſoit bien nourri, ayant la queuë groſſe & courte, qu'il provienne d'une plante vigoureuſe, qu'il ne ſoit point hâté par la trop grande chaleur, qu'il ſoit peſant à la main, ferme en le prenant, & non mollaſſe, ſec & vermeil par-dedans.

MELON d'eau. *Voyez* PASTEQUE.

MELLAROSE, eſt un petit fruit d'odeur ſemblable à une petite orange, & de la couleur du citron, quoiqu'un peu plus foncée ; ce fruit provient d'une branche de bergamotte entée ſur un oranger : on le confit comme les autres fruits d'odeur.

MELLAROSE, eſt une boiſſon qui aproche beaucoup de la limonade.

Maniére de la faire.

Vous mettrez quatre pintes d'eau fraiche dans une terrine, & y zeſterez un cedra, deux oranges, une bergamotte, quatre citrons ; vous y exprimerez le jus de ces fruits, & ajouterez encore le jus de deux citrons ; au lieu de ſucre, vous y mettrez du miel de Narbonne à votre goût ; battez bien le tout enſemble ; paſſez-le par une étamine, & le mettez dans des bouteilles. Lorſque l'on a des mellaroſes, on ne met point de cedra ni de bergamotte.

MENER, ſe dit de la dragée. C'eſt de lui donner le mouvement pour la ſauter, ou de la remuer avec les mains ſur le tonneau, en la faiſant ſécher à meſure qu'on lui donne une couche.

MENTE domeſtique, ou baume, eſt une plante dont les

racines font traçantes & fibrées, enforte qu'elles s'étendent, &
pouffent plufieurs tiges hautes d'un pied, quarrées, un peu velües,
& chargées de feüilles qui font arrondies, d'un verd foncé, opofées
deux à deux, & d'une odeur forte ; cette plante eft cultivée dans
les jardins potagers ; elle a une odeur de citron. On s'en fert pour
garnir les falades : on peut en faire de la conferve à la maniére de
de celle d'ache.

MERAINGUE, eft une efpèce de four, dont il y en a de
deux efpèces, favoir les meraingues liquides ou jumelles, & les
meraingues féches.

MERAINGUE jumelle. Prenez quatre blancs d'œufs
frais ; f üettez-les jufqu'à ce qu'ils foient bien en neige ; mettez-y
un peu de rapure de citron, ou fucre de fleur d'orange ; ajoutez-y
pour chaque deux cuillerées de fucre paffé au tambour ; mêlez bien
le tout enfemble ; enfuite avec une cuillier, formez vos meraingues
rondes ou ovales fur du papier ; poudrez-les de fucre avec une
poudrette ; mettez-les fur une planche, & les faites cuire au four
d'une belle couleur. Lorfqu'elles feront cuites, vuidez-les avec
une petite cuillier, & y mettez un peu de confiture ; joignez-en
deux enfemble pour les rendre jumelles : elles fe fervent fur des
affietes avec du papier deffous, & ne fe font qu'au moment du
fervice.

MERAINGUE féche. Lorfqu'après avoir fait beaucoup
de four, & que l'on defire avoir des meraingues féches, pour-lors
le four fe trouve de la chaleur qu'il faut pour les cuire. Faites la
même préparation que ci-devant ; dreffez-les le plus haut que vous
pourrez fur des feüilles de papier, & les mettez dans votre four ;
(fupofé que votre four n'ait pour ainfi dire plus de chaleur,) vous
les y laifferez cuire.
On en dreffe des grandes, lefquelles (lorfqu'elles font cuites) on
creufe, & on remplit de mouffes ou de neiges, de telle façon que
l'on fouhaite.

MERISE, est une petite cerise douce & noire à longue queuë, qui croît sur le cerisier sauvage. On en fait du sirop. *Voyez* SIROP.

METTRE à la glace, c'est mettre la liqueur dans une sarbotiere, mettre la sarbotiere dans un baquet, & l'entourer de glace pilée & salée.

Maniére de mettre à la glace.

Lorsque vos sarbotieres seront pleines de la liqueur que vous voudrez faire prendre, vous les mettrez dans des baquets faits exprès de la même hauteur & largeur que vos sarbotieres, pour qu'il y ait du jeu autour de vos sarbotieres de la largeur d'une main ; vous emplirez alors tout ce vuide avec de la glace pilée & mêlée avec du sel, jusqu'au couvercle ; alors vous commencerez à la travailler : consultez le mot de travailler.

METTRE au sucre, c'est commencer à confire un fruit lorsqu'il est blanchi, en le mettant dans un sucre leger.

METTRE au caramel, c'est tremper un fruit dedans. *Voyez* CUISSON.

METTRE ensemble, se dit d'une figure de pastillage, ou de caramel, à laquelle on attache les bras, les jambes & ses attributs. *Voyez* CUISSON A CARAMEL & PASTILLAGE.

MEURE, est un fruit dont il y en a de deux espèces, qui sont la meure domestique, & la sauvage ; on ne se sert point de cette derniere. La meure domestique est un fruit que tout le monde connoît, ressemblante à une grosse framboise, de couleur noire, remplie d'un suc visqueux & doux, teignant en couleur de sang ; elle est remplie de semences presque rondes ; elle croît sur un arbre que l'on nomme meurier noir, qui a beaucoup de grandes racines fortes, & se repandant au large : on le cultive dans les jardins potagers.

MIEL MIN MIR MIS

Les meures se servent pour hors-d'œuvre avec la cuisine; il faut les arranger comme il faut sur une assiete, avec des feüilles de vignes, & piquer dessus cinq ou six brochettes, pour donner l'aisance de les prendre sans se teindre les doigts. On les confit comme les framboises : on en fait du sirop. *Voyez* SIROP.

MIEL. Suivant Theophraste, on en distingue de trois façons, (*a*) comme je l'ai marqué à l'article confire. Sous le nom de miel, on entend ici le miel des abeilles ; c'est un amas que les abeilles font de la rosée, & de la plus pure substance des fleurs aromatiques; ainsi il est de bonne ou mauvaise qualité, suivant les diverses plantes qu'elles paissent, parce qu'en suçant cette rosée, elles attirent encore une portion du suc de la fleur, ou des feüilles sur lesquelles elle est tombée. C'est pourquoi on ne doit employer dans les ouvrages d'Office que le miel de Narbonne, comme étant le plus blanc, le plus beau, le meilleur, & le plus agréable au goût.

Il doit être nouveau, épais, grenu, d'un blanc clair, d'une odeur douce, & un peu aromatique, d'un goût doux & piquant; ce qui rend ce miel distingué, est que les abeilles sucent en ce païs-là, particuliérement les fleurs de romarin, qui y sont abondantes, & qui y ont beaucoup de force. On employe le miel dans plusieurs choses, comme dans les grillages, le nogat, les pains-d'épices, la mellarose & le melimelum. *Voyez* l'un & l'autre article.

MINCER, se dit des concombres, des bettes-raves, lorsqu'on les coupe minces comme une feüille de papier, pour en faire des salades.

MIRABELLE. *Voyez* PRUNE.

MI-SUCRE. Les confitures à mi-sucre sont celles que l'on

___

(*a*) Pline & Theophraste ont donné differentes descriptions du miel. Ils en distinguent de plusieurs façons; ils nomment la troisième espèce de miel *sal-indicum*, ou cannamelle. Dioscoride & Galien, le nomment *saccharum*, qui étoit le miel avec lequel les anciens confisoient. *Traité universel des Drogues simples, pag. 763.* Cependant plusieurs se servoient du miel des abeilles : pour faire le *melimelum*. Voyez MELIMELUM.

MOIS

a confit à plein fucre, que l'on égoute, & que l'on tire à l'étuve ; pour-lors, elles fe trouvent à mi-fucre.

MOIS. Il eft bon de prevenir que ce n'eft principalement que par raport au climat de Paris & des environs, que j'entre dans le détail des fruits, des fleurs & des falades qui fe trouvent dans chaque mois, puifque chacun fournit differemment des fruits, des fleurs & des falades, comme vous verrez ci-après.

JANVIER ET FEVRIER.

Outre les bonnes poires de l'échaſſerie, d'ambrette, d'épine-d'hyver, de faint-germain, de martin-fec, de virgoulé, de bon-chrétien d'hyver, &c. on a les pommes de calville, les reinettes, les apis, les courpendus, les fœnoüillets, & quelques raifins, favoir les mufcats ordinaires, les mufcats longs, les chaſſelas, &c. on a encore les bettes-raves, le celery, la chicorée blanche, des maches, & des reponfes que l'on met dans des ferres pendant les mois de Novembre & de Décembre, la falade de petites laitues à couper avec leurs fournitures de baume, d'eftragon, de creſſon alenois, & de cerfeüil tendre.

MARS.

Il fe trouve fouvent que lon a encore dans ce mois, tous les fruits que j'ai mentionné dans Janvier & Février, & fur-tout des bons-chrétiens, & reinettes. On a abondance de raves, de petites falades, & de laitues pommées fous cloche, qui font ordinairement des laitues (que l'on nomme crêpe-blonde;) elles fe fement en Novembre & Décembre, & que l'on replante fur d'autres couches.

AVRIL.

On a amplement des raves & des falades avec leurs fournitures, & les fruits d'hyver que l'on a confervé dans la fruiterie; ordinairement c'eft le bon-chrétien qui fait la cloture des fruits.

MOIS

MAY.

Dans le mois de May abondent toutes les verdures, soit en salades, en fournitures, & en raves. On a une infinité de toutes sortes de fleurs pour garnir les services, comme tulipes, giroflées de toutes les couleurs, les marguerites, les primes-verts, le bleu chargé, le bleu pâle, les chevrefeüiles, les printannières, les anémones simples, &c. On commence d'avoir de la violette, que l'on employe soit pour conserve, pour sirop, ou pour du candy ; des jonquilles, des narcisses, quelques pieds d'aloüettes, des juliennes, des ancolées, des véroniques, &c.

On commence d'avoir à la fin de ce mois des fraises, des cerises précoces, des amandes & des abricots verds pour confire.

JUIN.

Les fraises qui commencent ordinairement à la fin de May, sont suivies de fort près par les cerises précoces ; & vers la fin de Juin abondent les groseilles, les framboises, les guignes & cerises hatives, & même les aigriottes. On a dans ce mois quelques poires, & sur tout celles du petit muscat, abondance de toutes sortes de salades, avec leurs fournitures, des cornichons & des laitües romaines. On a beaucoup de fleurs de toutes espèces, & quelques pommes de reinette précoce.

JUILLET.

Le mois de Juillet est apellé vulgairement, & avec raison, le mois des fruits rouges ; de sorte que jusqu'au quinze ou vingt, on a amplement de toutes ces sortes, qui n'ont fait que commencer dans le mois précédent ; c'est dans ce mois que l'industrie des bons Officiers, fait de toutes sortes de fruits rouges, un merveilleux usage, sous differentes figures. On a dans ce mois des melons, qui se trouvent accompagnés vers le quinze d'une grande abondance de figues ; en même-tems beaucoup d'avant-pêches, de prunes jaunes, & d'abricots ordinaires ; des calvilles d'Eté ; beaucoup

MOIS

coup de poires, fçavoir les petits mufcats, les cuiffe-madame, les blanquets, le rouffelet hatif, les mufcats-robert, les poires fans peau, l'orange verte, &c. A l'égard des fleurs, on en a beaucoup pour garnir les fervices, fur-tout les capucines pour garnir les falades.

A O U S T.

Le mois d'Août, eft le mois où la plus grande partie des bons fruits abondent. C'eft pourquoi dans les premiers jours de ce mois, on a autant que l'on veut de figues, de cerifes tardives, de bigar-reaux, & d'abricots. Les melons abondent encore jufqu'à la fin du mois ; de plus, dans la fin du même mois, on commence d'a-voir des robines, des bons-chrétiens, des caffolettes, des rouffe-lets, &c. Des prunes, qui font les deux fortes de perdrigon, le blanc & le violet, la prune royale, la drap-d'or, la prune d'abri-cot, la fainte Catherine, les reines-claudes, les mirabelles, les imperiales, &c. Des pêches Madelaine, des mignonnes, &c. Des raifins precoces, des concombres, de la chicorée blanche, & tou-tes fortes de falades avec leur fourniture. On a beaucoup de fleurs d'orange.

S E P T E M B R E.

Quelle abondance qu'il ait pû paroître en Août, l'on peut dire que celle de Septembre ne lui eft nullement inferieure. C'eft le veritable mois, & l'abondance des bonnes pêches : on a les ma-delaines blanches & rouges, & les mignonnes, qui n'ont fait que de commencer dans le mois précédent ; c'eft particuliérement dans ce mois, qu'elles foifonnent, & font fuivies par un grand nombre d'autres pêches, comme les bourdines, les chevreufes, les violettes hatives, les perfiques, les admirables, les brugnons & les pour-prées, &c. Ce mois donne encore abondance de toutes fortes de raifins, de chicorée, de pafteques, quelques pieds de celery, quel-ques fleurs d'orange. Ce mois-ci ne finit point qu'il n'ait encore donné les prunes tardives, qui font les imperiales, les damas noirs, les petits perdrigons, &c. Quelques poires de beurée & de bergamotte, &c. Des pommes, comme la calville d'Eté blanche, le rambour.

OCTOBRE.

Le mois d'Octobre ne poffede pas veritablement un fi grand nombre de fruits à noyaux que fon devancier, mais cependant il ne laiffe pas que d'en avoir. Toutes les pêches admirables, & les pourprées tardives ne fe confomment point en Septembre, & il y en a encore fuffifamment dans ce mois. Il donne des pêches nivettes, en jaunes tardives, en violettes tardives, en jaunes liffes, toutes pêches excellentes pour l'arriere faifon ; des pavies, on a abondance de raifins, foit le mufcat ordinaire, foit le mufcat long, foit les gennetins, les chaffelas, les malvoifies, &c. Des poires très-exquifes, comme les beurées gris, les bergamottes, les fucré-verd, les vertes longues, les crafanes, les marquifes, les petits-oins, les bons-chrétiens, &c. Des chicorées & du celery ; des pommes, comme la reinette grife & blanche, la calville d'Automne, le fœnouillet, le courpendu, l'apis, la pomme violette, la coufinotte, &c. dont la plûpart vont prefque jufqu'en Mars & Avril.

NOVEMBRE.

Dans ce mois, les fruits n'acquierent leur merite, que dans la fruiterie, & ne manquent pas de commencer en même-tems que finiffent les fruits à noyaux, dont la deftinée fe termine ordinairement à la fin d'Octobre ; il refte quelquefois encore beaucoup de ces fruits que j'ai decris dans le mois d'Octobre ; joint que les bons raifins peuvent encore durer quelque tems, fi on a eu foin de les cueillir devant les gelées, & de les conferver dans les fruiteries, comme les chaffelas, tant les blancs que les noirs ; ils ont l'avantage d'être beaucoup plus faciles, foit à meurir, foit à conferver, que tous les mufcats, qui finiffent au commencement de Novembre, & les chaffelas à la fin ; & même qu'aux Avents, ce mois eft opulent & copieux en bonnes poires. La fruiterie bien garnie fournit une bonne partie de celles d'Octobre, au lieu que

MOIS

bien d'autres meuriffent dans les mois de Novembre, de Décembre, de Janvier & de Février. Ces poires font les épines, les lefchafferies, les ambrettes, les faint-germains, les virgoulées, les bons-chrétiens, les martin-fecs, les colmars, les petits-oins, les doubles fleurs, &c. On a abondance de pommes, comme les calvilles rouges, & quelques blanches, les apis, les reinettes blanches & grifes, les courpendus, les fœnouillets, &c. dont la plupart fourniffent les mois de Décembre, Janvier, Février & Mars. On a de la chicorée, du celery, des bettes-raves, & quantité d'autres chofes confites pour des falades. C'eft dans ce mois qu'arrivent les fruits d'odeur, & les olives de Provenee & d'Italie.

DECEMBRE.

Je crois qu'il n'eft pas néceffaire de fpécifier plus en détail les fruits de Décembre, étant également ceux de Novembre & de Janvier, ainfi il poffede amplement les fruits de l'un & de l'autre; c'eft dans ce mois que la plupart des principaux fruits de l'arriere faifon fe preffent trop de meurir fur fa fin; il en mollit, & en pourrit une grande quantité, comme fi en effet leur deftinée ne permettoit pas qu'ils allaffent plus loin. C'eft pourquoi pour connoître le foin que l'on doit en avoir, *Voyez* FRUITERIE.

MOISIS. *Voyez* CONFITURE.

MONDER, fe dit des amandes, des piftaches, des avelines, des noix, &c. lorfqu'après les avoir échaudées, on leur ôte la peau; on les paffe toujours à l'eau fraiche pour les avoir plus propres.

MONTER. On dit monter une jatte, un carré de glace, un dormant, un fervice, un verre découpé, un gobelet; ils fe montent & fe collent avec la colle de poiffon préparée, de la maniére que je l'ai marqué à l'article colle.

MON MOU

MONTER, se dit du sucre lorsqu'il est sur le feu, qu'il forme ses boüillons, & qu'il veut passer les bords de la poële.

Moyen d'empêcher le sucre de monter.

Lorsque vous aurez du sucre qui montera, & dont vous ne pourrez point joüir, jettez dedans gros comme une lentille de beure frais, (*a*) vous serez sûr dans le moment qu'il ne montera plus, & par ce moyen, vous ferez cuire votre sucre à la cuisson à laquelle vous le destinerez. Il y a plusieurs Officiers qui y mettent de la cire blanche, mais à mon avis je suivrai toujours la méthode que j'enseigne, comme ayant expérimenté l'un & l'autre.

MOSCOUADE. *Voyez* SUCRE.

MOUDRE, se dit du caffé.

MOULE, c'est dans quoi on met ce que l'on veut en le coulant pour l'empreindre de sa forme. Il y a differens moules dont on fait usage dans l'Office ; il y en a de papier, de plomb, de fer-blanc & de plâtre.

MOULES de papier, sont ceux que l'on fait pour couler les conserves & les gâteaux.

MOULES de plomb sont ceux à caramel, à conserve, & à fruits glacés ; ils doivent être tous de dépoüille ; les moules à fruits glacés doivent avoir des charnieres, & s'ouvrir en deux piéces, à l'exception de quelques-uns qui s'ouvrent en trois piéces. J'ai donné la méthode de les lever à l'un & à l'autre articele. *Voyez* leurs Fig. Planche 6.

MOULES de fer-blanc, sont les moules à fromage, à cannelons, qui ne servent uniquement que pour les glaces. *Voyez* Plan. 6me. 1. 2. 3. 4. Les moules à candy dans lesquels on fait les candys.

(*a*) Mr. Lemery, Traité universel des Drogues simples. pag. 763.

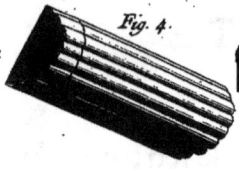

Fig. 4.

Fig. 3.

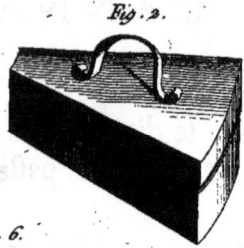

Fig. 2.

Fig. 1.

Fig. 6.

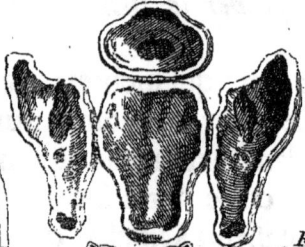

Fig. 5.

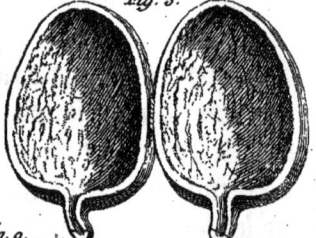

Fig. 7.

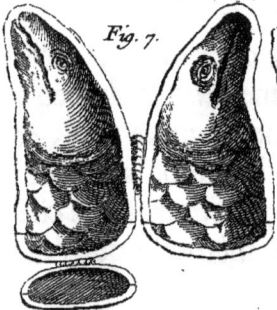

Fig. 10.

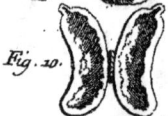

Fig. 9.

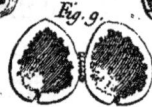

Fig. 8.

Fig. 12.

Fig. 11.

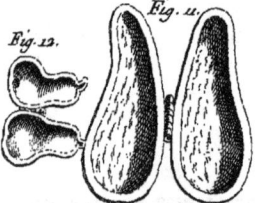

Fig. 14.

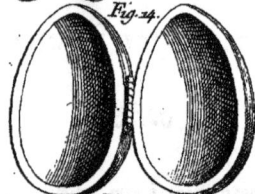

Fig. 13.

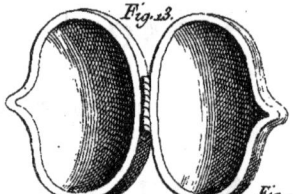

Fig. 18.

Fig. 17.

Fig. 16.

Fig. 15.

Fig. 23.

Fig. 22.

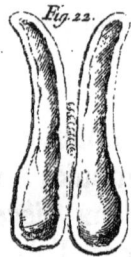

Fig. 21.

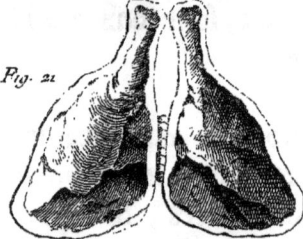

Fig. 20.

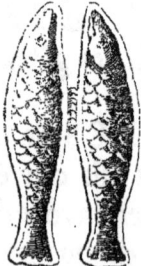

Fig. 19.

Fig. 24.

Fig. 25.

Fig. 26.

Voyez leurs Fig. Planche 1. Let. L. N. Et les moules à pâte. *Voyez* leurs Fig. Plan. 1. Let. V. pour les petites pâtes, & 6. 6. 6. pour les grosses pâtes.

MOULES de plâtre, sont des moules qui doivent être de dépoüille ; lorsqu'ils sont bien secs, ils servent pour y imprimer le pastillage ; vous trouverez la maniére de les lever, *Voyez* PASTILLAGE.

Maniére de les faire.

Quand on a quelques figures telles qu'elles puissent être à jetter en moule, elles doivent être modelées en cire, ou en terre glaize.

Pour cet effet, vous leur couperez les bras & les jambes, pour avoir plus de facilité à les mouler.

Après que vous les aurez huilées, couchez-les sur de la terre à potier ; choisissez les piéces que vous jugerez pouvoir se dépoüiller, & y faites un bord avec cette terre.

Cela fait, jettez-y du plâtre bien recuit & bien detrempé, c'est-à-dire, qui ne soit ni trop clair, ni trop épais ; levez-le après par piéces, & le parez au bord avec un couteau ; ensuite faites-y des petites hoches, graissez les bords d'huile d'olive ; rejoignez-les ensemble bien juste, & faites un bord de terre à l'endroit de votre figure qui sera dépoüillée.

Après cela vous y jetterez du plâtre (*a*) comme je l'ai dit ci-dessus ; vous releverez la piéce pour la parer ; vous la remettrez en sa place, & continuerez ainsi jusqu'à ce que vous aurez formé toutes vos parties.

Quand elles seront sorties, il faudra dresser votre moule par dehors avec un couteau, & lorsque votre plâtre sera dur, vous ôterez les piéces les unes après les autres, & les laisserez sécher à loisir ; vous rejoindrez alors toutes vos piéces, & les lierez avec de la ficelle : de cette maniére, vous aurez un creux de plâtre.

On moule ordinairement les figures de trois, quatre, six, dix

(*a*) Il arrive souvent que l'on ne réussit point lorsque l'on se sert de plâtre éventé ; c'est pourquoi, lorsque vous vous en servirez, mêlez-y du sel en le gachant avec de l'eau tiéde ; parce que le sel le fait rafermir.

MOU

ou douze piéces, felon qu'elles font aifées ou difficiles, cela dépend du jugement de l'ouvrier.

Maniére de durcir les moules de plâtre.

Lorfque vos moulés feront bien fecs, vous étendrez toutes leurs piéces fur un clayon, & les mettrez dans un four que vous aurez chauffé modérément pour cela ; lorfque vos piéces feront un peu chaudes, vous les frotterez avec un pinceau, de la compofition fuivante.

Prenez deux livres de poix-refine blanche, avec une chopine d'huile de lin cuite avec de la litarge (vous la trouverez toute préparée chez les Péintres ou Droguiftes ;) mettez fondre doucement tout enfemble, & lorfque le tout fera fondu, vous le pafferez par une étamine ; alors vous frotterez avec vos moules chauds, & les remettrez dans votre four ; vous continuerez d'en frotter vos moules, & les remettrez à chaque fois au four, jufqu'à ce que le plâtre en foit bien imbibé. Lorfque vous verrez que le plâtre ne boit plus, vous lui donnerez une derniere couche, & pafferez deffus un pinceau fec pour unir le dedans de votre moule, pour enlever le furplus de votre compofition ; remettez-les alors encore un moment au four, & achevez de les fécher à l'étuve, vous ferez fûr que vous aurez des moules durs comme de la pierre.

MOULIN à caffé, eft un utenfile d'office dans lequel on fait moudre le caffé lorfqu'il eft torrefié.

MOULINET. Ce nom eft attribué au bâton qui eft dans la chocolatiere, avec lequel on fait mouffer le chocolat.

MOUSSE, eft une crême douce foüettée en mouffe, à laquelle on donne tel goût que l'on veut, & que l'on fait glacer.

Maniére de les faire.

Ayez deux pintes de crême douce, que vous mettrez dans une

terrine ; ajoutez-y une bonne taſſe de caffé fort , ou de chocolat
fait exprès mettez-y du ſucre en poudre à votre goût ; mêlez bien
le tout enſemble ; paſſez-le par un tamis dans une autre terrine ;
ayez encore une autre terrine vuide , ſur laquelle vous mettrez un
tamis ; alors foüettez votre crême , en frottant contre la terrine ;
fait-à-meſure que votre crême mouſſera , enlevez la mouſſe avec
une écumoire , & la mettez ſur votre tamis ; continuez toujours de
même juſqu'à ce que vous en euſſiez aſſez pour remplir tous vos
gobelets ; ayez une cave , ou petite breziere que vous ſerrerez bien
de glace ; mettez-y vos gobelets , & les empliſſez le plus que vous
pourrez ; laiſſez-les ainſi juſqu'au moment qu'on demandera pour
les ſervir.

On en fait de crême pure , en y laiſſant infuſer quelques zeſtes
de citron , ou d'autres fruits d'odeur , ou des eſſences. Les gobelets
dans leſquels on les met doivent être beaux , & de belle grandeur.
Voyez leurs Fig. Plan. 4. Let. C.

MOUSSELINE, n'eſt autre choſe qu'une pâte de paſtillage , à laquelle on donne telle couleur que l'on veut , ou qu'une
pâte d'amandes ou de piſtaches préparées comme pour le maſſepain,
que l'on paſſe à travers d'un tamis , pour former de la mouſſe , ou
le gazon d'un parterre. Mais à preſent pour plus grande propreté ,
on ſe ſert de chenille. *Voyez* CHENILLE.

MUSCADE, eſt une eſpèce de noix , (*a*) ou le fruit d'un
arbre étranger , grand comme un poirier , dont les feüilles reſſemblent à celles du pêcher , mais elles ſont plus petites ; ſa fleur eſt formée en roſe , d'une odeur agréable : après qu'elle eſt tombée , il paroît
un fruit gros comme une noix verte , couvert de deux écorces ; la
première eſt fort groſſiére , & ſe fend à meſure que le fruit meurit
& elle laiſſe paroître la ſeconde qui embraſſe étroitement la noix ;
cette ſeconde écorce eſt tendre , rougeâtre , ou jaunâtre & odorante ;
elle ſe ſepare de la muſcade à meſure qu'elle ſe ſéche , & prend une
couleur jaune , c'eſt ce qu'on apelle macis , ou fleur de muſcade.

Les muſcades dont nous nous ſervons dans les alimens , croiſſent

(*a*) M. Lemery , Traité univerſel des Drogues ſimples. pag. 580.

fur le mufcadier cultivé ; elles nous font envoyées par les Hollandois, qui font les maîtres du Païs où les mufcadiers croiffent. On doit choifir les mufcades d'une groffeur raifonnable, bien nourries, pefantes, recentes, onctueufes, d'une odeur agréable & aromatique.

Le macis doit être choifi recent, entier, de couleur jaune, d'une odeur & d'un goût agréable ; l'un & l'autre fervent dans plufieurs chofes, où j'ai détaillé leur emploi.

MUSCAT. *Voyez* RAISIN.

NAP NEF NEI

NAPPE. On entend par nappe la cuiffon des gelées, des marmelades, des compotes en gelées, & des pâtes ; c'eft pourquoi lorfque vous ferez l'une ou l'autre de ces efpèces, fait-à-mefure que vous verrez que ce que vous ferez s'épaiffira, trempez dedans une écumoire, ou une fpatule, & la reffortez tout-de-fuite en la foutenant un moment en l'air ; penchez-la alors, & fi vous voyez que ce qui fera après faffe une efpèce de nappe, votre confiture fera à cuiffon.

NEFLE. C'eft le fruit que produit le neflier ; il eft rougeâtre, & prefque rond ; il renferme quatre ou cinq offelets très-durs ; fa peau eft tendre ; fa chair eft dure, & d'un goût acerbe, mais elle s'amollit en meuriffant.

Le neflier eft un arbre de médiocre grandeur, & affez commun en france ; il reffemble fort à l'aubepin ; il eft fort épineux, & fes feüilles font découpées de même. Lorfqu'ils font bien meurs, mettez-les au caramel comme les marrons : fervez-les fur des affiétes, ou garniffez-en votre fruit.

NEIGE, fe dit des blancs d'œufs que l'on foüette en neige.

NEIGE. Ce nom eft apliqué à toutes les liqueurs, & compofitions de fruit que l'on fait, & que l'on met à la glace, pour les fervir en neige dans des gobelets, ou que l'on deftine pour en faire des fruits, ou des fromages glacés.   C'eft

C'eſt pourquoi je donne ici la méthode de les faire ; j'ai quatre choſes à recommander à ceux qui les font.

C'eſt premiérement de ne les point trop ſucrer ; cependant pluſieurs ſe trompent ſouvent, par la fauſſe opinion qu'ont pluſieurs Officiers, qui prétendent que la glace emporte la douceur du ſucre. Je veux croire qu'une neige qui ne ſeroit point travaillée, diminuëroit de ſa douceur, parce que le ſucre comme étant un ſel, ſe précipite au fond ; mais en la travaillant comme elle doit l'être, le ſucre ne perd rien de ſa qualité, & conſerve toujours ſes parties ſalines. (a)

Secondement, c'eſt de leur donner un bon goût & une bonne odeur, parce que la glace (b) diminuë beaucoup le goût & l'odeur des liqueurs.

(a) Voici ce que dit M. Dortous de Mairan dans ſa diſſertation ſur la glace, ſur le goût de la glace, chap. 6. pag. 287.

Je ne trouve ni par mon goût, ni par aucune experience certaine, que la congelation faſſe rien perdre à l'eau, ni qu'elle y ajoute quelque choſe. Je veux dire que l'eau me paroît avoir le même goût après avoir été gelée, qu'elle avoit avant de ſe geler. Il y a cependant des Phyſiciens * qui ont cru que l'eau de la mer devenoit douce en ſe gelant, & qui ſans trop s'embarraſſer de la certitude du phénomene, ne ſe ſont apliqués qu'à en chercher la cauſe, mais ce n'eſt rien moins qu'une erreur de fait. Ils n'avoient aparemment goûté que de la partie exterieure des glaces, ou de quelques glaces minces qui s'étoient formées auprès des côtes ; car il eſt vrai que celles-là ont le même goût que la glace des rivieres, & cela n'eſt pas étonnant, puiſque les rivieres qui ſe rendent à la mer fourniſſent une grande quantité d'eau douce auprès des côtes, laquelle par ſa legereté ſurnage quelquefois aſſez long-tems & aſſez loin ſur l'eau ſalée, avant que de ſe charger des mêmes ſels. Si ces Auteurs avoient pris de la partie de ces glaces qui eſt ſous l'eau, & du deſſous de ces glaçons épais qui flottent dans les Mers du Groenland, & de la nouvelle Zemble, ils auroient trouvé que la glace en étoit auſſi ſalée que la Mer même, &c.

Par la même raiſon, je n'attribuë la diminution de la douceur du ſucre, qu'aux neiges qui ne ſont pas bien travaillées, ni bien mêlées ; c'eſt ce que l'on voit ordinairement lorſque l'on en goûte la ſuperficie, il ſemble véritablement que la douceur en eſt diminuée, parce que les parties ſalines du ſucre ſe précipitent au fond de votre neige, & que le piquant de la glace ou de la neige, produit en la goûtant une conſtraction ſubite ſur les fibres de la langue & du palais, c'eſt ce qui la fait paroître moins douce ; d'ailleurs laiſſez fondre & reuenir votre liqueur dans ſon premier état, vous ne lui trouverez jamais moins de douceur.

* Voyage de la Baye de Hudſon, tom. 1. pag. 33.

(b) M. Geoffroy a obſervé que l'eau de fleur d'orange qui ſent l'empireume, perd cette odeur par la gelée, parce que la glace cauſe de grands changemens au goût & à l'odeur des liqueurs ſpiritueuſes & odorantes, en deſuniſſant, ou en aſſemblant des parties heterogenes, qui étoient auparavant unies ou ſeparées, & en alterant ainſi toute leur contexture.

Heterogene eſt un terme de Phyſique, qui ſignifie une choſe qui eſt de differente nature & qualité, telles que peuvent être les liqueurs pour les fruits glacés, lorſqu'elles ſont compoſées de differente nature & qualité de fruit.

V

Troiſiémement, lorſqu'elles ſont à la glace, & que la glace du baquet commence à fondre, ils doivent prendre garde que l'eau ne ſurnage la ſarbotiére, de peur qu'elle ne ſale la liqueur.

Quatriémement, c'eſt de les bien travailler, pour qu'elles ſe trouvent moëlleuſes, délicates, & qu'il ne s'y trouve point de glaçons : conſultez les mots, mettre à la glace, travailler une glace, & ſerrer de glace.

N E I G E de crême ordinaire. Prenez une douzaine d'œufs frais ; ſéparez les blancs d'avec les jaunes ; paſſez vos jaunes par une étamine dans une poële ; délayez-les avec deux pintes de crême douce ; mettez-y un peu d'écorce de citrons ; faites cuire votre crême à petit feu, en la tournant toujours avec une ſpatule, juſqu'à ce que vous voyiez qu'elle veüille monter ; ôtez-la du feu ; mettez-y du ſucre en poudre à votre goût : lorſqu'il ſera diſſous, paſſez votre crême dans une terrine par un tamis ; laiſſez-la réfroidir, & la mettez dans une ſarbotiére : pour la finir, *Voyez* mettre à la glace, prendre ou faire prendre une glace, & travailler une glace. Toutes les neiges demandent le même travail : la crême eſt ſujette à ſe tourner en Eté ; pour la travailler d'une autre maniére, *Voyez* FROMAGE GLACE'.

N E I G E de crême au caramel. Prenez une livre de ſucre en poudre, que vous ferez fondre & rouſſir ſur le feu ; délayez-y deux pintes de crême, & la faites cuire comme ci-devant ; paſſez-la par un tamis, & la mettez dans une ſarbotiére lorſqu'elle ſera froide.

N E I G E de caffé & de chocolat. Lorſque vous voulez faire des neiges de crême de caffé & de chocolat, préparez votre crême de même que ci-deſſus, à l'exception que vous n'y mettrez point de citron ; mettez avec du caffé, ou du chocolat bien fort que vous aurez fait exprès, du ſucre en poudre à votre goût, & la paſſez par un tamis.

N E I G E de canelle, giroſle, vanille & ſafran. Préparez de la crême comme pour les neiges ordinaires, à l'exception que vous n'y mettrez point de citron ; mettez-y de l'infuſion de ces quatre efpèces de laquelle il vous plaira ; mettez-y du fucre en poudre à votre goût, & la paffez par un tamis. *Voyez* FROMAGE GLACE', vous trouverez la maniére de faire les infufions.

NEIGE à l'Italienne. *Voyez* FROMAGE A L'ITALIENNE.

NEIGE de piftaches. *Voyez* FROMAGE DE PISTACHE.

NEIGE de piftaches fans crême. Lorfque vos piftaches feront mondées, pilez-les bien avec un ou deux quartiers de cedra, en y ajoutant un peu d'eau, lorfque vous les pilerez ; de peur qu'elles ne fe tournent en huile, paffez-les par un tamis avec une fpatule ; délayez vos piftaches avec du fucre clarifié & un peu d'eau, & les mettez dans une farbotiére.

NEIGE de citrons. Prenez une douzaine de beaux citrons ; mettez-les à l'eau fraiche, & les effuyez tout-de-fuite, pour leur ôter le goût d'ambalage. (*a*) Ayez un morceau de fucre en pain, & ra-pez-en une demie douzaine fur ce fucre qui vous fervira de rape ; emportez la fuperficie du fucre qui aura touché votre fruit avec un couteau ; mettez ce fucre dans une terrine avec une pinte d'eau ; exprimez-y le jus de vos citrons ; mettez-y du fucre clarifié à votre goût ; paffez le tout par une étamine, & le mettez dans une farbo-tiére. Obfervez que dans toutes les neiges de fruits d'odeur ou autres, il faut toujours y mettre une couple de verre de vin fin, & de pren-dre celui qui convient le mieux à la neige.

NEIGE de cedra. Prenez fept à huit cedras ; rapez-les de même que les citrons ; coupez-les par quartiers, & les faites blan-chir jufqu'à ce qu'ils s'écrafent fous vos doigts ; rafraichiffez-les & les égoutez ; paffez-les par un tamis ; prenez cette marmelade que vous mêlerez avec ce que vous aurez rapé ; délayez le tout enfem-ble avec une pinte d'eau ; ajoutez-y le jus de douze citrons ; met-tez-y du fucre clarifié à votre goût ; paffez-le tout par un tamis, & le mettez dans une farbotiére.

(*a*) Tous les autres fruits d'odeur qui fortent des caiffes où ils ont été embalés, demandent la même attention, non feulement pour les neiges, mais encore pour les boiffons.

NEIGE d'orange. Prenez une douzaine d'oranges ; rapez-les comme les citrons ; exprimez-en le jus que vous mettrez dans une terrine avec une chopine d'eau, & la rapure de votre sucre sur lequel vous aurez rapé vos oranges ; ajoutez-y le jus de quatre citrons ; mettez-y du sucre clarifié à votre goût ; passez le tout par une étamine ; mettez-le dans une sarbotière. Lorsque les oranges seront en neige, mettez-y un verre de sirop de groseille, & mêlez le tout ensemble ; avec cette neige, de même qu'avec celle de citron, vous pouvez emplir des puits d'orange ou de citron. *Voyez* PUIT.

NEIGE de bergamotte. Prenez quatre bergamottes, que vous raperez sur du sucre comme les citrons ; mettez votre rapure dans une terrine avec deux pintes d'eau ; exprimez-y le jus de douze citrons ; mettez-y du sucre clarifié à votre goût ; passez le tout par un tamis, & le mettez dans une sarbotière.

NEIGE de fruits d'odeur. Vous pourrez faire des neiges d'autres fruits d'odeur, en les faisant de même que ci-devant, & y ajouterez plus ou moins de jus de citron ou d'orange, suivant la qualité de leur espèce.

NEIGE de citrons de Madere. Prenez une douzaine de citrons de Madere ; mettez-les en marmelade, en les pilant dans un mortier ; délayez-les avec une chopine d'eau ; ajoutez-y le jus de quatre citrons, & du sucre clarifié à votre goût ; passez le tout ensemble par un tamis, & le mettez dans une sarbotière.

NEIGE de pommes. Prenez sept à huit pommes de reinette ou autres, suivant l'espèce des moules que vous aurez ; ôtez-leur la peau & le cœur ; mettez-les cuire avec une chopine d'eau jusqu'à ce qu'elles soient en marmelade ; passez-les par un tamis ; délayez cette marmelade avec un peu d'eau ; mettez-y le jus de deux citrons, & du sucre clarifié à votre goût ; passez le tout par un tamis, & le mettez dans une sarbotière.

NEIGE de poires. Prenez telle espèce de poires qu'il vous

plaira ; coupez-les en deux, & les faites bien blanchir ; tirez-les du feu & les faites rafraichir ; alors , parez-les , & leur ôtez le cœur ; paſſez-les par un tamis ; mettez-y une pinte d'eau, & y exprimez le jus de quatre citrons ; mettez-y dû ſucre clarifié à votre goût ; paſſez le tout par un tamis, & le mettez dans une ſarbotiére.

N E I G E de pêches. Prenez une douzaine de pêches bien meures ; ôtez-leur la peau & le noyau ; paſſez-les par un tamis ; délayez cette marmelade dans une chopine d'eau ; exprimez-y le jus de trois citrons ; mettez-y du ſucre clarifié à votre goût ; paſſez le tout par un tamis, & le mettez dans une ſarbotiére.

N E I G E d'abricots. Prenez deux douzaines d'abricots meures ; paſſez-les par un tamis ; délayez cette marmelade dans une chopine d'eau ; pilez bien cinq ou ſix noyaux d'abricots que vous mêlerez avec ; exprimez-y le jus de quatre citrons , & y mettez du ſucre clarifié à votre goût ; paſſez le tout par un tamis, & le mettez dans une ſarbotiére.

N E I G E de prunes. Prenez telle eſpèce de prunes qu'il vous plaira ; faites-les blanchir , & les rafraichiſſez ; égoutez-les & les paſſez par un tamis ; délayez cette marmelade avec de l'eau ; exprimez-y le jus de deux ou trois citrons ; mettez-y du ſucre clarifié à votre goût ; paſſez le tout par un tamis, & le mettez dans une ſarbotiére.

N E I G E de fraiſes, de framboiſes. Prenez environ deux ou trois livres de fraiſes , ou de framboiſes ; écraſez-les , & les paſſez par un tamis ; délayez-les avec une chopine de jus de groſeille, que vous aurez fait fondre ſur le feu ; ajoutez-y un peu d'eau , & du ſucre clarifié à votre goût ; paſſez-les par un tamis , & les mettez dans une ſarbotiére.

N E I G E de ceriſes. Prenez deux ou trois livres de ceriſes bien meures ; paſſez-les par un tamis ; délayez-les avec une demie chopine d'eau ; exprimez-y le jus de deux citrons ; mettez-y du ſucre clarifié à votre goût ; paffez-les par un tamis, & les mettez dans une farbotiére.

NEIGE de grenade. Prenez huit grenades, fortez-en tous les grains, & les écrafez par un tamis pour en avoir le jus ; mettez-y une bouteille de vin de Bourgogne ; exprimez-y le jus de quatre oranges ; mettez-y du fucre clarifié à votre goût ; paffez le tout par un tamis, & le mettez dans une farbotiére.

NEIGE d'avelines, de noix. Prenez une livre de l'une ou de l'autre efpèce ; mondez-les, & les effuyez ; concaffez-les, & les mettez fur un plafond ; mettez-les à un four temperé pour leur donner une couleur grillée pâle ; laiffez-les refroidir, & les pilez bien avec un peu de crême ; paffez cette pâte par un tamis ; délayez-la avec une pinte de crême, cuite de la façon de la premiére neige que j'ai enfeigné ; mettez-y du fucre en poudre à votre goût ; paffez le tout par un tamis, & le mettez dans une farbotiére.

NEIGE de marrons. Enlevez la premiére peau à vingt-quatre marrons ; faites-les cuire au four, ou fous la cloche ; mettez-les un moment dans une ferviette, pour que la chaleur pénetre par tout ; épluchez-les bien, & prenez garde de n'en point mettre de mauvais ; pilez-les avec de la crême ; délayez cette pâte avec une chopine de crême, cuite de la façon de la premiére neige que j'ai enfeigné ; ajoutez-y du fucre en poudre à votre goût ; paffez le tout par un tamis, & le mettez dans une farbotiére.

NEIGE d'artichaux. Prenez trois ou quatre artichaux, dont vous ne prendrez que le cul ; faites-les blanchir jufqu'à ce qu'ils foient bien mollets ; pilez-les avec un quarteron de piftaches bien mondées, & un quartier d'orange confite, & un peu de crême ; paffez cette pâte par un tamis ; délayez-la avec une chopine de crême, cuite de la façon de la premiére que j'ai enfeigné ; ajoutez-y du fucre en poudre à votre goût ; paffez le tout par un tamis, & le mettez dans une farbotiére.

NEIGE de vin d'Espagne. Ayez une sarbotière vuide mise à la glace ; mettez dedans deux bouteilles de vin d'Espagne, deux verres de vin de Champagne, deux verres d'eau, deux verres de sucre clarifié : vous trouverez toujours votre vin égal, la raison est que le vin de Champagne lui redonne sa force, l'eau le fait prendre, & le sucre lui redonne sa douceur.

NEIGE de biscuits d'amandes amères, de biscuits à la cuillier & d'échaudés. Prenez l'une ou l'autre de ces espèces, que vous ferez bien sécher à l'étuve ; pilez-la, & la passez par un tamis. Préparez alors des mousses de crême sans y mettre aucun goût ; mettez-les dans une sarbotière, & les faites prendre, en les travaillant légèrement ; mettez-y ce que vous aurez fait passer au tamis, & le mêlez légèrement ensemble ; mettez-le tout-de-suite dans vos moules, envelopez-les de papier, & les serrez de glace, vous serez sûr que ce que vous ferez sera aussi léger que le naturel.

Lorsque vous n'aurez point les fruits en nature pour faire toutes les neiges que je cite, il faut avoir recours aux marmelades ; si vous destinez les neiges pour en faire des fruits glacés, & qu'il y en ait de reste, vous pourrez mettre le restant de votre neige dans des moules à canelons, ou autres moules de fer-blanc.

NERVER, se dit des feüilles, des fleurs de pastillage, ausquelles on donne la figure naturelle, par le moyen d'un moule dans lequel on les imprime : le moule dans lequel on les imprime s'apelle nervoir. *Voyez* Fig. Planch. 7. Let. G.

NOGAT, est un composé d'amandes douces, ou pignons, de miel & de sucre.

Maniere de le faire.

Prenez une livre de sucre, que vous ferez cuire à la plume, mettez-y alors une livre de miel de Narbonne ; mettez le tout dans une poële sur un très-petit feu, & le remuez avec un rouleau continuellement pour le faire blanchir au moins pendant deux heures : vous connoîtrez sa cuisson en mettant un couteau dedans, & le laiſſant filer , & lorſque le filet ſe caſſe net, il eſt cuit. Mettez-y des amandes, ou pignons en ſuffiſance, que vous aurez pralinés au blanc ; mêlez bien le tout enſemble, & le verſez ſur du pain à chanter, que vous aurez étendu exprès ſur des feüilles de cuivre ; couvrez-le de pain à chanter, & l'aplatiſſez comme le grillage avec un rouleau ; coupez-le par morceaux, & le gardez dans un endroit qui ne ſoit point humide : on en garnit des aſſiettes, & même les jattes ſi l'on veut.

NOISETTE. *Voyez* AVELINE.

NOIX, eſt un fruit aſſez connu de tout le monde ; pour le confire, il le faut prendre verd , & que ſon bois ne ſoit pas encore formé.

Maniére de confire les noix blanches.

Prenez de belles noix vertes ; parez-les proprement juſqu'au blanc , & les jettez à meſure dans de l'eau fraiche , dans laquelle vous aurez mis un peu d'alun de glace en poudre ; (*a*) faites boüillir de l'eau, & y mettez un peu d'alun ; jettez vos noix dedans que vous aurez piquées, & tandis qu'elles boüilliront quelque tems, faites-en boüillir d'autres ſur un autre fourneau, dans laquelle vous mettrez auſſi de l'alun de glace, où vous changerez vos noix pour les achever de blanchir ; piquez-les alors avec une épingle, comme les autres fruits que l'on fait blanchir : ſi elles quittent l'épingle, il faut les ôter., & les rafraichir ; égoutez-les, & les remettez dans une autre eau fraiche , dans laquelle vous mettrez encore de l'alun de glace, pour les maintenir dans leur blancheur. Ayez du ſucre clarifié froid dans une terrine, & prenez vos noix une à une ; mettez-y un tailladin de citronade, & la jettez à meſure dans votre ſucre : lorſque vous les aurez tous mis de cette maniére, vous les couvrirez avec un papier , & les laiſſerez ainſi repoſer juſqu'au lendemain ; égoutez alors votre fruit ; donnez cinq ou ſix boüillons à votre ſirop ; laiſſez-le tiédir, jettez-le par deſſus votre fruit, & le couvrez. Le lendemain égoutez votre fruit, & augmentez votre ſucre s'il eſt beſoin ; faites-le cuire à perlé, & lorſqu'il ſera tiéde, mettez-y votre

(*a*) L'alun les empêche de noircir.

fruit ;

fruit ; laiflez-le ainfi repofer dans une terrine jufqu'au lendemain ; alors égoutez-le, & faites cuire votre firop à foufflé, en augmentant toujours de fucre s'il eft befoin, pour qu'il baigne dans le fucre ; mettez-y vos noix, & leur donnez deux boüillons couverts ; mettez-les dans une terrine ; couvrez-les, & leur faites paffer la nuit à l'étuve : enfuite vous les empoterez.

Maniére de confire les noix noires.

Prenez des noix vertes ; parez-les légérement ; faites-les blanchir comme les blanches, fans y mettre de l'alun ; faites-les rafraichir, & les laiflez dans l'eau pendant vingt-quatre heures, les changeant d'eau deux ou trois fois ; mettez-les au fucre comme les blanches, & les achevez de même ; mettez dans votre firop un petit fachet garni d'épices fuivant votre goût.

NOIX en façon de cerneau. *Voyez* CERNEAU.

NOYER de fucre, fe dit lorfque l'on fait, ou l'on dreffe une compote, & que l'on y met trop de firop.

NOYER, fe dit des fruits que l'on met au fucre lorfqu'il y en a par trop ; ainfi on dit : vous noyez cette compote, vous noyez ces fruits, parce que vous mettez trop de fucre.

NOMPAREILLE. *Voyez* DRAGE'E.

NOUVEAUTE', fe dit de toutes fortes de fruits, qui, par le foin & l'induftrie des Jardiniers, viennent dans leur perfection ou dans leur maturité devant la faifon ordinaire, (*a*) & fur-tout en Hyver & au Printems ; ainfi ce font des nouveautés que d'avoir des fraifes & des concombres au commencement d'Avril, des poires au commencement de May, des cerifes précoces à la mi-May, des laituës pommées au mois de Mars, &c. Nouveauté eft relatif au mot de précoce.

(*a*) La Quint. Tom. I. page 70.

X

OEUF OEI

OEUF. On ne se sert dans l'Office que des œufs de poule ; on clarifie le sucre avec le blanc. *Voyez* SUCRE, vous trouverez la raison pourquoi il se clarifie. On employe encore les œufs que l'on durcit pour garnir les salades.

Maniére de connoître les œufs frais.

Aprochez-les un peu du feu, & s'ils jettent une petite humidité, c'est marque qu'ils sont frais.

OEUF. Petits œufs, ce sont des œufs composés, & que l'on met au caramel.

Maniére de les faire.

Prenez les jaunes de douze œufs frais ; passez-les par une étamine dans un poëlon ; mettez-y un peu de sucre en poudre ; faites-les cuire sur un feu doux, jusqu'à ce qu'ils soient en pâte ; sortez votre pâte du poëlon, & la maniez avec du sucre en poudre, & un peu de rapure de citrons ; formez-en des petits ronds, grands comme des grosses cerises ; mettez-y des brochettes, & les tirez au caramel comme les marrons : on les sert sur des assiettes avec du papier dessous.

OEIL. On dit, cela a de l'œil, pour dire une chose bien faite, ou d'un fruit, dont la décoration flatte la vuë.

OEIL de melon, c'est l'endroit d'où sortent les bras : on le nomme aussi maille.

OEIL d'une poire, d'une pomme, c'est l'extrémité oposée à la queuë : cet œil est fait comme une petite couronne, qui est enfoncée aux unes, & non aux autres.

OEILLET, est une fleur qui vient sur une plante, dont les feüilles qui sortent de sa racine, sont longues, étroites, dures, de couleur d'un beau verd ; du milieu de ses feüilles, elle pousse des tiges de differentes hauteurs, qui portent à leurs sommités de belles fleurs à plusieurs feüilles , disposées en rond : leur odeur est aromatique, tirant beaucoup sur le girofle.

On s'en sert pour faire des sirops , des conserves & des candys, qui se font de même que la fleur d'orange. *Voyez* l'un & l'autre article.

OFFICE, est le lieu où l'on prépare les fruits & les ouvrages de sucre. L'Office est encore l'art de savoir faire toutes ses differentes espèces, qui sont, le four , le fourneau, l'étuve, le pastillage , les glaces, & la décoration. *Voyez* chaque mot séparément. Il est de l'Officier de faire les salades ; d'avoir soin de l'argenterie ; de tenir le pain; & de le distribuer ; de faire blanchir le sel, & d'en garnir les saliéres; de garnir les sucriers, les huiliers, d'avoir soin du linge de table, & autre qu'on lui met entre les mains, & de faire mettre proprement le couvert des Maîtres : il y a cependant des Maisons où l'on dispense les Officiers de ces dernieres choses.

OIGNON, est une plante assez connuë de tout le monde ; il y en a de deux espèces , le blanc & le rouge : ils se servent tous les deux pour des salades cuites. *Voyez* SALADE.

OLIVE, est un petit fruit oval, gros comme une mirabelle, qui croît sur l'olivier cultivé, dont les feüilles sont longuettes, pointuës, grosses , vertes par-dessus, & blanches par-dessous ; ses fleurs sont comme celles du saule , mais plus petites : les olives viennent ensuite, qui sont d'abord vertes , & enfin noires quand elles meurissent; elles viennent dans les Païs chauds, comme dans la Provence & le Languedoc, où on les confit avec du sel & de l'eau, ou dans une lessive forte de chaux, ou de sarmens, pour les rendre bonnes à manger, car au sortir de l'arbre , elles ont un goût insuportable : on les envoye dans des petits barils; elles servent pour des salades.

ORANGE, est une espèce de pomme ronde, belle, jaune & odorante , qui croît à un arbre que l'on nomme oranger. (*a*) Ses

(*a*) La Quint. *Traité des Orangers.*

feüilles ont la figure de celles du laurier, mais elles sont plus grandes, toujours vertes ; sa fleur est belle, blanche, & fort odorante, composée ordinairement de cinq feüilles, disposées en rond, & soutenuës par un calice : on cultive cet arbre dans tous les jardins, mais principalement dans les Païs chauds.

On les confit de même que les citrons, soit par quartiers, soit entieres tournées, soit par quartiers à jus, soit en marmelade, soit en conserve comme les citrons, &c.

Maniére de confire la fleur d'orange.

Epluchez bien votre fleur, & choisissez la plus blanche ; blanchissez-la de même que je le marque pour la marmelade de fleur d'orange ; passez-la dans plusieurs eaux fraiches, & y exprimez le jus de deux citrons ; laissez-la ainsi reposer dans l'eau jusqu'au lendemain ; égoutez-la, & la mettez dans un sucre froid clarifié ; couvrez-la avec du papier, & la laissez ainsi jusqu'au lendemain ; égoutez votre fleur, & donnez une vingtaine de boüillons à votre sirop ; attendez qu'il soit froid pour le mettre sur vos fleurs, continuez ainsi pendant deux jours ; alors égoutez votre fleur, & cuisez votre sirop à gros perlé ; mettez-y vos fleurs, & les tirez du feu ; remuez votre poële, pour que le tout se mêle, & les mettez dans des pots : pour empêcher que la fleur ne candisse dans les pots. *Voyez* CONFITURE.

La fleur d'orange se praline & se grille. *Voyez* PRALINER & GRILLER.

ORANGE amère. *Voyez* BIGARRADE.

ORANGEAT. *Voyez* DRAGE'E.

ORANGEAT, est une boisson que l'on fait comme la limonade, à l'exception que l'on prend des oranges en place de citrons.

OR-D'OEUVRE. Ceux de l'Office, sont les melons, les figues, les meures, le beure frais, les raves, & les petits artichaux nouveaux crus, qui se servent avec le service de cuisine.

ORG

ORGEAT , eſt une boiſſon fraiche, faite avec des amandes douces, du ſucre, de l'eau de fleur d'orange, & de l'eau.

Maniére de la faire.

Mondez une demi-livre d'amandes douces, avec une douzaine d'amères ; pilez-les bien , & les délayez avec deux pintes d'eau, ſui-vant la force que vous y voudrez donner ; ajoutez-y du ſucre & de l'eau de fleur d'orange à votre goût ; battez bien le tout enſem-ble ; paſſez-le par une étamine, & le mettez dans des bouteilles.

On fait encore de la pâte & du ſirop d'orgeat, que l'on délaye avec de l'eau. Vous trouverez la maniére de les faire, *Voyez* PATE & SIROP.

PAIN

PAIN. Le mot de pain a differentes ſignifications dans l'Office pour le diſtinguer, comme les pains-d'epices, les pains à chanter & les pains de ſucre.

PAIN-d'épice. Mettez dans une terrine trois livres de belle farine, & deux livres de ſucre en poudre, avec du cloux de girofle, de la canelle, de la coriandre & de la muſcade , de chaque eſpèce un quart d'once , que vous reduirez en poudre, & paſſerez par un tamis ; ajoutez-y une once de rapure de citron, & une once de citron verd confit, que vous couperez par petits morceaux, avec une livre & demie d'amandes douces pralinées au blanc. Quand vous aurez ainſi tout ceci préparé, faites boüillir une pinte de miel de Narbonne, dans lequel vous jetterez une goutte d'eſprit-de-vin ; ſitôt que vous le verrez boüillir , ôtez-le tout-de-ſuite du feu , & verſez-le ſur votre farine, où vous aurez mis tout ce que j'ai marqué ci-devant ; délayez le tout enſemble avec une ſpatule pendant l'eſpace d'une heure ; met-tez votre pâte ſur une table , & donnez à vos pains-d'épices, telle figure qu'il vous plaira ; dreſſez-les ſur des feüilles de papier, leſquelles vous poudrerez auparavant de farine ; faites-les cuire à un four doux ; pour les lever, laiſſez-les réfroidir ; broſſez-les, & les glacez de même que les bifcuits à l'Allemande apellés *Liftlen*. Comme les pains-d'épices, pour être bons, dépendent des goûts, l'on peut modérer les épices, & l'on peut fe fervir de toutes fortes d'écorces confites, & même y mettre des dragées.

P A I N à chanter, eft une chofe affez commune, & que l'on trouve par-tout ; il fert à mettre deffus & deffous le nogat : on en fait auffi des rubans. *Voyez* l'un & l'autre.

P A I N, fe dit encore du fucre, lorfqu'il eft en confiftence de pain de figure pyramidale.

P A P I E R. Le papier eft une chofe très-néceffaire, & même une propreté dans les Offices ; on l'employe de differentes maniéres, foit pour couvrir, ou pour mettre deffus & deffous les confitures, foit pour mettre fur des affiettes ; il doit être proprement découpé par le fer, pour garnir les verres découpés.

Maniére de découper le papier.

Prenez de beau papier, vous le frotterez légérement avec du favon blanc, qui foit bien fec ; pliez-le alors en trois doubles, de la même longueur que votre feüille ; ayez un bloc dans lequel il y aura une maffe d'une vingtaine de livre de plomb bien unie ; mettez votre fer fur votre papier, & le frapez avec un maillet de bois ; lorfque le fer aura coupé le papier, détachez-le légérement l'un de l'autre ; remettez-le bien jufte à côté, & continuez de même.

Pour préparer le papier découpé, & le coler après vos verres ; dépoüillez-le de tout ce qui fera inutile après ; mettez votre bande entre deux feüilles de papier, & le frottez avec quelque chofe d'unie pour unir votre papier découpé ; levez alors votre bande de papier découpé feüille à feüille, & en garniffez vos verres découpés, en attachant votre papier avec de la colle de farine.

P A P I L L O T T E, fe dit de toutes fortes de petites garnitures pour les fruits, que l'on envelope de papier en façon de papillotte, comme les diablotins, les piſtaches au chocolat, &c. pour donner aiſance de les empocher proprement.

PARER, ſe dit des fruits, d'une poire, d'une pomme, &c. C'eſt lorſqu'on leur enleve la peau proprement, en leur faiſant des côtes avec le couteau. Parer, ſe dit encore d'un fruit que l'on nettoye proprement ſans lui ôter la peau. Parer, ſe dit d'une figure de paſtillage que l'on lime & que l'on grate avec un ganif.

PASTEQUE, (*a*) ou melon d'eau, eſt un gros fruit rond, charnu, couvert d'une écorce aſſez dure, mais unie & liſſe, de couleur verte obſcure, marbrée, ou parſemée de tâches fort vertes ou blanches ; ſa chair eſt ſemblable à celle du concombre, ferme, rougeâtre, d'un goût doux & agréable ; elle renferme une pulpe, ou une ſubſtance moëlleuſe, dans laquelle on trouve des ſemences oblongues, larges, aplaties, ridées, noires ou rouſſes ; leur écorce eſt dure ; en la caſſant l'on trouve dedans une petite amande blanche & moëlleuſe ; cette amande peut ſervir dans le ſirop d'orgeat, comme les quatre ſemences froides. Ce fruit croît ſur une plante qui pouſſe pluſieurs tiges ſarmenteuſes, foibles, tendres, rampantes à terre, veluës, revetuës de feüilles grandes, aſſez reſſemblantes à celles des autres melons : l'on peut confire ce fruit, de même que le cedra ; il ſert comme les autres melons pour hors-d'œuvre : on cultive ces fruits dans les potagers, mais les meilleurs ſont ceux qui croiſſent dans les Païs chauds.

PASTILLAGE, eſt le nom d'une pâte de ſucre, laquelle, lorſqu'elle eſt employée, on fait ſécher à l'étuve : on en fait differentes choſes, comme des figures, des fleurs, des ornemens, du bâtonage, des paſtilles, &c.

(*a*) Paſteque vient du mot Italien *Paſteca* ; c'eſt ainſi que les Italiens le nomment : c'eſt d'eux qu'on les tient en France.

Maniére de faire la pâte de paſtillage.

Prenez un quarteron de belle gomme adragante bien blanche ; mettez-la dans un pot de fayence ; jettez deſſus une premiére eau pour la laver ; égoutez-la, & la remettez ; mettez-y de l'eau tiéde de deux doigts plus haut que la gomme ; couvrez-la, & la laiſſez paſſer la nuit à l'étuve ; paſſez-la alors dans une étamine, ou ſerviette blanche qui ſoit neuve ; mettez votre gomme dans un mortier de marbre, avec un jus de citron ; pilez-la juſqu'à ce qu'elle blanchiſſe ; mettez-y petit-à-petit du ſucre paſſé au tambour, & environ trois onces de farine de ris, *Voyez* FARINE ; continuez à y mettre du ſucre en pilant votre pâte continuellement, juſqu'à ce que vous voyiez qu'elle ſoit bien blanche, & un peu maniable ; tirez-la du mortier, & la mettez ſur une table bien unie & bien propre ; maniez-la avec du ſucre royal, juſqu'à ce qu'elle ſoit ferme ; mettez votre pâte dans une terrine, & la couvrez avec une ſerviette légérement moüillée, pour l'empêcher de gerſer : ſi vous jugez à propos, vous y pouvez mettre de l'eſſence de quelle eſpèce il vous plaira, pour lui donner du goût.

Vous pouvez colorer cette pâte ſi vous voulez, c'eſt pourquoi conſultez le mot de couleur, vous trouverez toutes celles qui conviennent pour le paſtillage.

Maniére de tirer une Figure de paſtillage.

Tous les moules ſont bons pour le paſtillage, ſoit de plomb, de plâtre ou de bois. Lorſque vos moules ſeront propres, bien eſſuyés & bien ſecs, prenez toutes les piéces de votre moule, & les poudrez légérement avec une poudrette, dans laquelle vous aurez mis de l'amidon. Alors, ayez une pierre de marbre, vous formerez une abaiſſe de votre pâte de la grandeur du morceau que vous voudrez faire, & de l'épaiſſeur de deux écus de ſix francs ; imprimez votre pâte dans le morceau de votre moule ; ôtez le ſurplus de la pâte en la rognant avec un canif ; levez le morceau de pâte pour voir s'il eſt bien imprimé, repoudrez votre moule, & remettez votre pâte ; rognez bien la pâte qui debordera du moule ; continuez de faire les

autres

autres morceaux qui se mettent ensemble, comme ceux d'un bras, d'une jambe & d'un corps ; alors, joignez-les ensemble, en mettant dans les jointures une petite abaisse de pâte de la largeur d'un demi doigt, que l'on mouille avec de l'eau , & que l'on pose proprement pour attacher les piéces ensemble. Lorsque votre bras , votre jambe, ou votre corps seront ainsi mis ensemble, fisselez votre moule, & le mettez à l'étuve avec un feu modéré, pour laisser sécher votre pâte dans le moule pendant sept à huit heures ; levez alors les morceaux de votre moule piéce par piéce, & mettez votre bras , votre jambe, ou votre corps sur un tamis à l'étuve , pour les achever de sécher comme il faut. Alors, prenez ce que vous aurez fait ; emplissez proprement avec la même pâte tous les vuides que vous trouverez ; remettez-les sécher encore jusqu'au lendemain ; alors, parez ce que vous aurez fait avec des limes ou ganifs, & les mettez ensemble avec la même pâte à l'étuve pour achever de les sécher. Alors , vous y pourrez mettre le vernis. *Voyez* VERNIS. Observez que lorsque c'est une grande Figure, il faut la laisser plus long-tems à l'étuve, que l'on doit emplir de farine pour soutenir la pâte , & que l'on vuide lorsqu'elle est seche.

Maniére de faire les fleurs de pastillage.

Il faut avant tout, avoir du fil-d'archal, recuit de la grosseur, & le coupez de la longueur que peut être la tige de la fleur que vous voulez faire ; il faut les garnir de soïe platte de la couleur qu'ils doivent être ; alors , garnissez les bouts de votre fil-d'archal avec du gros fil ciré, pour former un petit bouton qui puisse tenir la fleur, & pour qu'elle ne puisse pas échaper ; formez ensuite avec votre pâte, le mieux que vous pourrez, le cœur, la graine, ou le calice de la fleur que vous voulez faire ; laissez-les ainsi sécher , & lorsqu'ils seront secs, donnez-leur la couleur ; formez des petites abaisses de votre pâte, le plus mince que vous pourrez, sur une pierre de marbre, & les découpez avec un découpoir de fleur. Nervez-les dans un moule de bois, que vous aurez fait faire exprès ; donnez le mieux que vous pourrez le pli à vos feüilles , pour qu'elles imitent la na-

Y

ture ; laiſſez-les ainſi ſecher à l'étuve ſur des tamis ; lorſqu'elles ſeront
ſeches, maniez un peu de votre pâte avec un peu d'eau, pour la
rendre plus maniable. Alors colez avec cette pâte vos feüilles contre
la graine ou le cœur de votre fleur ; n'y mettez qu'un ſeul rang à
la fois, & les laiſſez ſecher à meſure ; continuez ainſi juſqu'à ce que
votre fleur ſoit de la groſſeur que vous voudrez ; lorſqu'elles ſeront
ſeches, donnez-leur la couleur. (*Voyez* C o u l e u r pour le paſtillage.) ſi ce ſont des fleurs d'une ſeule couleur, comme les roſes,
les jonquilles, les violettes, &c. il faut avant que de faire les feüilles,
donner la couleur à votre pâte, en lui en donnant plus ou moins,
ſuivant la couleur pâle ou foncée que pourront avoir les feüilles de
la fleur ; pour mieux imiter les nuances, mettez alors vos fleurs de
ſucre dans des vaſes de ſucre, & les garniſſez de feüilles vertes ſuivant
leur nature avec du velin que vous découperez. *Voyez* Planche 7.

Explication de la Planche 7.

A. Table où l'on travaille les fleurs.

K. Pierre de marbre ſur-quoi on les découpe.

C. Nervoir.

D. Découpoir à fleur.

E. E. E. Morceaux de bois dans leſquels on met les fleurs pour
les finir.

PASTILLES, ou Ingrediens. Les paſtilles ſont faites avec
de la pâte de paſtillage, & elles ne ſont paſtilles, que lorſque la pâte
de paſtillage eſt employée pour les paſtilles que l'on veut faire.

Il y a des paſtilles de toutes ſortes de façons, de cachoux, de
ſafran, de parfait amour, de caffé, de chocolat, de fleur d'orange,
de violette, de cédra, de bergamotte, d'ambre, d'orange, de
canelle, de girofle, &c. Elles ſe trouvent differentes des unes des
autres, tant par le goût, que par la figure qu'on leur donne. Il faut
avoir ſoin lorſqu'elles ſont faites, de les faire ſecher à l'étuve ſur des
tamis, & de les conſerver dans un endroit ſec.

PASTILLE de cachoux. Prenez un quarteron de cachoux brut ;
concaſſez-le, & le mettez dans une poële à caffé ; faites-le brûler

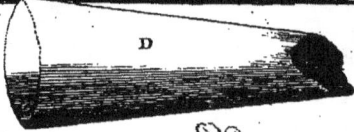

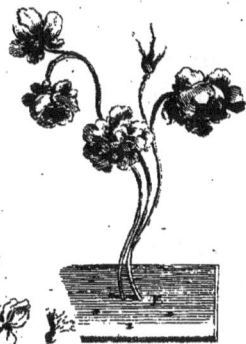

comme le caffé, jusqu'à ce qu'il soit d'une couleur noire ; laissez-le refroidir ; alors pilez-le bien, & le passez au tambour ; prenez un quarteron de fleur d'orange pralinée, que vous ferez bien sécher à l'étuve ; pilez-la bien, & la passez au tambour ; prenez une livre & demie de pâte de pastillage, ou faites-en d'autre avec du sucre commun ; incorporez votre cachoux & votre fleur d'orange avec la pâte dans un mortier, & la mettez en consistence maniable ; faites de cette pâte des pastilles de la figure d'un grain d'épine-vinette, & les faites bien sécher à l'étuve.

PASTILLE de safran. Prenez une demie once de safran ; faites-le sécher, & le broyez à sec sur un marbre, pour le mettre en poudre très-fine ; prenez deux livres de pâte de pastillage ; incorporez-y votre safran ; maniez tellement votre pâte, pour que le safran se communique par-tout ; formez de cette pâte, des pastilles de la figure d'un grain de bled.

PASTILLE de parfait-amour. Prenez une livre de pâte de pastillage ; mettez-y de l'essence de cédra à votre goût ; mêlez dans cette pâte du carmin pour lui donner une couleur de rose ; formez-en des abaisses minces, & les découpez avec un découpoir de la figure d'un cœur.

PASTILLE de caffé. Prenez une demi-livre de bon caffé torréfié, & passé au tambour ; incorporez votre caffé avec deux livres de pâte de pastillage ; formez avec cette pâte, des pastilles de la figure d'un grain de caffé.

PASTILLE de violettes. Prenez une once de racine d'Iris de Florence, que vous aurez passé au tambour ; incorporez-la avec une livre & demie de pâte de pastillage dans un mortier ; broyez bien sur un marbre un peu d'indigo avec du jus de citron ; mettez-le dans votre pâte pour lui donner de la couleur ; maniez bien le tout ensemble, pour que la couleur se trouve égale ; formez des abaisses avec votre pâte, & lui donnez telle figure qu'il vous plaira.

PASTILLE de chocolat se fait de même que le caffé ; donnez une autre figure à la pâte.

PASTILLE de fleur d'orange. Prenez une demie livre de fleur d'orange pralinée bien seche ; pilez-la bien, & la passez au tambour ; incorporez-la avec trois livres de pâte de pastillage ; formez-en des abaisses, & donnez aux pastilles, telle figure qu'il vous plaira.

PASTILLE de cédra, de bergamotte, d'orange, d'ambre, de canelle, de girofle, &a. Pour faire toutes ces pastilles, il faut avoir des essences, & en mettre ce qu'il en faut pour donner le goût à votre pâte. Alors, formez-en des abaisses ; découpez-les avec des découpoirs, ou donnez-leur telle figure qu'il vous plaira, comme au girofle ; imitez la figure du cloux.

Lorsque vous aurez de toutes ces pastilles, il faut les servir dans des très-petites caisses de papier que vous ferez exprès, soit sur des assiettes, ou sur votre fruit : les pastilles sont comprises dans les garnitures des fruits.

PASTE, n'est autre chose qu'une marmelade que l'on tire au sec, & que l'on met dans des petits moules de fer-blanc pour leur en donner la figure : elles servent de garnitures dans les fruits.

Pour les faire, il faut avant tout, ranger vos moules de distance en distance sur des feüilles de cuivre, *Voyez* Planche 1. Let. V. & de-là, dressez votre marmelade dedans les moules avec une cuillier, & les mettez tout-de-suite à l'étuve, jusqu'à ce que vous voyiez que vous puissiez lever vos moules sans corrompre vos pâtes. Alors, enlevez vos moules, & remettez vos pâtes à l'étuve jusqu'au lendemain, avec un feu toujours égal & modéré ; lorsque vous verrez que vos pâtes ne poisseront plus, & qu'elles seront revêtuës d'un petit candy, (sinon laissez-les à l'étuve,) vous pourrez les lever avec un couteau à pâte, que vous tremperez fait-à-mesure dans de l'eau chaude, & les mettrez sur des tamis, ou lorsque vos pâtes ont un fort candy, chauffez vos feüilles sur lesquelles seront vos pâtes sur un fourneau, & les enlevez avec la main, ou avec un couteau à pâte.

J'ai décris plusieurs façons de faire des marmelades, pour que l'on puisse avoir l'aisance de faire des pâtes dans toutes les saisons, quoiqu'il soit fort inutile de s'en servir lorsque l'on a les fruits en nature. C'eſt pourquoi préparez les marmelades de chaque fruit telles que je les enſeigne à l'article des marmelades, & les deſſechez de même ; alors faites cuire du ſucre clarifié à la plume, & le délayez petit-à-petit, & légérement avec votre marmelade, & à telle quantité, juſqu'à ce que vous voyiez qu'en trempant le doigt dedans, le ſerrant contre le pouce, & le portant à l'oreille en les ſeparant, vous l'entendiez faire du bruit ; alors, votre marmelade eſt bien, & vous la pouvez dreſſer dans vos moules, en obſervant tout le travail que j'ai marqué ci-deſſus.

Lorſque vous êtes obligé de vous ſervir de marmelades faites & confites, il eſt bon de mêler avec un peu de marmelade de pommes ſans ſucre, pour leur donner du corps, en les travaillant de même.

Vous pourrez de cette maniére faire des pâtes.

D'Abricots verds.	De Framboiſes.
De Ceriſes.	D'Abricots meurs.
De Groſeilles.	De Prunes.
De Poires.	De Verjus.
De Cédra, & d'autres fruits d'odeur.	D'Epines-vinettes.
De fleur d'orange.	De Coings.
De Pêches.	De Pommes.

PASTE à la Naſſau. Préparez vos moules comme ci-devant ; prenez ſix beaux coings ; ôtez-leur la peau & le cœur ; coupez-les en petits morceaux ; faites-les blanchir dans une chopine d'eau ; lorſqu'ils ſeront blanchis, mettez-y autant de pommes de reinette coupées de même ; ajoutez-y près d'une livre de ſucre en pain ; laiſſez cuire le tout enſemble, juſqu'à ce qu'il n'y ait preſque point de jus, en les remuant légérement avec une petite ſpatule ; dreſſez-les dans vos moules avec des fourchettes ; ſitôt qu'elles ſeront toutes dreſſées ; levez les moules, & mettez vos pâtes à l'étuve. Si vous les voulez rougir, mettez-y de la cochenille préparée : ces ſortes de pâtes peuvent ſervir au bout de quatre heures, en les mettant deſſus des cartes comme les clarequets.

PASTE à l'Italienne. Faites des moules avec de bon papier,

ronds, & de la grandeur d'un petit écu ; vous les formerez fur un
calibre de bois que vous aurez fait faire exprès ; alors faites une marmelade d'une douzaine de pommes, que vous defsecherez bien, &
rougirez avec de la cochenille préparée ; vous y mettrez du fucre
cuit à la plume, comme aux autres pâtes, & quelque peu de plus,
pour les rendre bien liquides.

Alors, verfez-la dans vos moules de l'épaiffeur de trois écus de
fix francs ; mettez-les tout-de-fuite à l'étuve ; lorfque vous verrez
qu'elles feront candies, ou croutées deffus, mettez-les fans-deffus-
deffous, & les laiffez ainfi à l'étuve, jufqu'à ce qu'elles vous paroiffent croutées par-tout. Pour les lever, trempez vos moules dans de
l'eau boüillante ; mettez-les fur une table, & un moment après vous
pourrez ôter le papier facilement ; rangez vos pâtes fur des tamis,
& les remettez un moment à l'étuve. Toutes les pâtes font comprifes
dans les garnitures des fruits : toutes les pâtes qui n'ont plus d'œil,
quoique toujous bonnes, fe mettent au candy. *Voyez* CANDY.

PASTE au fucre en poudre, ou groffe pâte. Prenez telle
efpèce de fruit qu'il vous plaira ; faites-en de la marmelade, & la
deffechez bien ; prenez alors une livre de fucre en poudre fur une
livre de fruit ; délayez-le dans votre marmelade ; laiffez-la fremir
un moment, & la mettez dans des grands moules de fer-blanc de
la même figure que les petits, *Voyez* Planche 1. Let. X. 6. 6. 6.
mettez-les à l'étuve, & lorfque vous les verrez un peu fermes, levez
les moules ; remettez-les à l'étuve jufqu'à ce qu'elles foient bien
feches ; levez-les de vos feüilles, & les gardez dans des coffrets :
lorfque l'on veut fervir ces pâtes, on les coupe de la grandeur des
petites pâtes.

PASTE d'orgeat. Mondez quatre livres d'amandes douces,
un quarteron d'améres ; pilez-les bien en confiftence de pâte fine
avec de l'eau de fleur d'orange, & une livre des quatre femences
froides ; mettez-y huit livres de fucre en poudre ; battez-bien le tout
enfemble dans le mortier pendant une heure, & la ferrez dans des
pots. Lorfque vous voudrez vous en fervir, délayez cette pâte avec
de l'eau fraiche ; paffez le tout par une étamine, & votre orgeat
fera fait.

PASTE, se dit des massepains, du pastillage, du biscuit de toutes façons, & de toutes autres choses d'Office, où il y entre de la farine.

PASTE' d'hermite. On apelle pâté d'hermite une figue seche, dans laquelle on a mis une amande douce ; on aplatit pour-lors cette figue, & on la coupe en deux ; on met ces morceaux au caramel comme les marrons : on n'en fait ordinairement qu'en Carême, cela sert de garniture.

PAVIE, est une espèce de pêche qui ne quitte point le noyau. (a) Le nom de pavie, dans la plûpart des Provinces, est le terme général qui signifie, tant les pavies qui ne quittent pas le noyau, que les pêches qui le quittent ; l'un & l'autre sont connus par leur grosseur, couleur, figure, goût, chair, eau, peau, noyau, &c. L'arbre qui les produit se nomme Pêcher.

On le confit de même que les pêches, & on l'employe de même dans toutes les maniéres du travail de la pêche. On en met à l'ambre, en mettant un peu d'ambre dans un petit sachet, & que l'on met dans le sirop pour leur en donner le goût : lorsque le pavie est bien meur, on le sert cru.

PEAU des fruits, c'est la superficie qui envelope la chair des fruits ; les uns l'ont plus douce, les autres l'ont plus rude ; les uns l'ont lisse & rase comme les cerises, les prunes, les pêches violettes, les brugnons, & les autres l'ont un peu veluë comme toutes les autres pêches & les coings ; les uns l'ont plus moëlleuse & douce au toucher, comme les pêches meures ; les autres l'ont plus ferme, comme les pêches qui ne sont pas encore meures, & les pavies, &c.

PESCHE, est un fruit qui a un goût délicieux ; il est charnu, & contient un suc vineux fort agréable au goût. Il renferme un noyau composé de deux tables, qui sont creuses en dehors, & des fosses assez profondes. Il croît sur un arbre assez petit, dont les feüill

(a) La Quint. tom. I. Part. I. pag. 41.

176

PES

les & les fleurs reffemblent à l'Amandier, à la réferve que les fleurs du Pêcher font rouges ; fon bois eft léger & fragile, & fa racine peu profonde : cet arbre eft cultivé dans les jardins.

Il y a des pêches de plufieurs efpèces, & qui ne viennent que par l'artifice des Jardiniers, & de l'induftrie de les enter, comme

La Pêche admirable.	La Pêche perfique.
La Pêche mignone.	La Pêche violette.
La Pêche chévreufe.	La Pêche d'Italie.
La Pêche nivette.	La Pêche roffane.
La Pêche pourprée.	La Pêche Madelaine.

Le mérite & les bonnes qualités des Pêches.

Le mérite des pêches confifte aux bonnes qualités qu'elles doivent avoir.

La premiére, eft d'avoir la chair fi peu que rien ferme, cependant fine, ce qui doit paroître quand on leur ôte la peau, laquelle doit être fine, luifante & jaunâtre, fans aucun endroit de verd, & doit fe déprendre fort aifément, fans quoi la pêche n'eft pas meure : ce mérite paroît encore quand on coupe la pêche avec le couteau, qui eft ce me femble, la premiére chofe à faire à qui la veut agréablement manger, & pour-lors on voit tout le long de la taille du couteau comme une infinité de petites fources, qui font les plus agréables du monde à voir. Ceux qui ouvrent autrement les pêches, perdent fouvent la moitié de ce jus, qui les fait eftimer de tout le monde.

La feconde qualité de la pêche, eft que cette chair fonde dès qu'elle eft dans la bouche : & en effet, la chair des pêches n'eft proprement qu'une eau congelée qui fe reduit en eau liquide pour peu qu'elle foit preffée fous la dent, ou d'autre chofe.

Troifiémement, il faut que cette eau en fondant fe trouve douce & fucrée, que le goût en foit relevé & vineux, & même en quelques-unes, mufqué. Il faut que le noyau foit fort petit, & que les pêches qui ne font pas liffes, ne foient que médiocrement veluës; le duvet eft une marque affez certaine du peu de bonté de la pêche:

ce duvet tombe prefque tout-à-fait aux bonnes , & particuliérement à celles qui font venuës en plein air.

Je compterois enfin pour une des principales qualités de la pêche d'être groffes , fi nous n'en aviôns pas de petites qui font meilleures, comme les pêches mignones , les pêches violettes , &c. Mais au moins eft-il vrai que fi les pêches , qui doivent être affez groffes , n'aprochent pas de la groffeur qui leur convient, ou qu'elles la paffent de beaucoup, elles font conftamment mauvaifes.

Il n'y a véritablement , comme j'ai dit ci-deffus, que les pêches de plein-vent qui ayent toutes ces bonnes qualités au fouverain degré , avec un je ne fçais quoi de relevé, qu'on ne fçauroit décrire ; les pêches des paliers en ont bien quelque chofe, mais elles ne l'ont pas au point que je viens de dire pour les pêches de plein-vent.

Les mauvaifes qualités des Pêches.

Elles confiftent premiérement à avoir la chair molle, & prefque en boüillie : les blanches d'Andilly font fort fujettes à ce défaut.

En fecond lieu, à avoir la chair pâteufe & féche, comme la plûpart des pêches jaunes, & la plûpart des autres pêches qu'on a trop laiffé meurir fur l'arbre.

En troifiéme lieu, à la voir groffiére comme les drufelles, & les pêches bette-raves.

En quatriéme lieu, à avoir l'eau fade & infipide, avec un goût de verd & d'amer : telles font d'ordinaire les pêches communes, autrement pêches de corbeil & de vigne.

En cinquiéme lieu, c'eft un défaut d'avoir la peau dure, & d'être quelquefois fi vineufes, qu'elles en tirent fur l'aigre.

Il ne doit pas être difficile après ces explications de juger des bonnes pêches , & parmi les bonnes de juger des meilleures ; non plus que de juger des mauvaifes, & parmi ces mauvaifes, de juger de celles qui le font le plus. Il eft certain qu'on ne trouve pas toujours parfaites toutes les pêches d'une certaine efpèce qui le devroient être, ni même toutes les pêches d'un même arbre ne font pas d'une égale bonté.

Z

J'ai déja dit que c'est un grand defaut à la pêche d'être ou trop groffe, ou trop petite ; c'en est un d'être trop meure, ou trop peu.

Les pêches, pour avoir leur juste maturité, doivent tenir si peu que rien à la queuë ; celles qui y tiennent trop, & qui quelquefois emporte la queuë avec elles, ne font pas affez meures ; celles qui y tiennent trop peu, ou point du tout, & qui peut-être étoient déja détachées d'elles-mêmes, & tombées à terre, font trop meures, elles font paffées ; il n'y a que les pêches liffes, tous les brugnons, & tous les pavies, qui ne fauroient prefque avoir trop de maturité ; ainfi à leur égard, ce n'est pas un defaut d'être tombés d'eux-mêmes.

L'Admirable. Elle a prefque toutes les bonnes qualités qu'on peut fouhaiter, & n'en a point de mauvaifes. Elle est une des plus groffes & des plus rondes ; elle a le coloris beau, la chair ferme, fine & bien fondante, l'eau douce & fucrée, le goût vineux & relevé ; elle a le noyau petit, & n'est point fujette à être pâteufe : elle meurit à la mi-Septembre.

La *Mignone*, est une des plus belles pêches que l'on puiffe voir ; elle est affez groffe, très-rouge & ronde ; elle meurit des premiéres de la faifon ; elle a la chair fine, & bien fondante, & le noyau très-petit ; véritablement fon goût n'est pas toujours des plus relevé, il y a quelquefois quelque chofe de fade, mais cela n'empêche pas qu'elle ne foit belle & bonne : elle meurit à la mi-Août.

La *Chevreufe*, est une pêche qui ne céde à aucune par fa groffeur & par la beauté de fon coloris : elle a une belle figure qui est un tant foit peu longuette, la chair fine & fondante ; elle abonde en eaux fucrées, & de bon goût : elle meurit au commencement de Septembre.

La *Nivette*, autrement la *Velouté*, est une très-belle & très-groffe pêche ; elle a un beau coloris en dedans & en dehors, qui rend le fruit agréable à voir ; elle a toutes les bonnes qualités intérieures, foit de la chair & de l'eau, foit du goût & du noyau : elle meurit en Octobre.

La *Pourprée*, elle marque son coloris par un de ses noms, & les qualités de son goût par l'autre ; elle est d'un rouge brun, enfoncé, dont la chair est pénétrée ; elle est ronde & assez grosse ; sa chair est assez fine, & son goût relevé : elle meurit à la mi-Septembre.

La *Persique* est d'un meilleur goût ; elle est longuette, & a toutes les bonnes qualités de la pêche ; son noyau est un peu longuet ; la chair qui lui est voisine, n'a qu'un tant soit peu de couleur : elle meurit à la mi-Septembre.

La *Violette* est d'un goût agréable & vineux, laquelle, lorsqu'elle est bien meure, se colore, & passe toutes les autres : son defaut est de ne point meurir, & de crevasser par tout quand la fin de l'Eté & de l'Automne sont trop humides ou trop froides : elle meurit en Octobre.

Celle d'*Italie*, est une espèce de persique hative, & ressemble en tout à la persique ordinaire par sa grosseur, par sa figure, qui est longuette, avec une tête au bout, par son coloris, qui est d'un bel-incarnat, un peu enfoncé, par son goût, sa bonne chair, & son noyau : celle-ci meurit à la mi-Août.

La *Rossane* ressemble en grosseur & figure à la *Mignone*, & lui est differente en couleur de peau & de chair, celle-ci l'ayant jaune ; l'une & l'autre prennent au Soleil une teinture très-forte, c'est-à-dire un rouge fort obscur : celle-ci est d'un fort bon goût, & n'a d'autre defaut que d'avoir un peu de penchant au pateu ; il faut pour en éviter le dégoût, ne l'a pas tant laisser meurir, & la cueillir au mois de Septembre.

La *Madelaine* ; il y en a de deux espèces, la blanche & la rouge ; elles sont rondes, plates, camuses, extrêmement colorées en dehors, & assez en dedans, sur-tout la rouge ; elles sont médiocrement grosses, & sujettes à devenir jumelles ; leur chair est assez fine, & assez de bon goût : l'une & l'autre meurissent à la mi-Août.

Lorsque ces pêches sont d'une bonne maturité, on les sert cruës

fur des gobelets, en mettant deſſous une petite feüille de vigne : on
en fait des compotes, des marmelades, des neiges, des fruits glacés :
on les met à l'eau-de-vie comme les abricots, en les faiſant un peu
blanchir pour leur enlever la peau. *Voyez* l'un & l'autre, & lorſqu'elles ne ſont pas tout-à-fait meures, on les confit.

Manière de les confire.

Prenez vos pêches proprement, & leur ôtez le noyau pour les
mettre par quartier ; ayez de l'eau boüillante ſur le feu ; jettez-y vos
pêches pour les blanchir ; à meſure qu'elles monteront au-deſſus de
l'eau, vous les tirerez, & les mettrez rafraichir dans de l'eau ; égoutez vos pêches ; mettez du ſucre clarifié ſur le feu ; donnez-lui un
boüillon, & y mettez vos pêches ; donnez-leur deux ou trois boüillons, & les écumez bien ; mettez-les dans une terrine, & les couvrez ; laiſſez-les ainſi juſqu'au lendemain ; égoutez-les, & faites cuire
votre ſirop à liſſé, en l'augmentant de ſucre s'il eſt beſoin ; mettez-y
votre fruit, & lui faites prendre un boüillon ; ôtez-les du feu, &
les remettez dans votre terrine juſqu'au lendemain à l'étuve : dés-
lors vous pouvez les tirer à l'étuve, & les mettre à oreille comme
les abricots.

Si vous voulez les mettre dans des pots, égoutez-les encore, &
donnez quelques boüillons de plus à votre ſirop ; mettez-y votre
fruit, & lui donnez un boüillon couvert ; écumez-le bien, &
l'empotez.

PÉPIN. *Voyez* FRUIT.

PERCE-PIERRE. *Voyez* CRISTE-MARINE.

PERLE'. Cuiſſon du ſucre. *Voyez* CUISSON.

PERLER, ſe dit des dragées. *Voyez* DRAGE'E.

PERLOIR, eſt un entonnoir de fer-blanc, dont le trou
eſt fort petit, & dans lequel on met du ſucre cuit à perlé, qu'on
laiſſe filer doucement ſur les dragées pour les perler. *Voyez* Pl. 2. L. O.

PIERRE de marbre, eſt une pierre ſur laquelle on fait des abaiſſes de paſtillage ; la pierre de marbre eſt plus commode que les planches unies, parce que par ſa fraicheur elle empêche que la pâte ne ſe gerſe.

PIERRE ſafranée, eſt une pierre friable, facile à couper comme le talc, ſe ſeparant en parties droites & fermes, de couleur ſafranée, & luiſante : on en trouve en Eſpagne, & en Boheme. Cette pierre lorſqu'elle eſt bien broyée avec de l'eau ſur un porphyre, ſert à colorer les oranges glacées, dont elle imite la couleur.

PIERREUX, eſt un terme apliqué aux fruits qui ſont pierreux.

PIGNON, eſt une eſpèce de petites amandes longuettes & à demie rondes, qui ſe trouvent dans les pommes de pin, où elles ſont formées dans pluſieurs célules ou cavités. La coque des pignons eſt ligneuſe & fort dure, mais le fruit qu'elle renferme eſt tendre, d'un goût très-doux, & aſſez agréable : ce fruit vient en Provence & dans le Levant. On employe le pignon de toute maniére, comme les amandes douces, ſoit pour du grillage, du nogat, des pralines, ou pour faire des petits macarons.

PILASTRE, eſt le nom d'un verre à tige qui ſert à ſoutenir les verres découpés : il y en a de differente hauteur. *Voyez* leur Fig. Planche 3. Let. C. H.

PIMPRENELLE, ou pimpinelle, eſt une plante qui produit de ſa racine trois ou quatre tiges menuës, garnies de quantité de petites feüilles rondes, & la plus grande partie ſort dès le bas de la tige : elle ſert de fourniture dans les ſalades.

PIQUER. Ce terme à differentes ſignifications : on dit piquer un diablotin, c'eſt d'y mettre du canelas lorſque le chocolat eſt encore mou ; piquer un abricot, c'eſt d'y mettre du bâtonage coupé également. On dit encore piquer un fruit avec la pointe d'un couteau, ou une épingle, pour empêcher que la peau ne creve lorsqu'on les fait cuire, ou pour que l'eau pénetre mieux dans sa chair.

PYRAMIDE se dit dans l'Office de plusieurs fruits de même espèce mis les uns sur les autres, comme des cerises, des prunes de toute espèce, & d'autres petits fruits, lesquels se dressent sur des drageoires.

Pyramide se dit de la canelle, & de l'angelique au candy, du chocolat en diablotins piqués de canelas, des abricots, des pêches piqués de bâtonage au candy, lorsqu'étant mis artistement les uns sur les autres, on leur donne une figure pyramidale.

Pyramide se dit encore du bâtonage que l'on met l'un sur l'autre, & que l'on cole avec de l'eau. Je joins ici plusieurs desseins de pyramides de bâtonage. *Voyez* Planche 8. C'est au chef à montrer aux Aprentifs la façon de s'y prendre, pour qu'ils puissent réussir ; en leur faisant faire du bâtonage qui soit plat, & d'autre quarré, pour qu'ils ayent plus d'aisance à former les differens contours des desseins, & de leur faire faire les morceaux d'ornemens détachés, en leur donnant pour les guider des papiers détachés, coupés suivant le dessein de la pyramide qu'ils doivent faire, & que l'on cole derriere un verre. *Voyez* Planche 8. Let. A. Cela leur donne une facilité de suivre les contours ; d'ailleurs ceux qui ont envie de faire des pyramides de bâtonage, c'est à eux de se consulter s'ils ont du dessein, de la patience & de l'adresse. Pour faire le bâtonage. *Voyez* BATONAGE.

PISTACHE, est une amande de couleur verte mêlée de rouge en dehors, verte en dedans, d'un goût doux & agréable. Les pistaches ont deux écorces ; la première est tendre de couleur verdâtre mêlée de rouge. La seconde est dure comme du bois, blanche & cassante. La pistache croît sur un arbre qui porte des feüilles faites comme celles du Terebinthe ordinaire, mais plus grandes, plus nerveuses, quelquefois arrondies par le bout, quelquefois pointuës, rangées plusieurs sur une longue côte terminée par une seule feüille ; les fruits naissent par grappe sur des pieds qui ne portent point de fleurs. On nous les aporte seches de Perse, des Indes, & des Isles : on employe les pistaches en biscuits, en conserves, en neiges, dans les

A

fromages glacés, en dragées, en pralines. *Voyez* l'un & l'autre, vous trouverez leur employe.

PISTACHE au chocolat. Ayez des pistaches bien mondées ; faites dissoudre du chocolat comme pour les diablotins ; prenez une pistache, & la couvrez de chocolat ; mettez-la dans de la nomparreille si vous le jugez à propos.

PLAFOND, utensile d'Office, est une espèce de feuille de cuivre, ronde, qui a un petit rebord. *Voyez* Planche 2. Let. L. Elle sert à differens usages.

PLATEAU, est une glace, ou un verre fondu tout uni, de la grandeur de la jatte sur laquelle vous le mettez pour monter vos verres découpés & vos gobelets. Les plateaux doivent toujours être de la grandeur des jattes : lorsqu'il y a du risque, & que l'on craint que le plateau ne se casse par la charge que l'on doit mettre dessus, il en faut faire faire de bois.

On apelle encore plateau des planches ausquelles on donne differentes figures, ausquelles on met des cadres, & que l'on fait faire exprès pour des dormans dans les grandes tables, & qui se joignent les uns avec les autres. *Voyez* Planche 10. A. A. A. coupe des dormans.

PLEIN-VENT. Fruits à plein-vent sont ceux qui naissent sur des arbres, qui s'élevent naturellement fort haut, & que l'on ne rabaisse pas.

PLEIN-SUCRE, terme d'Office. C'est une livre de sucre pour une livre de fruit : cependant ce n'est point une régle, car lorsqu'il faut confire de gros fruits comme cédra, orange, &c. il en faut davantage ; c'est pourquoi plein-sucre veut dire nager dans le sucre.

PLUME. Cuisson du sucre. *Voyez* CUISSON.

POELES, font des utenfiles d'Office. Les poëles doivent être de diverfes grandeurs, les unes plattes, les autres creufes, pour qu'elles puiffent fervir à differens ufages. *Voyez* Planche 1. Let E.

POELE branlante, eft celle dans laquelle on fait la dragée, & qui eft fufpenduë en l'air avec des cordes. La même fert fur le tonneau, comme je l'ai expliqué. *Voyez* DRAGE'E. Vous verrez fa Fig. Planche 2. Let F. H. fon foyer. I. la poële fur le tonneau. K. le tonneau.

POELON, eft une efpèce de petite poële à queuë, les uns font grands, plats, & d'autres creux ; il y en a qui ne font deftinés que pour le caramel. *Voyez* Planche 1. Let. F.

POIRE, eft un fruit connu de tout le monde, dont il y a des efpèces fort differentes, que l'on diftingue par la groffeur, par la couleur, par la figure, par l'odeur & par le nom. Ce fruit croît fur le Poirier cultivé ; il a le tronc affez gros ; fon bois eft de couleur jaunâtre ; fes feüilles font vertes, mais blanchâtres à leur extrémité inferieure ; elles font arrondies, oblongues, & fe terminent en pointes ; fa fleur eft à cinq feüilles blanches difpofée en rofe ; à cette fleur fuccede un fruit charnu, gros par un bout, & plus menu du côté où il eft attaché à la queuë.

Les poires ont differentes faifons pour être employées ou pour être mangées. C'eft pourquoi après avoir marqué les bonnes & mauvaifes qualités des poires, je ferai leurs defcriptions & les détaillerai fuivant leurs faifons.

Bonnes & mauvaifes qualités des Poires.

Il faut que les poires cruës ayent en premier lieu la chair beurée, ou tout-au-moins tendre & délicate, fucrée, de bon goût, & furtout quand il s'y rencontre un peu de parfum, telles font les poires de bergamotte, de verte-longue, de beurée, de l'echafferie, d'ambrette, de rouffelet, de virgoulée, de faint-germain, de crafane, de petit mufcat, de cuiffe-madame, &c.

En

En fecond lieu , au défaut de ces premiéres, les poires doivent avoir la chair caffante, avec une eau douce & fucrée, & quelquefois un peu parfumée, comme le bon-chrétien d'Hyver, le bon-chrétien d'Eté mufqué, le martin-fec , & même quelquefois le portail , le meffire-jean, &c.

En troifiéme lieu, celles qui ont un affez grand parfum, ne doivent point avoir leur odeur renfermée dans une chair extrêmement dure , pierreufe & pleine de mare , comme l'amadote, la groffe queuë, le citron, le gros mufqué d'Hyver, &c. Cette dureté & cette pierre font un grand défaut dans toutes fortes de poires.

Après avoir expliqué ce qui plaît dans les poires, il n'eft pas difficile de deviner ce qui y peut particuliérement déplaire, & fans doute, c'eft premiérement une chair qui, au lieu d'être ou beurée, ou tendre, ou agréablement caffante, fe trouve pâteufe comme celle de la belliffime , du beuré mufqué , du beuré blanc, de la plûpart des doyennés, &c. ou aigre comme celle de la vallée ordinaire , &c. ou dure & coriaffe comme celle de la bernardiere , &c. ou pleine de mare & de pierre comme celle du pernan mufqué, &c. ou d'un goût fauvage comme les poires de foffe, & une infinité d'autres.

A l'égard des poires à cuire, il faut les choifir groffes, ayant la chair douce & un peu ferme, & fur-tout celles qui fe gardent affez avant dans l'Hyver, comme le bon-chrétien, la colmar, &c.

Celles que l'on confit, que l'on garde avec leur firop, foit pour les tirer à l'étuve, ou pour les mettre au tirage, font les grands & petits rouffelets, & les blanquets.

Poires d'Eté des mois de Juillet & d'Août.

Les Poires d'Eté font le petit mufcat, la cuiffe-madame, le rouffelet d'Eté, la blanquette, la poire à la reine, la belliffime, le rouffelet de Rheims, la caffolette, la bergamotte, l'inconnu cheneau, la robine & la poire fans peau.

Le *Petit mufcat* , eft une des premiéres poires que l'on mange; elle eft fort petite; elle a une odeur de mufc; & le goût très-relevé: elle eft demie beurée.

A a

La *Cuiſſe-Madame* eſt longuette & menuë, rouge & jaune : elle a la chair ferme, l'eau fort douce & ſucrée : elle eſt demie beurée.

Le *Rouſſelet* d'Eté reſſemble aſſez au rouſſelet ordinaire pour la figure & pour le goût ; il eſt en maturité vers la fin de Juillet : il eſt demi beuré.

La *Blanquette* eſt plus longue que ronde ; ſa peau eſt liſſée ; elle a l'eau relevée & ſucrée, & la chair caſſante : on la confit comme le rouſſelet.

La *Poire à la Reine* a pluſieurs noms ; elle ſe nomme le muſcat-robert, & la poire d'ambre ; elle eſt plus groſſe que le petit muſcat, plus jaune, & d'un goût très-relevé : elle a la chair tendre, c'eſt-à-dire qu'elle n'eſt ni beurée ni caſſante.

La *Belliſſime* eſt une poire qui a la figure d'une groſſe figue ; ſa couleur eſt un jaune foüetté de rouge : elle a le goût très-relevé, & la chair demie beurée : il la faut cuëillir un peu verte, parce qu'elle eſt ſujette à cotonner.

Le *Rouſſelet de Rheims* eſt connu pour être une des meilleures poires qu'il y ait ; il eſt beuré & muſqué ; il vient plus gros en eſpalier qu'en plein-vent, mais il n'a pas un ſi grand goût que celui qui vient ſur les hautes tiges. Il y a encore une autre poire de rouſſelet qui eſt plus petite ; elle a un goût plus relevé, & n'eſt pas ſi ſujette à mollir ; elle ſe garde plus long-tems, & eſt excellente pour confire : la poire blanquette ſe confit de même.

Maniére de confire le Rouſſelet.

Prenez leſquelles vous voudrez de ces poires ; piquez-les à l'œil avec votre couteau ; faites-les blanchir, & empêchez que l'eau ne boüille ; lorſque vos poires ſeront un peu mollettes, rafraichiſſez-les dans une autre eau, & les parez proprement : obſervez de leur laiſſer la queuë, & les parez. Jettez-les fait-à-meſure dans de l'eau fraiche ;

égoutez-les alors, & les mettez dans un sucre clarifié, & leur donnez une vingtaine de boüillons ; laissez-les ainsi reposer jusqu'au lendemain ; égoutez-les alors, & faites cuire votre sirop à lissé ; mettez
votre fruit dedans ; donnez-lui deux ou trois boüillons. Le jour suivant vous ferez cuire votre sirop à perlé, après avoir égouté votre
fruit ; mettez-y votre fruit, & lui donnez un boüillon ; mettez-le
dans une terrine que vous couvrirez avec du papier jusqu'au lendemain ; alors vous égouterez votre fruit pour l'achever, en faisant
cuire votre sirop à soufflé ; mettez-y votre fruit, & lui donnez un
boüillon couvert ; écumez-le bien, & attendez qu'il soit un peu froid
pour l'empoter, ou tirez-le à l'étuve.

La *Cassolette* est une poire qui a la figure d'une cassolette, ce qui
lui en a fait donner le nom. Elle est verdâtre ; son eau est très-mus-
quée & sucrée ; elle a la chair tendre & cassante ; elle se garde assez
long-tems, ce qui n'est pas ordinaire aux fruits.

La *Bergamotte d'Eté* ressemble assez à la bergamotte d'Automne ;
elle a l'eau sucrée, & la chair demie beurée.

L'inconnu cheneau est une poire qui est cassante, plus longue que
ronde, qui a du rouge & du jaune, point pierreuse : son eau est
sucrée & relevée.

La *Robine* se nomme aussi la Royale d'Eté ; elle est petite, très-
musquée, & a la chair cassante.

La *Poire sans peau* est longue, elle a la peau très-fine, & c'est ce
qui lui a fait donner le nom de poire sans peau : elle est demie beurée ; son eau est sucrée, & elle mérite d'être mise au nombre des
excellentes poires d'Eté.

Poires du mois de Septembre.

Les poires du mois de Septembre sont le bon-chrétien d'Eté, le
bon-chrétien musqué, l'orange rouge, l'orange musquée, le salviati,

la verte longue, le beuré rouge, le beuré gris, la belliſſime, l'épine d'Eté, & la craſane.

Le *Bon-chrétien d'Eté* eſt connu de tout le monde ; il eſt jaune, liſſé, long, plein d'une eau ſucrée, & la chair demie caſſante. Quoiqu'il ne ſoit pas eſtimé des curieux, il a néanmoins ſon mérite lorſqu'il vient dans les terres chaudes.

Le *Bon-chrétien muſqué* eſt une poire longue, d'une groſſeur raiſonnable ; ſa peau eſt jaune, liſſée, foüettée de rouge lorſqu'on a ſoin d'ôter les feüilles qui la cachent au Soleil ; ſa chair eſt caſſante, d'un goût parfumé, & ſon eau très-ſucrée.

L'*orange rouge* eſt une poire de la couleur d'un rouge de corail ; elle a l'eau ſucrée, & la chair caſſante : il faut la cüeillir un peu verte, afin qu'elle ne ſoit point cotonneuſe.

L'*Orange muſquée* eſt une poire qui donne au commencement d'Août, & continuë pendant le mois de Septembre ; elle eſt médiocrement groſſe, plate, aſſez colorée, ayant la queuë longuette, la peau aſſez ſouvent tictée de petites marques noires, & la chair aſſez agréable, mais ayant un peu de mare.

Le *Salviati* reſſemble entiérement par ſa figure à un béſidery, mais non pas par ſa couleur. C'eſt une poire aſſez groſſe, ronde, ayant la queuë longue, aſſez menuë, un peu enfoncée ; l'œil pareillement un peu enfoncé & petit ; le coloris d'un jaune rouſſâtre, blanchâtre ; celles où il y a de grands placards roux, ont la peau aſſez rude ; les autres où le roux n'eſt pas, l'ont aſſez douce ; la chair en eſt tendre, mais peu fine ; l'eau en eſt ſucrée & parfumée, tirant au goût de robine, plûtôt qu'à celui d'orange, mais cette eau y eſt en petite quantité.

La *Verte-longue*, autrement *Moüille-bouche*, eſt une poire ancienne que tout le monde connoît, & on peut dire que des deux noms qu'elle porte, le premier fait la véritable deſcription de ſes

déhors , & que l'autre marque fa bonté intérieure ; elle eft longue
& verte , même quand elle eft meure : elle a la chair fondante , &
l'eau très-relevée.

Le *Beuré rouge* , dit d'Anjou , eft une groffe poire agréable à la
vuë, qui eft fort colorée : fon beuré eft fi fondant qu'il en porte le
nom ; il a de l'eau très-fucrée, & en abondance.

Le *Beuré gris* n'eft pas fi haut en couleur que le rouge , mais fon
beuré eft plus fin , à caufe d'un parfum qu'il a , & que le rouge n'a
pas : fa chair n'eft pas feulement beurée , mais elle eft très-fondante.

La *Belliffime* eft une poire qui eft rouge comme le vermillon ;
elle a la figure de la cuiffe-madame, & fon goût en aproche , mais
elle eft plus groffe ; elle a l'eau fucrée , & la chair caffante : pour
l'avoir dans fa parfaite bonté , il faut qu'elle fe détache de l'arbre.

L'*Epine d'Eté* , eft une poire qui reffemble affez à l'épine d'Hyver ; fa chair eft fondante , & fon eau eft très-fucrée & mufquée.

La *Crafane* eft une poire que bien des gens nomment bergamotte
crafane ; bergamotte à caufe de fa chair , & crafane à caufe de fa
figure qui paroît comme écrafée. Elle eft affez de la nature & de la
couleur du beuré , cependant elle en eft differente par fa figure
plate : elle eft à-peu-près de la forme des meffire-jean ; il y en a dé
très-groffes, de médiocres, & de fort petites ; le fond de fon coloris
eft verdâtre , jauniffant en maturité , & prefque tout chargé de rouffeurs ; la queuë eft longue , médiocrement groffe , courbée & enfoncée comme celles des pommes ; la peau en eft rude, la chair extrêmement tendre & beurée , quoiqu'elle ne foit pas toujours fort fine.

Poires du mois d'Octobre.

Les poires du mois d'Octobre font meffire-jean doré, le meffire-
jean gris , la bergamotte d'Automne, la verte-longue panachée , la
dauphine , le fucré verd , & le doyenné.

Le *Meſſire-jean doré* eſt une belle poire aſſez groſſe, de couleur dorée ; ſa figure eſt plate, & ſa peau un peu rude ; elle a la chair caſſante, & ſon eau très-ſucrée.

Le *Meſſire-jean gris* reſſemble par la figure au meſſire-jean doré, il ſe garde plus long-tems ; ſa chair eſt plus ferme, & plus caſſante.

La *Bergamotte d'Automne* eſt une groſſe poire, liſſée, plate, beurée & fondante ; & quoiqu'elle ſoit verte quand on la cüeille, elle ne laiſſe pas de devenir un peu jaune en meuriſſant ; ſon eau eſt douce & ſucrée, accompagnée d'un petit parfum : elle ſe garde juſqu'au mois de Décembre.

La *Verte-longue panachée*, eſt rayée de verd & de jaune ; ſa chair eſt fondante, & ſon eau très-ſucrée : elle a la même bonté que la verte-longue ordinaire.

La *Dauphine*, ou *Lanſac*. Sa groſſeur ordinaire eſt comme celle des bergamottes, & il n'y en a de bonnes que les petites : ſa figure eſt entre ronde & plate par la tête, & un peu allongée vers la queuë ; ſa couleur eſt d'un jaunâtre pâle ; ſon eau eſt ſucrée & un peu parfumée ; elle a la peau liſſe, ſa chair jaunâtre, tendre & fondante ; ſon œil gros & à fleur ; ſa queuë droite & longue, aſſez groſſe & charnuë.

Le *Sucré-verd*. Le nom compoſé que porte le ſucré-verd, fait en même-tems connoître & ſon eau, & ſon coloris ; ſi la poire étoit un peu plus groſſe, on la prendroit pour l'épine d'Hyver, tant elle lui reſſemble dans ſa figure ; elle a la chair fort beurée, l'eau ſucrée, le goût agréable, n'ayant guéres d'autres défauts que d'être un peu pierreuſe dans le cœur.

Le *Doyenné*, autrement *Beuré blanc d'Automne*, eſt de la groſſeur & de la figure d'un beuré gris ; il a la queuë groſſe & courte, la peau fort unie, le coloris verdâtre, jauniſſant beaucoup en meuriſſant ; ſa chair eſt fondante, & l'eau en eſt douce ;

mais d'ordinaire cette douceur eſt peu relevée, quoiqu'elle ſoit accompagnée d'un petit parfum.

Poires du mois de Novembre.

Les poires du mois de Novembre ſont la marquiſe, la berga-motte de craſane, la jalouſie, la virgoulée, l'épine d'hyver, l'ambrette, le ſaint-germain & le martin-ſec.

La *Marquiſe* eſt une groſſe poire, qui reſſemble par ſa figure à un moyen bon-chrétien d'Hyver ; elle eſt bien faite, & a la tête plate ; l'œil petit & enfoncé ; le ventre aſſez gros & allongé vers la queuë, qui eſt longue, paſſablement groſſe, courbée, & un peu enfoncée ; la peau en eſt aſſez rude ; le coloris eſt d'un fond verd, avec quelques taches de rouſſeur comme on en voit au beuré ; elle devient jaunâtre en meuriſſant ; ſa chair eſt tendre & fine, le goût agréable, l'eau aſſez abondante, & autant ſucrée qu'il eſt à ſouhaiter pour une bonne poire.

La *Bergamotte de Craſane* eſt groſſe & ronde, d'un gris verdâ-tre qui jaunit en meuriſſant ; ſa chair eſt fondante, & a l'eau ſucrée ; elle a une acreté agréable au goût, & qui lui donne une bonne qualité ; ſon ſucre eſt fin, & elle eſt très-eſtimée.

La *Jalouſie*, ou *Petit beuré d'Hyver*, eſt une poire qui eſt aſſez groſſe, un peu pointuë vers la queuë, & d'une couleur griſâtre, qui tire ſur celle du martin-ſec ; elle a beaucoup d'eau ; ſa chair eſt fondante : elle a le défaut de mollir, ſi on ne la cuëille pas un peu verte.

La *Virgoulée* eſt une poire d'une figure aſſez longue, & aſſez groſſe, ayant environ trois ou quatre pouces de haut ſur deux à trois de large ; la queuë en eſt courte, charnuë & panchée ; l'œil médiocrement grand, & un peu enfoncé ; la peau liſſe & unie, & quelquefois colorée, & qui, enfin de verte qu'elle étoit ſur l'ar-bre, jaunit à meſure qu'elle aproche de ſa maturité ; & en meutiffant devient tendre & fondante ; elle a beaucoup d'eau douce & fucrée, & le goût fin & très-relevé.

L'*Epine d'Hyver* eft une fort belle poire, qui aproche un peu plus de la figure pyramidale que de la ronde, quoique cependant elle n'ait prefque rien de menu dans fa taille , fi ce n'eft qu'elle finit fi peu que rien en pointe groffiére vers la queuë ; cette queuë eft affez courte & affez menuë, excepté l'endroit de fa fortie, où elle eft un peu charnuë, du refte la poire eft groffe par-tout, & cela d'environ deux ou trois pouces du côté de la tête ; elle a la peau fatinée, & le coloris entre verd & blanc ; elle eft tendre & beurée, ayant d'ordinaire la chair très-fine & très-délicate, le goût agréable, l'eau douce, & affaifonnée d'un petit parfum merveilleux.

L'*Ambrette* eft eftimée pour fa bonté ; elle eft ronde, & reffemble beaucoup à l'échafferie par fa groffeur qui eft médiocre, par fon coloris qui fur l'arbre eft verdâtre, tiêté, quoique l'ambrette foit d'ordinaire plus couverte, & plus rouffâtre ; fa chair eft fine, beurée & fondante ; fon eau eft fucrée, & un peu parfumée.

Le *Saint-Germain* eft une poire groffe & longue ; fon coloris eft verd & un peu tiêté, quelquefois un peu roux, & jauniffant lorfqu'elle parvient à fa maturité ; elle a la queuë courbée, affez groffe & panchée ; elle a la chair fort tendre, beurée & fondante, grand goût & beaucoup d'eau, mais cette eau a fouvent quelques pointes d'aigreur de citron qui plaît aux uns, & déplaît aux autres.

Le *Martin-fec* eft de la groffeur d'un gros rouffelet ; fon coloris eft d'un roux d'ifabelle d'un côté, & plus foncé de l'autre ; fa chair eft caffante, & affez fine ; fon eau eft fucrée, & un peu parfumée : cette poire fe met ordinairement en compote.

Poires d'Hyver.

Les poires d'Hyver font le colmar, le bezy de Caiffay, le bezy
de

de Chaffery, le bon-chrétien d'Hyver, l'angelique de Bordeaux, le petit-oin, & la double fleur.

La *Colmar* à la figure aprochant celle du bon-chrétien ; la tête en eft plate, l'œil affez grand, & fort enfoncé, le ventre un tant foit peu plus gros que la tête, s'allongeant médiocrement & fort groffiérement pour parvenir à la quëuë, qui eft courte, affez groffe & panchée ; le coloris eft verd, tiâé comme les bergamottes, & quelquefois un peu teint du côté du Soleil. Cette poire jaunit en meuriffant, ce qui arrive en Décembre & Janvier, & va quelquefois jufqu'aux mois de Février & de Mars ; la peau en eft douce & unie, la chair tendre, & l'eau fort douce & fort fucrée.

Le *Bezy de Caiffay*, autrement *Rouffette d'Anjou*, eft une petite poire de la groffeur à-peu-près d'un blanquet ; le fond du coloris eft jaunâtre, chargé par-tout de rouffeurs ; elle a la peau peu unie, la chair tendre, mais pâteufe, beaucoup de pierres ; l'eau un peu fucrée, & tirant au goût des cormes.

Le *Bezy de Chaffery* eft une poire qui eft raifonnablement groffe ; elle eft d'un rond oval, beurée & fondante ; fon eau eft fucrée & mufquée : c'eft la plus excellente poire (*a*) que nous ayons pour l'Hyver.

Le *Bon-chrétien d'Hyver* eft une poire connuë de tout le monde, pour fon efpèce & fa qualité ; fa chair eft caffante, & fon eau eft fucrée : elle dure jufqu'au Printems.

L'*Angelique de Bordeaux* eft une poire dont la figure aproche beaucoup de celle du bon-chrétien d'Hyver, mais elle eft plus plate, & moins groffe ; fa chair eft caffante ; fon eau eft auffi fucrée que celle du bon-chrétien d'Hyver : elle fe garde long-tems.

Le *Petit-oin* eft une poire qui eft à-peu-près de la groffeur &

(*a*) M. Merlet, dans fon Abregé des bons fruits.

Bb

figure des ambrettes ; son coloris eſt d'un verd clair qui eſt un
peu tiqueté, & jaunit ſi peu que rien lorſqu'elle meurit ; elle eſt
fort ronde ; l'œil eſt grand en dedans & en dehors, la queuë menuë,
médiocrement longue , un peu courbée, & point enfoncée ; la
peau un peu rude, le corps un peu raboteux, & pour ainſi dire
plein de boſſes ; la chair extrêmement fine & fondante, ſans pierre ;
l'eau très-douce, très-ſucrée, & agréablement muſquée

La *Double fleur* eſt une groſſe poire plate, qui a la queuë longue
& droite, la peau liſſe, colorée d'un côté & jaune de l'autre ; elle
a la chair moëlleuſe, & l'eau fort ſucrée.

Cette poire ſe ſert pluſieurs fois ſur des gobelets tant qu'elle
conſerve ſa beauté, mais lorſqu'elle commence à la perdre, ou à
noircir, elle vous ſert pour-lors à faire des compotes : il en eſt de
même de toutes les poires d'Hyver.

Voilà en peu la deſcription des meilleures poires qui ſont à ma
connoiſſance, quoiqu'il y en ait d'autres eſpèces dans differens climats : pour connoître leur maturité, & la manière de les conſerver
dans la fruiterie, *Voyez* MATURITE' & FRUITERIE.

Toutes les poires en général ſe mettent en compote de toute
façon, en marmelade, en neige, & fruit glacé. *Voyez* l'un & l'autre.

POIRES tapées, ou poires de Carême. Prenez des beaux
rouſſelets ou autres, que vous piquerez à l'œil avec un couteau ;
faites-les blanchir juſqu'à ce qu'elles deviennent molettes ; rafraichiſſez-les dans une autre eau, & les parez proprement ; jettez-les
fait-à-meſure dans de l'eau fraiche ; égoutez-les alors, & les mettez dans du ſucre clarifié, ſuivant la quantité que vous en aurez,
que vous ferez cuire au grand liſſé ; donnez-leur une vingtaine de
boüillons, & les laiſſez ainſi repoſer juſqu'au lendemain ; égoutez-
les alors, & les arrangez l'une contre l'autre ſur des clayons pour
les faire ſécher à un four très-moderé ; vous aurez ſoin de les tourner de tems-en-tems pour qu'elles ſéchent également ; alors, vous
les prendrez l'une après l'autre, les roulerez dans un peu de ſucre
en poudre, les aplatirez un peu entre vos mains, & les ſerrerez
tout-de-ſuite dans des coffrets.

POMME, eſt un fruit qui croît ſur le Pommier cultivé, qui eſt un arbre qui s'étend également en hauteur & en largeur ; ſon écorce eſt épaiſſe, & garnie de mouſſe blanche ou cendrée en dehors, jaune en dedans ; ſes feüilles ſont de médiocre grandeur, dentelées légérement tout-au-tour ; ſes fleurs ſont blanches, & quelques-unes incarnates. Elles ſont à cinq feüilles diſpoſées en roſe ; à ces fleurs ſuccéde ce fruit qui eſt charnu, auquel on a donné le nom de pomme, & dont il y a une grande quantité d'eſpèces differentes, ſoit par leur goût, ſoit par leur groſſeur, ſoit par leur grandeur, ſoit par leur nom.

Les pommes ſont une partie des fruits à pepin aſſez conſiderable, tant par leur bonté & leur durée, que par la commodité que l'on a d'en avoir. Parmi les pommes qui ſont bonnes à manger, ſoit cruës, ſoit cuites, il y en a ſept principales, ſçavoir, la reinette griſe, la reinette blanche, ou franche, la calville d'Automne, le fœnoüillet, la courpendu, l'api & la violette. Il y en a d'autres qui ſont moins bonnes, comme les rambours, les calvilles d'Eté, les couſinottes, les jeruſalem, les druë-permeins, les pommes de glace, les francatus, les hautes-boutés, les rouvezeaux, les chataigniers, les pommes-figues, ou pommes ſans fleurir.

Toutes les pommes ſe reſſemblent aſſez par leur figure plate & leur queuë courte, & preſque toutes par leur groſſeur, & même par leur chair caſſante, mais elles ſont toutes fort differentes par leur coloris ; il n'y en a que deux ou trois plus groſſes que les autres, ſçavoir, les rambours, les calvilles & les pommes de glace, & trois ou quatre qui ſont plus longues que plates, ſçavoir, les calvilles, les violettes, les Jeruſalem & les glacées, & celles-la ſont plus groſſes vers la queuë que vers la tête ; ainſi il faut les concevoir preſque toutes plates, ſans en faire d'autre deſcription.

Les *Reinettes* ſont diſtinguées par les deux noms de griſe & de blanche qu'elles portent, à cela près preſque auſſi bonnes les unes que les autres. La reinette blanche a la chair tendre, & n'a pas l'eau ſi relevée que la griſe, & ne dure pas ſi long-tems. La reinette griſe a la chair plus ferme que la blanche ; elle a l'eau plus ſucrée & plus relevée, & dure plus long-tems. On s'en ſert utile-

B b ij

ment toute l'année ; elles ont devant le mois de Janvier une petite
pointe d'aigreur qui déplaît à de certaines gens ; mais dès qu'elles
commencent à la perdre entiérement , elles se chargent d'une
odeur qui déplaît encore davantage ; qui est l'odeur de la paille
sur laquelle on les a mises pour meurir.

Les *Calvilles* d'Eté & d'Automne se ressemblent assez par leur
figure longue , & par leur coloris, qui est un rouge de sang ; cependant la calville d'Eté est un peu plus plate, étant aussi moins
colorée en dehors , & nullement en dedans , au lieu que celles
d'Automne le sont beaucoup ; celles-ci sont les meilleures, & ont
toujours la chair plus tendre que celle des autres ; on en conserve
assez souvent depuis le mois d'Octobre qu'elles commencent, jusqu'en Janvier & Février. Il y en a de deux sortes, sçavoir la blanche & la rouge ; elles sont toutes les deux d'une chair fort tendre,
& d'une peau très-délicate & unie ; la calville blanche est plus
estimée que la rouge par son goût relevé ; elle est à côte de melon ;
elle prend une petite couleur vermeille du côté qu'elle a été exposée au Soleil.

Le *Fanouillet* , ou pomme d'anis , est d'une couleur qu'on ne
sauroit bien expliquer ; il est gris, roussâtre par-tout, tirant à la
couleur de ventre de biche , ne prenant guéres jamais aucune couleur vive ; il ne vient pas fort gros , & paroît aprocher de la
figure longuette : la chair est très-fine, & l'eau fort sucrée, avec
un petit parfum de ces plantes dont il porte le nom ; la pomme
commence d'être bonne depuis le commencement de Décembre ;
elle se garde jusqu'en Février & Mars : cette pomme est très-jolie,
& le seroit encore davantage si elle ne se fanoit point.

Le *Courpendu* est tout-à-fait de figure de pomme , & d'une grosseur raisonnable ; il est gris-roussâtre d'un côté , & assez chargé
de vermillon de l'autre ; la chair en est très-fine, & l'eau très-
douce & fort agréable ; elle dure jusqu'en Mars , mais il ne lui
faut pas donner le tems de devenir trop ridée, parce que dans ce
tems-là elle devient insipide.

L'*Api* est une pomme assez connuë de tout le monde par la couleur qu'elle a extraordinairement vive & perçante ; elle commence à être bonne du moment qu'elle n'a plus rien de verd, ni auprès de la queuë, ni auprès de l'œil, ce qui arrive assez souvent dès le mois de Décembre. Parmi les autres pommes, il n'y en a point qui ait la peau si fine, & si délicate que celle-ci : elle dure depuis le mois de Décembre jusqu'en Mars & Avril.

La *Violette* a le fond du coloris blanchâtre, un peu tiétée aux endroits où le Soleil n'a pas donné, mais chargée ou plûtôt rayée & foüettée d'une assez belle couleur de rouge enfoncé aux endroits qui sont en vuë ; la couleur de la chair est fort blanche, la chair en est fort fine & délicate, l'eau extrêmement douce & sucrée : on commence d'en manger dès qu'on la cuëille jusqu'à Noël, & ne passe pas outre.

Le *Rambour* est une belle & grosse pomme ; elle est verte d'un côté, foüettée de rouge de l'autre ; il y en a de toutes blanches, & d'autres plus rouges ; elles ne sont bonnes proprement que pour être mangées en compote : elles commencent dès le mois d'Août, & durent très-peu.

Les *Cousinottes* sont une espèce de calville, qui se gardent jusqu'en Février : elles ont l'eau fort aigre, & la queuë longue & menuë.

Les *Jerusalèm* sont presque rondes par-tout ; elles ont la chair ferme & de peu de goût, quoiqu'assez sucrées, n'ayant rien de la mauvaise odeur qui suit la plûpart des pommes : elles se gardent long-tems.

Les *Druë-permeins d'Angleterre* sont de la couleur des jerusalem, mais elles sont plus plates, plus douces & plus sucrées. Les Anglois en font plus de cas que de la plûpart de nos pommes de France : ils font encore grande estime d'une autre qu'ils nomment *Guolden peppius*, qui a tout-à-fait l'air d'une pomme de paradis, ou de quelqu'autre pomme sauvage : elle est fort jaune & ronde ; elle a peu d'eau, cependant assez relevée.

POM PON

Les *Pommes de glace* font ainſi nommées, parce qu'en meuriſſant il ſemble qu'elles deviennent comme tranſparentes, ſans
cependant l'être ; elles ſont tout-à-fait verdâtres & blanchâtres ;
leur chair eſt très-ferme, & leur eau très-ſucrée.

Les *Francatus* ſont rouges d'un côté, & jaunâtres de l'autre ;
elles ſe conſervent long-tems, c'eſt ce qui en fait le principal mérite.

Les *Hautes-boutés* ſont blanches, cornuës & longuettes, &
durent long-tems ; elles ont la chair aſſez douce, avec ſi peu
que rien d'aigrelet.

Les *Rouvezeaux* ſont blanchâtres & colorées.

Les *Chataigniers*, qu'on apelle martrange en Anjou, ſont blanches, rouſſes, avec un coloris aſſez ſale & obſcur.

La *Pomme ſans fleurir* eſt verte, & ſort de l'arbre tout de même que les figues ſortent du Figuier ; elles ſe gardent long-tems :
on la nomme quelquefois pomme-figue.

Voilà à-peu-près toutes les pommes que je connois, après en
avoir fait une éxacte recherche ; & comme il y a très-peu de différence de bonté parmi elles, je donnerois toujours la préférence
aux ſept premiéres que j'ai marqué ci-deſſus.

Les Pommes s'employent en compotes de toutes eſpèces, en gelée,
en marmelades & fruits glacés. *Voyez* l'un & l'autre. Pour connoître leur maturité, & la maniére de les conſerver, *Voyez* MA-
TURITÉ & FRUITERIE.

PONCHE, eſt le nom d'une boiſſon angloiſe.

Maniére de le faire.

Prenez du meilleur vin que vous pourrez trouver ; mettez-en
deux bouteilles dans une terrine avec quelques zeſtes de citron ;
exprimez-y le jus de dix ; ajoutez-y un peu de canelle, un peu de

girofle & une pinte d'eau ; mettez-y du fucre à votre goût, avec
une demie bouteille de crême des Barbades, ou du Rack (*a*) fi
vous l'avez ; faites griller une croute de pain fur laquelle vous raperez un peu de mufcade; fecoüez votre pain, & le mettez dedans;
laiffez ainfi le tout un moment, & le paffez par une étamine ;
fervez-le dans des feaux de porcelaine, ou dans des bouteilles.

PORCELAINE. On donne le nom de porcelaine à tous
les meubles d'Office qui en font faits, comme aux jattes, aux faladiers, aux compotiers & aux affiettes.

POSER, fe dit des fleurs : c'eft de les attacher fur les fervices avec de la cire verte, & de les mettre avec grace.

POUDRETTE, eft un morceau d'étamine dans lequel
on met du fucre ou de l'amidon, fuivant l'ufage que l'on veut en
faire, & que l'on lie par le haut avec une fifelle pour qu'elle ne
s'ouvre point. Elle fert à poudrer de fucre les fruits que l'on tire
à l'étuve, ou à poudrer les moules dans lefquels on imprime du
paftillage.

POURPIER, eft une plante qui pouffe des tiges à la
hauteur d'environ un pied, groffes, rondes, droites, tendres,
fucculentes, liffes, rougeâtres, luifantes, fe divifant en quelques
rameaux, portant fes feüilles rangées alternativement, oblongues,
affez larges, graffes, charnuës, polies, de couleur blanchâtre ou
jaunâtre, d'un goût vifqueux, & tirant un peu fur l'acide : le
pourpier eft employé dans les fournitures des falades.

POUSSER, terme d'Office, fe dit d'une confiture lorfqu'elle vient en écume par-deffus. Ce terme s'aplique encore à un
fourneau qui eft bien allumé, & qui donne beaucoup de chaleur.
Pour remédier aux confitures qui pouffent. *Voyez* CONFITURE.

_____

(*a*) Le Rack eft une liqueur forte compofée avec des Cannes à fucre, que les Anglois tirent
des Indes. M. *Dampiere. Anglois, dans fon voyage autour du Monde.* tom. 2. pag. 58.

PRALINER. C'eſt conſerver des fleurs, ôter l'humidité à des amandes, à des piſtaches, à des pignons, &c. En les paſſant au ſucre, pour que l'on puiſſe s'en ſervir à differens uſages. On praline ordinairement de deux façons, c'eſt-à-dire en blanc & en rouge.

Maniére de praliner en blanc.

Faites cuire du ſucre à la plume, & y mettez votre fruit, ſoit amandes, piſtaches ou pignons, &c. Conduiſez ainſi votre ſucre à caſſé ; alors, tirez-le du feu, & le travaillez avec une ſpatule juſqu'à ce que votre ſucre devienne en poudre ; jettez le tout ſur un tamis pour ôter le ſurplus du ſucre ; alors, ſervez-vous de vos amandes, piſtaches ou pignons, &c. pour l'uſage auquel vous les aurez deſtiné.

Maniére de praliner en rouge.

Prenez une livre de ſucre pour une livre d'amandes ou autres ; faites-le fondre avec un peu d'eau ; jettez-y vos amandes, que vous aurez bien treyées & bien frottées dans un linge propre pour en ôter la pouſſiére ; faites-les boüillir juſqu'à ce le ſucre ſoit cuit à la groſſe plume, ou juſqu'à ce que les amandes petillent ; (a) ayez ſoin de les remuer de tems-en-tems, afin qu'elles ne s'attachent point à la poële ; retirez-les alors du feu, & les remuez avec une ſpatule juſqu'à ce qu'elles ayent pris tout le ſucre qu'elles pourront prendre ; remettez-les enſuite ſur un feu qui ne ſoit point apre, (c'eſt-à-dire un côté de la poële ſeulement ;) remuez-les légérement avec le reſtant du ſucre, fait-à-meſure qu'il fondera, juſqu'à ce qu'elles ſoient d'une belle couleur ; mettez-les alors dans une boëte, & les mettez à l'étuve.

Maniére de praliner les fleurs.

Mettez du ſucre dans une poële ; cuiſez-le à la groſſe plume ; jettez-y vos fleurs ; laiſſez-les cuire, & revenir votre ſucre à mê-

(a) Il y a de certains Officiers qui y mettent de la cochenille préparée, pour rendre les pralines de couleur d'écarlate.

me

me cuiſſon. Alors, ôtez-les du feu, & les travaillez avec une ſpatule juſqu'à ce que votre ſucre devienne en poudre ; jettez alors
vos fleurs ſur un tamis pour ôter le ſurplus du ſucre ; mettez vos
fleurs pendant la nuit dans une étuve pour les achever de ſécher,
& de-là, ſerrez-les dans des coffrets, & les gardez en lieux ſecs.

PRALINES, ſe dit des amandes, pignons, avelines,
piſtaches, des tailladins de fruit d'odeur, des fleurs, &c. que l'on
a pralinés de la maniére que j'ai marqué ci-deſſus.

PRE'COCE. On apelle précoce tous les fruits qui ſont
hatives, comme les ceriſes, les fraiſes, les framboiſes, &c.

PRENDRE, ou faire prendre, ſe dit des liqueurs pour les
neiges, ou fruits glacés. C'eſt lorſqu'elles ſont miſes à la glace dans
des ſarbotiéres, que l'on tourne & remuë pour les faire prendre
en neige.

PRENDRE SUCRE, ſe dit des fruits que l'on a mis
dans le ſucre pour les confire. On dit ordinairement : ces fruits
n'ont point encore aſſez pris de ſucre, ou ils en ont pris aſſez.

PRE'PARER, ſe dit de toutes choſes que l'on diſpoſe
pour être employées.

PROVISION, ſe dit de toutes les confitures en géné-
ral, que l'on fait pendant la ſaiſon des fruits, pour employer pendant l'Hyver.

PRUNE. La prune croît ſur un arbre médiocre, ayant les
feüilles ovales & dentelées ; ſon fruit eſt auſſi oval, charnu, ayant
un noyau longuet & dure en dedans : l'arbre & le fruit ſont aſſez
connus. La prune eſt un très-bon fruit, que l'on ſert de differentes
maniéres.
On les ſert cruës, en pyramides ſur des drageoires que l'on poſe
ſur des gobelets ; on les confit ; on en fait des compotes, des mar-

melades, des pâtes, des neiges & fruits glacés. *Voyez* l'un &
l'autre.

Après avoir détaillé les bonnes & mauvaises qualités des prunes,
je ferai la description de celles que l'on estime le plus, avec la
maniére de les confire ; toutes les prunes sont bonnes à confire,
mais il faut les prendre avant leur maturité.

Bonnes qualités des Prunes.

Les bonnes qualités des prunes sont d'avoir la chair fine, tendre & bien fondante, l'eau fort douce & fort sucrée, le goût relevé, & en quelques-unes parfumées.

La bonne prune est le seul fruit qui, pour être mangé cru, n'a
que faire de sucre, comme les perdrigons, les saintes-catherines,
les prunes d'abricots, les imperatrices, les reines-claudes, les mirabelles, &c.

Mauvaises qualités des Prunes.

Les mauvaises qualités des prunes sont d'avoir la peau dure,
mais il n'y a point de prune, telle qu'elle soit, qui n'ait ce défaut,
il ne s'y faut pas arrêter ; mais les principaux défauts des prunes,
sont qu'elles ayent la chair coriasse, farineuse, pâteuse, véreuse
& aigre.

Les qualités indifferentes des prunes regardent la figure, la grosseur, la couleur, la raye, &c. & même d'être attachées au noyau,
est une qualité indifferente, quoique d'ailleurs la prune soit bonne.

Le *Gros Damas* de Tours, est une bonne prune qui quitte le
noyau ; elle a la chair jaunâtre, & son eau fort sucrée ; sa figure
est longuette, sa couleur est violette tirant au noir.

La prune *de Monsieur*, est grosse, ronde, violette ; elle quitte
le noyau, & n'est pas d'un goût fort relevé, mais elle ne laisse pas
que d'avoir son mérite.

Le *Damas rouge* est une prune qui quitte le noyau, & qui a l'eau
fort sucrée ; sa figure est ronde.

Le *Damas blanc* quitte le noyau, & est fort relevé ; sa figure est ronde, & sa couleur tire sur le jaune pâle.

Le *Damas violet* quitte le noyau ; sa chair est fondante, & son eau fort sucrée ; sa figure est longuette.

La *Mirabelle* est une petite prune qui est de couleur d'ambre quand elle est meure ; sa figure est ovale, sa chair fine & fondante, son eau très-sucrée, elle quitte le noyau ; il y en a de deux sortes, la grosse & la petite : elles sont toutes les deux d'une égale bonté.

Manière de la confire.

Prenez de grosses mirabelles qui ne soient pas bien meures ; ôtez-leur le noyau, ou piquez-les avec une épingle ; jettez-les fait-à-mesure dans de l'eau fraiche ; ayez une poële d'eau boüillante sur le feu, dans laquelle vous mettrez un peu d'alun en poudre ; (*a*) mettez-y vos mirabelles, & lorsque vous verrez qu'elles monteront sur l'eau, vous les prendrez fait-à-mesure avec une écumoire, & les jetterez dans de l'eau fraiche pour les rafraichir ; vous les égouterez alors, & les mettrez dans du sucre clarifié qui sera plus que tiéde, que vous aurez mis auparavant dans une terrine ; vous la couvrirez d'une feüille de papier, & les laisserez ainsi reposer jusqu'au lendemain dans une étuve ; alors, vous les égouterez, & donnerez une vingtaine de boüillons à votre sirop, & le retirerez du feu ; vous attendrez que votre sirop soit tiéde pour le remettre sur vos mirabelles ; vous les couvrirez encore de même, & les laisserez reposer jusqu'au lendemain ; vous les mettrez alors dans une poële avec leur sirop, & les ferez fremir pendant un demi quart-d'heure ; vous les remettrez encore dans votre terrine jusqu'au lendemain ; alors vous les égouterez, & ferez cuire votre sirop au grand perlé ; vous y mettrez vos mirabelles, & leur donnerez quatre boüillons couverts ; vous les écumerez bien, & les empoterez.

(*a*) L'alun de glace en poudre mis de cette manière, empêche que les mirabelles se noircillent.

On peut les mettre à oreille comme les cerises quand on leur a
ôté le noyau. *Voyez* CERISES. Les tirer à l'étuve. *Voyez* TIRER
A L'ETUVE. On les met encore à l'eau-de-vie. *Voyez* EAU-DE-VIE.

Le *Damas d'Italie*, est une prune presque ronde, & d'un violet
brun ; elle est beaucoup fleurie lorsqu'on la cueille ; elle a la chair
très-ferme, son eau très-sucrée : elle quitte le noyau.

La *Reine-Claude* est une prune verdâtre, semblable au damas
blanc ; elle est ronde, un peu plate ; elle a la chair ferme &
épaisse, son eau est très-sucrée ; elle s'ouvre facilement lorsqu'elle
est bien meure : cette prune est fort belle, & fort bonne étant
confite.

Maniére de la confire.

Prenez des reines-claudes avant qu'elles soient bien meures ; piquez-les avec une épingle ; jettez-les fait-à-mesure dans de l'eau
fraiche ; égoutez-les, & les mettez dans de l'eau boüillante que
vous aurez sur le feu ; faites-y blanchir vos fruits, & empêchez
que l'eau ne boüille, & qu'elle ne fasse que fremir ; lorsqu'elles
feront un peu mollettes, ôtez-les du feu, & les laissez refroidir
dans leur même eau jusqu'au lendemain ; vous les ferez reverdir
dans la même eau, en les mettant sur un feu bien doux, & prenant garde sur-tout que votre eau ne fasse que fremir ; lorsque
vous les trouverez assez mollettes, vous les mettrez fait-à-mesure
dans de l'eau fraiche ; lorsqu'elles feront bien rafraichies, vous les
égouterez, & les mettrez dans du sucre clarifié qui fera tiéde ;
vous les laisserez reposer jusqu'au lendemain. Alors, vous égouterez vos fruits, & donnerez une vingtaine de boüillons à votre
sirop, que vous remettrez sur vos fruits lorsqu'il fera tiéde, & les
laisserez ainsi pendant vingt-quatre heures ; alors, vous égouterez
vos fruits, & ferez cuire votre sirop à lissé ; attendez qu'il soit
tiéde pour le mettre sur vos fruits. Le lendemain vous les égouterez encore, & ferez cuire votre sirop au grand perlé ; vous-y mettrez vos reines-claudes, & leur donnerez quatre boüillons couverts ;
vous les écumerez très-soigneusement, & les empoterez ; vous

pourrez tout-de-fuite les tirer à l'étuve. *Voyez* TIRER A L'E'TUVE.

La *Diaprée*. On l'apelle *Kwatche* dans ces païs-ci. Cette prune est oblongue, violette & très-fleurie ; elle quitte le noyau ; son goût est relevé, l'eau en est douce & sucrée ; elle est sujette à devenir véreuse. On n'en fait ordinairement que des compotes, des marmelades & des pruneaux.

L'*Ile-verte*, est une prune qui est longue & menuë ; son eau est douce & sucrée ; elle quitte le noyau, & elle est très-belle en confitures : pour la confire, il la faut prendre avant qu'elle soit tout-à-fait meure : elle se confit de même que la reine-claude.

La *Royale* est grosse & ronde ; son rouge est clair ; elle est bien fleurie ; elle a un goût fort relevé, qui ne cede en rien à celui du *Perdrigon* : elle quitte le noyau.

La *Sainte-Catherine* est une prune qui a la chair fine & fort sucrée ; elle est longuette, assez grosse ; sa couleur est d'un blanc jaunâtre, elle quitte le noyau ; pour la manger bonne, il faut qu'elle soit un peu ridée proche la queuë : elle fait de très-bons pruneaux.

Le *Drap-d'or*, est une espèce de damas ; il n'est pas bien gros ; sa peau est d'un jaune marqueté de rouge : il est d'un goût très-fin, & sucré.

Le *Perdrigon violet* est une prune assez grosse, longue & bien fleurie sur la peau, d'une certaine blancheur pâle, qui tâche de découvrir son coloris violet, tirant sur le rouge ; elle a la chair très-fine, l'eau sucrée, & le goût relevé.

Le *Perdrigon blanc* a presque les mêmes qualités que le violet ; il a la chair fine, tendre & bien fondante, & l'eau fort sucrée : il quitte le noyau.

L'*Abricotée* est une prune qui est blanche d'un côté, & un peu rouge de l'autre ; elle est grosse comme la sainte-catherine ; elle quitte le noyau ; son eau est très-sucrée, & son goût fort relevé ; elle se nomme prune de Tours, parce qu'elle y croît abondamment.

L'*Impériale*, est une espèce de perdrigon violet, & fort tardive ; elle a la chair fine, tendre & bien fondante ; l'eau en est douce & sucrée ; elle a le goût très-relevé.

La *Dauphine* est verdâtre & ronde, d'une bonne grosseur ; elle est très-sucrée, & très-excellente, mais elle ne quitte point le noyau.

Manière de conserver les Prunes bien fleuries.

Lorsque vous cüeillerez vos prunes, mettez-les dans une corbeille avec des feüilles d'orties par-dessous & dessus ; gardez-les dans votre fruiterie, pour que les prunes se rafraichissent ; elles seront d'un meilleur goût que celles que l'on cüeille sur le champ.

PRUNEAUX, sont des prunes que l'on fait sécher dans un four d'une chaleur modérée, ou au Soleil ; pour cela faire, on les étend sur des clayons. On en fait des compotes en Carême ; on les fait revenir en les jettant dans l'eau boüillante ; pour-lors, on les y laisse pendant une heure, & on les égoute pour les mettre en compote ; on les met dans du vin de Bourgogne, ou de l'eau, (suivant le goût de ceux à qui on doit les servir) avec du sucre, & un peu de canelle, & on les laisse cuire tout doucement.

PUIT, est un ouvrage d'Office, qui se fait avec des citrons, ou des oranges que l'on vuide, & que l'on emplit de neige d'orange, ou de citron.

Manière de les faire.

Prenez de belles oranges, ou de beaux citrons ; ouvrez-les par un bout, de la grandeur qu'il y puisse entrer une cuillier ; vuidez-les proprement, & les lavez ; mettez-les égouter jusqu'à ce que vous foyez prêt à fervir ; mettez fur le morceau que vous aurez ôté une branche d'oranger ; empliffez-les de neige de citrons, ou d'oranges (fuivant l'efpèce,) & les couvrez ; fervez-les fur des petits gobelets que vous aurez colé fur un plateau, qui fera pofé fur une petite jatte ou affiette. Vous ferez vos neiges avec ce que vous fortirez du dedans de vos fruits, de la même manière comme je l'enfeigne à l'article Neige.

QUA QUI

QUATRE-MENDIANS, font des avelines, des amandes en coque, des figues, & des raifins féches. On les tire de Provence, ou d'Italie : on fert fur des affiettes les quatre efpéces à la fois, en caffant les coques des avelines & des amandes.

QUITTER, en fait de prunes & de pêches, eft un terme fort ordinaire ; car on dit : une telle prune ne quitte pas le noyau, une telle le quitte ; les pêches quittent le noyau, les brugnons & les pavies ne le quittent pas, c'eft-à-dire, que quand le noyau fe détache net de la chair du fruit, cela s'apelle quitter, & quand il ne s'en peut détacher, cela s'apelle ne pas quitter.

RAC RAF

RACORNIR, terme d'Office, qui fe dit des fruits & des fleurs que l'on confit, qui fe rident & durciffent dans le fucre ; ce défaut provient de ce que l'on ne les a pas bien blanchis, ou mis dans un fucre trop chaud, ou que l'on les mene trop vite, n'ayant point eu pour-lors le tems de bien prendre fucre.

RAFRAICHIR, fe dit des fruits, lefquels après les avoir blanchis, on met dans de l'eau fraiche pour les rafraichir.

RAFRAICHIR, fe dit encore des vins, des boiffons

d'Office, comme orgeat, limonade, eau de groseilles, de fraises, &c.
que l'on met dans de l'eau, ou de la glace.

RAISIN, est une baye ronde ou ovale, qui est le fruit de la
vigne, ramassé en grapes ; elles sont vertes & aigres dans leur commencement, mais quand elles viennent à meurir, elles prennent
diverses couleurs, & renferment un suc doux & agréable : on donne
le nom de raisin à ce fruit.

Il y en a du blanc, du rouge & du noir ; on y trouve aussi quelques pepins : on cultive la vigne dans les Païs chauds, & tempérés.

On sert les raisins, lorsqu'ils sont bien meurs, sur des assiettes,
avec des feüilles de vigne, en ôtant avec des ciseaux ce qu'il y a de
mauvais dans la grape : on en fait du blanchissage, comme des cerises. Voyez BLANCHISSAGE.

Il y a quantité de raisins qui croissent dans nos climats, & qui
sont bons à manger, c'est pourquoi je décrirai les meilleurs entre
toutes les differentes espèces de raisins que la nature nous fournit.

Le *Raisin précoce*, est une espèce de morillon noir, qui prend
couleur de très-bonne heure, ce qui le fait paroître meur long-tems
devant qu'il le soit ; la peau en est fort dure, & quand il est meur
il est fort doux : on en voit d'ordinaire dès le commencement d'Août.

Le *Chasselas blanc*, est un raisin fort doux, qui fait de belles
grapes, & le grain gros & croquant : il se garde plus long-tems
qu'aucun autre raisin.

Le *Chasselas noir* est plus rare & plus curieux que le blanc, de
même que le rouge, dont les grapes sont plus grosses : ce dernier
prend peu de couleur.

Le *Muscat* se tire principalement de Frontignan en Languedoc,
d'où on nous les aporte dans des petites boëtes de sapin ; on l'apelle
muscat, parce qu'il a un goût de musc fort agréable. Pour l'employer, il faut choisir les grapes les plus grosses, & dont les grains
soient bien nourris ; il y en a de differentes espèces, des blancs, des
rouges

rouges & des noirs : on en met à l'eau-de-vie. *Voyez* EAU-DE-VIE.

On confit encore les muscats après les avoir égrenés ; travaillez-les de même que les cerises, en ajoutant dans votre sirop un peu de jus des mêmes muscats dès que vous les aurez mis au sucre.

Ils peuvent vous servir pour compotes ; on en peut faire des glaces, en y incorporant du vin muscat, si on le juge à propos.

Le *Damas*, il y en a de deux sortes, le blanc & le rouge ; la grape en est fort grosse & longue, le grain très-gros, long, ambré, & n'a qu'un pepin.

Le raisin *d'Abricot* est ainsi apellé, parce que son fruit est jaune & doré comme l'abricot ; la grape en est belle & très-grosse.

Le *Bourdelais*, est une espèce de gros raisin blanc, & longuet qui fait de très-grandes & grosses grapes ; il ne meurit presque jamais, & par conséquent il n'est propre qu'à en faire des confitures : vous le confirez de même que le verjus.

Manière de garder, & conserver le raisin.

Préparez du sable de riviere, & le faites bien sécher au grenier ; alors faites cueillir le raisin lorsque le Soleil donne dessus ; car il faut qu'il soit sec ; faites un lit de sable dans une caisse d'un pouce d'épais, & y rangez votre raisin ; coulez proprement du sable dessus, afin qu'il entre par-tout ; vous continuerez alors à les mettre de lit en lit. Lorsque votre caisse sera pleine, vous la fermerez bien, de peur qu'il n'y entre aucun air ; mettez votre caisse en lieu sec, sans la beaucoup remuer.

Il faut que le raisin ne soit pas trop meur, mais tant soit peu verd, comme de huit jours avant sa maturité : le raisin de cette manière se garde jusqu'au nouveau.

R A R E F I E R. Ce terme est apliqué au jus des fruits que l'on destine pour en faire des sirops, comme le jus de groseille, &c.

Ce qui se fait en les exposant au Soleil qui acheve leur fermenta-tion.

D d

R A V E, eſt une plante dont il y a pluſieurs eſpèces, qui pouſ-
ſent de leurs racines des feüilles grandes, oblongues, amples, ſe
repandant ſur la terre, découpées profondément, rudes au toucher,
de couleur verte brune, d'un goût d'herbe potagere ; ſa racine eſt
quelquefois blanche, rouge, ou noirâtre en dehors.

On ſert les raves pour hors-d'œuvre ; pour cet effet, on les ra-
tiſſe, on les dégarnit des plus groſſes feüilles, & on les lave proprement.

R E P O N S E, eſt une plante qui pouſſe une ou pluſieurs tiges
à la hauteur d'un pied, grêles, anguleuſes, canelées, veluës, revêtuës de feüilles étroites, pointuës, empreintes d'un ſuc laiteux.

On cultive cette plante dans les jardins, & on la cüeille étant
encore jeune & tendre, avec ſa racine pour en faire des ſalades.

R E S S U E R, eſt un terme d'Office, qui ſe dit du biſcuit, &
de tous les fours en général, leſquels après être cuits, on laiſſe refroidir ſur les mêmes feüilles ſur leſquelles on les a fait cuire, avant
que de les lever.

R E V E R D I R, ſe dit de certains fruits qui ſont naturellement
verds, qui ont perdus leur couleur lorſqu'ils ſont blanchis, comme
la reine-claude, &c. On les laiſſe ainſi refroidir dans la même eau,
& lorſque vos fruits ſont froids, vous les mettez avec la même eau
ſur un petit feu pendant quelque tems pour les reverdir : faites attention que l'eau ne boüille point, & même ne faſſe tout-au-plus
que fremir.

R I S, eſt une plante qui a la feüille comme le roſeau, & épaiſſe
comme le porreau ; ſa tige eſt fort haute, noüée & plus groſſe que
celle du froment ; l'épi qui croît à la ſommité de la tige produit ſes
grains inégalement de côté & d'autre ; ſes gouſſes ſont jaunes ; rudes,
canelées, de figure ovale ; le grain qui eſt contenu dedans eſt le ris :
on en fait de la farine pour mettre dans le paſtillage. *Voyez* FARINE.

R O C A I L L E. On apelle rocaille toutes ſortes de morceaux de conferves foufflées de differentes couleurs, que l'on arrange enfemble pour former des petits rochers, ou pour garnir des fujets d'eau.

ROSE, eft une fleur qui a plufieurs feüilles grandes, belles & odorantes ; elle croît fur le Rofier, dont les branches font dures & armées d'épines fortes ; fes feüilles font en forme de main, attachées cinq ou fept fur une même pédicule.

Les rofes dont on fe fert le plus, font les rofes de Provins ; elles fe confifent de même que la fleur d'orange, à l'exception que vous devez vous fervir de l'eau dans laquelle vous l'aurez fait blanchir, pour moüiller votre fucre : vous vous fervirez toujours de fucre royal pour la confire.

ROSSANE, eft le nom qui fe donne à toutes les pêches & pavies qui font de couleur jaune ; (*) il y en a de differentes groffeurs, & auffi de tardives, & d'autres plus hatives. Il en eft d'autres qu'on apelle mâles, & ce font des pavies ; & d'autres qu'on apelle femelles, & ce font celles qui quittent le noyau. Les Jardiniers gafcons, & la plûpart de leurs voifins, apellent du feul nom de roffane, les fruits qui font également jaunes dedans & dehors, fans aucun rouge proche du noyau, & donnent cependant le nom de mirlicoton aux groffes roffanes tardives : ils apellent pavies ce qui, quoique jaune dedans & dehors, a du rouge près le noyau : ils apellent pêches-pavies ce qui a du rouge & du jaune dedans & dehors : ils apellent perfets le fruit qui a la chair ou toute blanche, comme les pavies-madelaines, ou blanche ou rouge comme d'autres pavies, de quelle maniére qu'en foit la peau, foit toute rouge, foit rouge ou blanche. Ils apellent d'un nom général brugnons, toutes les pêches qui ont la peau liffe, & donnent le nom général de pêches, fans diftinction, ni difference d'épitete, à toutes les autres pêches, au lieu que nous les apellons l'une chevreufe, l'autre bourdine, l'une pourprée, l'autre admirable, &c.

ROTIE. Ce nom eft attribué au pain que l'on coupe par

(*) La Quint. Tom. 1. pag. 81.

tranche, & que l'on fait griller fur une grille à un feu modéré, feulement pour lui faire prendre une couleur dorée, & maintenir par ce moyen, tendre l'intérieur du pain.

On s'en fert pour prendre le chocolat, ou pour manger avec du beure frais : on en met dans les falades cuites. *Voyez* SALADE.

ROTIE à l'huile. Faites griller des tranches de pain comme ci-devant ; trempez-les dans de l'huile fine pour les bien imbiber ; mettez deffus du Parmefan rapé, un peu de poivre concaffé ; preffez-y un jus de citron, & les arrofez encore d'un peu d'huile : lorfque vous les fervirez, vous les mettrez fur une autre affiette.

ROULEAU, eft un morceau de buis, ou d'yvoire fait en forme de bougie, avec lequel on fait les abaiffes de paftillage : on en a encore des plus forts, qui font de bois dur, pour faire les abaiffes de maffepain.

RUBAN. On apelle ruban plufieurs caramels de differentes couleurs que l'on met enfemble, & dont on forme des rubans que l'on plie comme on le juge à propos.

Maniére de les faire.

Faites cuire du fucre clarifié au caramel dans plufieurs poëfons, c'eft-à-dire dans autant que vous voudrez avoir de differentes couleurs ; ayez des feüilles de cuivre bien propres & huilées ; coulez deffus féparément de vos caramels de couleur, à la même quantité de l'un comme de l'autre ; vous les leverez féparément avec la pointe du couteau, pour en former des morceaux, jufqu'à ce qu'ils foient maniables. (*a*) Alors, vous étendrez les caramels de couleur comme des bâtons de cire d'Efpagne ; vous les joindrez enfemble, les allongerez, & les rendrez minces autant que vous voudrez.

(*a*) Ces fortes de caramel doivent être toujours agités légérement fur la feüille de cuivre avec la pointe du couteau, jufqu'à ce que vous les puiffiez manier avec les mains ; pour-lors, vous les mettez enfemble ; car il arrive très-fouvent (faute d'expérience) que ceux qui ont l'envie d'en faire, laiffent fouvent trop refroidir leur fucre, ce qui fait qu'ils ne peuvent point réuffir.

Lorſque votre ruban eſt ainſi fait, vous le préſenterez au feu pour l'amolir, & pour le mettre de la figure dont vous le voudrez avoir. Pour cuire votre ſucre *Voyez* CUISSON, & pour faire les couleurs, *Voyez* COULEUR pour le caramel.

RUBAN. Ce nom ſe donne à du pain à chanter que l'on garnit de glace royale, & que l'on coupe de la largeur d'un ruban.

Maniére de les faire.

Faites de la glace royale, *Voyez* GLACE ROYALE. Separez-la en quatre parties égales ſur des aſſiettes ; dans l'une mettez-y du ſirop de groſeille, dans l'autre du jus de citrons & un peu de rapure ; dans l'une du jus d'orange & rapure, dans l'autre un peu de jus de citron, & du ſafran en poudre. Ayez du pain à chanter ſur lequel vous étendrez légérement de l'une ou de l'autre glace ; coupez-les tout-de-ſuite de la largeur de deux doigts ; mettez-les ſur des tamis, & les faites ſécher à l'étuve : ſervez-les ſur des aſſiettes. Cela porte encore le nom de coupau.

SAB

SABLE, ſe dit du ſucre que l'on met en ſable pour imiter le ſable naturel pour garnir des parterres, ou les fonds des plateaux.

Maniere de le faire.

Lorſque vous avez des conſerves ſoufflées, il ne tient qu'à vous de les piler légérement, & de les paſſer au tamis. Si vous en voulez faire exprès, faites cuire du ſucre à la groſſe plume ; mettez-y votre couleur, comme pour les conſerves ſoufflées ; faites-le revenir à même cuiſſon. Alors, ôtez-le du feu, & le travaillez, en le remuant avec une ſpatule juſqu'à ce qu'il devienne en ſable : paſſez-le par un tamis.

Autre maniére.

Lorfque vous êtes preffé, & que vous n'avez pas le tems de cuire du fucre pour faire du fable, préparez vite votre couleur ; mettez du fucre en poudre dans une poële ; échauffez-le un peu fur un petit feu en le remuant avec la main ; mettez-y de votre couleur qui doit être un peu forte, & remuez le tout enfemble avec la main jufqu'à ce que votre fucre foit fec, vous ferez fûr d'avoir d'auffi beau fable de cette façon comme des autres.

L'on fe fert quelquefois de petites nompareilles pour garnir les parterres.

SAFRAN, eft une plante qui pouffe quelques feüilles longues, fort étroites, canelées ; il s'éleve d'entr'elles une tige baffe, ou plûtôt une pedicule qui foutient une feule fleur difpofée comme celle du lys, mais plus petite, divifée en fix parties, de couleur bleu mêlée de rouge, & de purpurin : il naît dans fon milieu une houpe partagée en trois cordons creux, découpée en crete de cocq d'une belle couleur rouge, d'une odeur agréable.

C'eft cette houpe que l'on nomme fafran : on cultive cette plante dans le Languedoc, & dans le Gatinois.

On doit le choifir nouveau, bien feché, mollaffe & doux au toucher, en longs filets, de très-belle couleur rouge, fort odorant & d'un goût balfamique agréable. On fe fert du fafran pour les conferves, pour les neiges, pour les paftilles, & pour les couleurs. *Voyez* l'un & l'autre article.

SALADE, eft un compofé de differentes plantes potageres qu'on mange pour l'ordinaire cruës ou cuites, étant affaifonnées de fel, de poivre, de vinaigre & d'huile. Ainfi on fait un melange de laituës, foit pommées, foit non pommées, avec des fournitures, &c. foit de bettes-raves, d'anchois, d'oignons, ❧ cornichons confits, &c.

On divife les falades en cruës & cuites. J'ai donné la defcription de chaque chofe & de chaque plante dont on fait des falades cruës & cuites, pour avoir plus de facilté de les connoître, & de les avoir.

L'on me dira peut-être que c'est mal-à-propos que je m'étends sur la manière de faire les salades, comme étant une chose assez simple que le monde connoît & peut faire ; cependant n'ayant eu jusqu'ici d'autre but que celui d'instruire ceux qui desirent d'aprendre l'Office, il me semble qu'il est nécessaire de leur enseigner la manière de les faire, & de leur faire entendre l'attention qu'ils y doivent prêter pour les servir proprement.

Je mets ici toutes sortes de salades, pour les faire souvenir qu'ils en peuvent faire de plusieurs façons, & que l'on garnit suivant les volontés des Maîtres, en leur recommandant toujours d'avoir pour principe de les bien éplucher, de les bien laver, & de les façonner avec goût & propreté.

SALADE de chicorée. Prenez de belle chicorée ; ôtez-en toutes les feüilles vertes, & la lavez proprement ; observez de ne la point laisser dans l'eau de peur qu'elle ne durcisse ; secoüez-la bien, & lui coupez la racine pour la mettre dans un saladier.

Cette salade se peut faire tout le long de l'année ; lorsque votre salade est ainsi bien lavée, épluchée & rangée, vous la garnirez suivant la saison, soit avec des fournitures, soit avec des bettes-raves, des anchois, du thon, &c.

SALADE de chicorée cuite. Lorsqu'elle sera préparée comme à la manière précédente, c'est-à-dire bien lavée & bien épluchée, vous la ferez blanchir dans une eau où vous aurez mis un peu de sel ; vous la rafraichirez, & la mettrez égouter proprement sur une serviette ; alors, vous lui couperez les racines, & couperez la chicorée par bandes ; dressez-la dans un saladier, & la garnissez de bettes-raves, de capres, de thon, &c. si vous le jugez à propos.

SALADE de petite laituë, est une salade d'Hyver & de Printems ; elle est ordinairement très-difficile à éplucher ; c'est pourquoi jettez-la dans une terrine pleine d'eau, & la tirez feüille à feüille ; ôtez-en les racines, & la relavez ; secoüez-la bien dans une serviette, & la dressez dans un saladier ; garnissez-la de fourniture, ou de ce que vous jugerez à propos suivant la saison.

SAL

S A L A D E de laituë pommée & romaine. Ayez de belles laituës ; ôtez-leur toutes les feüilles vertes ; lavez-les proprement , &
les fecoüez ; fendez-les en quatre ; vifitez bien les cœurs pour voir
s'il n'y a point de vers, fans cependant les trop ouvrir, de peur que
vous ne les rendiez difformes ; rangez-les proprement dans vos faladiers, & les garniffez de fourniture & d'œufs frais durs, fi on le juge
à propos.

S A L A D E de mache & de reponfe. Epluchez bien l'un &
l'autre , & enlevez la fuperficie de la racine de reponfe ; lavez-les
proprement, & les fecoüez ; rangez-les dans des faladiers ; mettez
deffus quelques bettes-raves que vous aurez mincé , ou quelques
morceaux de thon coupés par tranches, fi vous le jugez à propos :
ces falades font des falades d'Hyver.

S A L A D E de celery. Prenez des beaux pieds de celery ; ôtez-
leur beaucoup de tiges, jufqu'à ce qu'il n'en refte plus que trois ou
quatre ; parez les pieds le plus proprement qu'il vous fera poffible ;
lavez-les dans plufieurs eaux, (a) & les fecoüez ; fendez-les en deux
ou en trois fuivant leur groffeur , & les rangez dans vos faladiers.
Vous pourrez encore blanchir votre celery comme la chicorée , la
garnir & la fervir de même : le celery eft une falade d'Automne &
d'Hyver.

S A L A D E à la Vendôme, eft une falade de Printems pour la
manger bonne. Prenez de toutes les fournitures que j'ai marqué à
l'article Fourniture ; épluchez-les foigneufement ; lavez-les féparément, & les rangez dans un faladier par compartiment.

S A L A D E de citrons & de bigarrades , font des falades de
toutes faifons, aufquelles on a recours lorfqu'il en manque d'autres ;
il n'y a pas grand aprêt pour celles-ci ; il ne s'agit que d'en mettre
une quantité honnête dans un faladier, ayant foin de les garnir de
feüilles d'Orangers.

(a) La chicorée & le célery durciffent dans l'eau lorfqu'on les y laiffe trop tremper.

SALADE

SALADE d'olives, est une salade d'Hyver ; il faut seulement les égouter de leur eau, les mettre dans un saladier, & y remettre une quantité raisonnable d'eau fraiche pour les maintenir, de peur qu'elles ne noircissent.

SALADE de concombres, est une salade d'Eté. Parez vos concombres ; coupez-les en deux, & les vuidez de leur graine avec une cuillier ; mincez-les proprement, & les mettez dans une terrine; ajoutez-y du sel, & une couple d'oignons entiers, dont vous en piquerez un d'un seul cloux de girofle ; mettez-y un peu de vinaigre si vous voulez. Maniez vos concombres avec la main pour leur faire jetter leur eau ; laissez-les ainsi une heure ou deux ; alors, vous les presserez dans une serviette, & les étendrez dans un saladier avec une fourchette : vous les garnirez légérement de fournitures que vous couperez un peu.

SALADE cuite, est un composé de tout ce qui est cuit ou mariné, ou confit au vinaigre, comme oignons, (*a*) célery, bettes-raves, cornichons, capres, bled de Turquie, choux-cabus; perce-pierre, anchois, lamproye, thon, &c.
Pour la faire, commencez d'abord de faire des roties que vous imbiberez d'huile fine ; vous mincerez alors des bettes-raves, & les mettrez dans votre saladier avec vos roties ; vous les garnirez avec toutes ces espèces que j'ai marqué ci-dessus, si vous les avez ; vous formerez avec toutes ces espèces des compartimens, pour differencier leur couleur, & ferez votre possible pour la travailler le plus proprement que vous pourrez.
L'on peut encore mettre dans ces sortes de salades des œufs durs, du fromage Parmesan rapé, des blancs de poulardes mincés ; avec toutes ces espèces on peut faire des salades cuites de differente figure, & de different goût.

SARBOTIE'RE ; est le nom d'un vase qui est fait ordinai-

(*a*) Les oignons doivent toujours se cuire au four, ou sous la cloche, parce qu'ils en ont plus de goût.

rement d'étain, ou de fer-blanc, & dans lequel on fait prendre en neige les liqueurs que l'on destine à être servies dans des gobelets, ou pour en faire des fruits glacés.

Les sarbotiéres doivent avoir chacune leur baquet, qui doit avoir une petite cheville au bas pour écouler l'eau s'il en est de besoin ; de sorte que lorsque la sarbotiére est dans le milieu du baquet, il faut qu'il y ait une distance entre la sarbotiére & le baquet, de la largeur de quatre doigts. *Voyez* sa Fig. Planche 1. Let. D.

S A V O N , est une composition qui se fait avec de l'huile d'olive, de la chaux, & des cendres de l'herbe apellée *Kali*, ou *Soude* : il ne sert que pour frotter le papier que l'on veut découper. *Voyez* PAPIER.

S E C , est un terme d'Office, qui comprend toutes les confitures séches, & celles que l'on a mises au tirage, ou tirées à l'étuve.

SEC, se dit encore des candys, des conserves, des pâtes, des grillages & du blanchissage, &c.

S E L , est une matiére piquante sur la langue, & qui se dissout dans l'eau ; le sel dont on se sert dans l'Office est connu de tout le monde : on employe le sel pour faire prendre les glaces, & on le blanchit pour le mettre dans les saliéres.

Maniére de blanchir le sel.

La méthode la plus simple est de jetter dans un vaisseau de terre telle quantité de sel qu'on juge à propos, avec une pinte d'eau pour chaque livre de sel. On laisse ce sel se dissoudre pendant quelques jours ; la bouë & les matiéres terrestres se précipitent peu-à-peu au fond du vase ; alors, on verse proprement l'eau dans un autre vaisseau, sans permettre au sediment de se mêler. On fait boüillir cette eau jusqu'à évaporation ; le sel imperceptible dont elle étoit remplie se raproche, tandis que l'eau monte en fumée ; il se précipite en petites masses au fond du vase, & annonce sa netteté par sa blancheur ; il devient encore plus blanc, lorsque vous passez votre eau à la

SEL SEM SER

chauffe. Lorfqu'il eft ainfi, vous achevez de le fécher à l'étuve, pilez-le enfuite, & le paffez par un tamis fin.

SEL. Paffer au fel, ce terme fe dit des abricots, des amandes vertes & des cornichons, lefquels on met dans une ferviette avec du fel, pour leur ôter le duvet ou la boure, en fecoüant la ferviette par les deux bouts, comme je l'ai enfeigné à l'article des Abricots verds.

SEL. Effet du fel dans la glace. (*a*) Les fels ne font geler les liqueurs qu'en faifant fondre la glace qu'on met tout-au-tour.

SEMENCE. Quatre femences froides, font celles de courges, de citroüilles, de raelon & de concombre : elles ne font employées que dans la pâte & le firop d'orgeat. *Voyez* PASTE & SIROP.

SERAINGUE, eft un utenfile d'Office, dans lequel on feraingue la pâte de maffepains pour la frifer, ou lui donner une autre figure.

SERRE. *Voyez* FRUITERIE.

SERRER de glace, terme d'Office, c'eft de bien enveloper, & de couvrir de glace pilée & falée toutes fortes de moules à glace, dans lefquels on aura mis des neiges, pour les glacer au point qu'on en puiffe tirer la figure. *Voyez* FRUITS GLACE'S.

(*a*) M. Dortous de Mairan, dans fa Differtation fur la glace, *Part. II. Sect. V. pag. 353.* s'explique ainfi.

Les fels par eux-mêmes, & dans les mêmes circonftances, ne font pas plus froids que la glace. Environnés d'air, ou de tel autre corps fluide ou folide qui ne les diffout point, & qui n'en eft point diffout, ils prennent, comme la plûpart des autres corps, à-peu-près la temperature, le dégré de chaud ou de froid du milieu, ou du corps qui les environne. Ainfi de la glace brifée, & du fel brifé mêlés enfemble, ne formeroient point par la fimple juxtapofition, ou par le contact mutuel de leurs parties non diffoutes, un tout fenfiblement plus froid que la glace ; & par conféquent, ce tout, ce mélange de fel & de glace mis au-tour d'un vafe rempli d'eau, ne la feroit pas plûtôt geler que la glace toute feule. Ce n'eft donc que par la diffolution, par la fufion réciproque de la glace & des fels, que les fels mêlés avec la glace, produifent ou accelerent la congelation de l'eau.

SER

SERVICE. On entend par fervice tout ce qui comprend un deffert, comme les jattes, les carrés ou piéces de glace montés avec des verres découpés, & gobelets garnis de toutes fortes de confitures, les compotes, les affiettes & les glaces.

On en fait de different goût, & de differente grandeur, fuivant les tables que l'on a à fervir, comme vous verrez ci-après.

SERVICE de jattes. Pour une table de fix à huit couverts, il faut trois jattes & quatre compotes, ou affiettes.

Pour une table de douze, neuf jattes, huit compotes.

Pour une table de dix-huit, quinze jattes, douze compotes.

Pour une table de vingt-quatre, vingt-une jattes, & feize compotes.

Pour une table de trente, vingt-fept jattes, & vingt compotes.

Les neiges & fruits glacés ne doivent point être limités dans ces tables : on releve les compotes, ou quelques-unes feulement pour y mettre des glaces fuivant la faifon.

SERVICE de glace. Les fervices de glaces font differens des autres, en ce qu'ils fe touchent & fe joignent enfemble, & fe fervent par trois filets comme les jattes. *Voyez* leurs Fig. Planche 5.

Pour une table de douze couverts, il faut neuf piéces de glace, huit compotes.

Pour une table de dix-huit couverts, il faut quinze piéces de glace, douze compotes.

Pour une table de vingt-quatre couverts, il faut vingt-une piéces de glace, & feize compotes.

Pour une table de trente couverts, il faut vingt-fept piéces de glace, vingt compotes.

Par la même raifon, vous pourrez augmenter vos piéces de glace & vos compotes, lorfque vous avez des plus grandes tables.

Si vous avez des grandes tables qui ne foient point de figure ordinaire, ayez recours à faire faire des plateaux de bois qui vous ferviront de dormants, comme je l'enfeigne à l'article Table, où vous

SER

en trouverez de plusieurs figures. Observez cependant que lorsque vous vous servirez de plateaux , de laisser du jeu de deux pieds & demi entre la table & les plateaux , pour que l'on puisse servir aisément la cuisine, & tous les autres services, comme celui de l'Office , qui doit être composé de jattes les plus égales que vous pourrez trouver. Vous les monterez à face , & mettrez une compote entre chaque jatte.

Vous pourrez relever toutes les compotes des services que j'ai marqué ci-devant, avec des assiettes de neiges & de fruits glacés.

J'ai donné les figures des pilastres , gobelets, crystaux & verres découpés de toutes façons, & de toute grandeur ; c'est à l'Officier de les voir , & de consulter son goût pour mettre bien un service ensemble. J'ai enseigné la façon de faire des Figures de caramel & de pastillage, & de faire généralement tout ce qu'il faut pour l'enjolivement & la garniture des services, pour qu'il puisse s'en servir, & former avec telle décoration qu'il lui plaira.

SERVICE de Campagne. Quoique l'on soit à l'Armée, on ne laisse pas que d'y faire bonne chere ; c'est pourquoi l'Officier doit faire sa provision de toutes sortes de confitures séches & liquides, & prendre le moins qu'il pourra d'utensile ; de peur qu'il ne l'embarrasse ; c'est à lui d'aporter avec lui des plateaux de bois , ou des corbeilles d'ozier mises en couleur, pour qu'il puisse dresser dessus ces confitures séches, en les garnissant de papier découpé ; il peut dresser son fruit cru dans ces corbeilles avec des feüilles de vigne, & servir ensemble ces plateaux & ces corbeilles, moitié cru & moitié sec ; il peut mettre entre deux des compotes & des assiettes de four. Cette façon de servir est fort commode, & on ne risque point de casser les verres, ni les porcelaines. Quoique cette méthode n'a point le coup d'œil d'un fruit décoré, elle ne laisse point que de garnir bien une table , & d'avoir son mérite. *Voyez* sa Fig. Planche 12.

SERVIETTE à caffé, à chocolat , sont des espèces de

ferviettes qui ne font deftinées que pour cet ufage ; elles font ordinairement de Perfe, de toile fine, ou d'indienne. On les préfente
aux conviez, lorfqu'on leur fert le caffé ou le chocolat.

SIROP, c'eft une compofition à laquelle on donne une confiftence un peu épaiffe , & qui eft faite avec du fucre, du fuc de
fruit , ou de fleurs.

SIROP de fleurs d'orange. Prenez deux livres de fleurs bien
épluchées ; mettez-les dans une marmite d'argent , ou autre vafe
de terre verniffé ; mettez deffus huit livres de fucre que vous aurez
cuit à la petite plume ; bouchez bien votre vafe, & le lutez. Ayez
une poële d'eau boüillante fur le feu ; mettez-y votre vafe, & le
laiffez ainfi toujours boüillir pendant fix heures ; alors, paffez votre
firop par une étamine ; attendez qu'il foit froid pour le mettre en
bouteille.

SIROP d'œillet, fe fait de même que celui de fleurs d'orange.

SIROP de violettes. Prenez une livre de violettes bien épluchées ; pilez-la bien dans un mortier avec un verre d'eau ; faites
cuire quatre livres de fucre à fouflé ; ôtez-le du feu, & le laiffez un
peu repofer ; (a) alors délayez votre fleur dans votre fucre , & le
paffez par une étamine ; attendez qu'il foit froid pour le mettre en
bouteille. Il y en a qui font cuire de la racine d'Iris de Florence avec
de l'eau, & qui moüillent leur fucre avec.

SIROP d'orgeat. Mondez fix livres d'amandes douces, & une
livre d'amères ; pilez-les bien enfemble dans un mortier avec une
livre des quatre femences froides , en y ajoutant un peu d'eau, de
peur qu'elles ne tournent. Lorfqu'elles font bien pilées, broyez-les
encore fur une pierre avec un rouleau de fer ; délayez alors cette
pâte dans une chopine d'eau de fleur d'orange , & deux pintes &

(a) La fleur perdroit fa couleur fi on la mettoit dans un fucre trop chaud ; c'eft pourquoi attendez qu'il foit d'une chaleur modérée.

demie d'eau ; paffez le tout par une étamine en le preffant, & le repaffez ; faites alors cuire douze livres de fucre à caffé ; jettez-y votre lait d'amandes, & l'ôtez du feu.

Mettez-le fur un fourneau qui foit doux , pour faire fondre le fucre en le remuant toujours, & le faites feulement fremir pour incorporer votre lait d'amandes avec votre fucre ; alors votre firop eft fait ; paffez-le par une étamine, & le mettez en bouteille lorfqu'il fera froid.

Vous pourrez avec le refte de vos amandes faire encore de bon orgeat.

SIROP de rofes fe fait de même que le firop de violettes ; vous y pourrez mettre une larme de cochenille préparée.

SIROP de grofeilles , de framboifes, de merifes, de meures & d'épines-vinettes ; ces cinq efpèces fe font de même.

Prenez l'une ou l'autre efpèce ; écrafez-les bien dans une terrine, & les laiffez fermenter pendant quatre ou cinq jours ; alors, exprimez-en le jus dans une preffe ; mettez le jus dans des bouteilles débouchées, & les expofées pendant deux jours au Soleil pour les rarefier ; alors, vous filtrerez votre jus ; pefez votre jus, & prenez pour livre de jus, deux livres de fucre en pain ; mettez le tout dans une poële , & la mettez fur un feu doux pendant quatre heures feulement, pour que le fucre fonde ; alors, vous le ferez un peu fremir ; paffez votre firop par une étamine, & le mettez dans des bouteilles lorfqu'il fera froid.

SIROP de capillaire. Prenez une livre de beau capillaire du Canada ; faites boüillir trois pintes d'eau, & y jettez votre capillaire ; mettez le tout dans une terrine, & le laiffez infufer jufqu'au lendemain. Alors , caffez huit à neuf livres de fucre dans une poële ; mettez votre eau de capillaire deffus, avec un blanc d'œuf foüetté comme pour le fucre clarifié. Clarifié votre fucre ; mettez-y de l'eau de fleur d'orange à votre goût, & le cuifez à perlé ; paffez-le par une étamine , & le mettez en bouteille lorfqu'il fera froid.

S I R O P de limons. Prenez du jus de citrons ou de limons, comme je l'ai marqué à l'article Jus. Pesez-le, & sur chaque livre de jus, prenez deux livres & demie de sucre en pain, & le finissez de même que le sirop de groseille.

S I R O P de jasmin se fait de même que celui de fleur d'orange.

S I R O P de caffé. Prenez deux livres de bon caffé bien torrefié & bien moulu ; faites du caffé avec une livre, & deux pintes d'eau ; laissez-le reposer & éclaircir ; tirez-le au clair, & refaites l'autre livre avec le caffé fait ; laissez-le reposer & éclaircir ; tirez-le au clair. Faites cuire une demie livre de sucre au caramel, & lui donnez même de la couleur un peu brûlée ; jettez-y votre caffé pour faire fondre le sucre ; alors, mettez-le dans un pot vernissé avec une demie livre de sucre en pain ; bouchez soigneusement votre pot, & le mettez fremir sur de la cendre chaude pendant huit à neuf heures ; passez-le alors dans une étamine, & le mettez dans des bouteilles lorsqu'il sera froid ; bouchez-les soigneusement, & ne les mettez point dans un endroit chaud.

Lorsque vous voudrez vous en servir, versez de ce sirop dans une tasse, & de l'eau chaude par-dessus, vous aurez de très-bon caffé : il est fort commode pour les Voyageurs, quoiqu'il soit de grande dépense.

S I R O P de vinaigre. Prenez quatre livres de framboises que vous ferez fermenter comme je l'ai marqué à l'article sirop de framboises ; ajoutez-y deux pintes de bon vinaigre, & filtrez le tout ensemble ; vous peserez alors votre jus, & mettrez trois livres de sucre pour une livre de jus : vous le travaillerez & conduirez de même que le sirop de framboises, de groseilles, &c.

S O U C O U P E, est une espèce de petite assiette que l'on met sous les tasses.

S O U C O U P E, se dit encore de plusieurs plateaux de verre qui ont des pieds sur lesquels on sert des gobelets garnis de neiges ou de mousses.

SOUFFLE'.

SOUFFLE'. Cuisson du sucre. *Voyez* CUISSON.

SPATULE, est le nom d'un morceau de bois avec lequel on remuë les marmelades.

SUCRE, est le sel essentiel d'une espèce de roseau, que l'on nomme Canne de sucre, ou Cannamelle, (*a*) qui croît abondamment en plusieurs endroits des Indes, comme au Bresil, & dans les Isles Antilles. Cette plante pousse un Roseau ou Canne, haute de cinq à six pieds, garnie de feüilles longues, étroites, aiguës, tranchantes, vertes; il s'éleve du milieu à la hauteur de cette Canne, une maniére de flêche qui se termine en pointe, une fleur en forme de panache, de couleur argentée, & semblable à celle des autres roseaux.

Maniére dont se fait le Sucre.

Quand ces Cannes sont meures, on les coupe, on en sépare les feüilles, qu'on rejette comme inutiles, & on les porte au moulin pour y être pressées & écrasées entre deux rouleaux garnis de bandes d'acier; il en sort un suc qu'on fait couler dans des chaudiéres, puis on l'échauffe par un petit feu pour le faire seulement fremir; il pousse alors son écume la plus grossiére, qu'on enleve dans des écumoires; on pousse ensuite le feu pour faire boüillir le sucre à gros boüillons, ayant toujours soin de l'écumer; & afin d'en séparer l'écume plus facilement, on y jette de tems-en-tems quelques cuillerées de lessive forte. Quand il a été bien écumé, on le passe par un linge, & on le purifie encore une fois, en le faisant boüillir, y mêlant des blancs d'œufs foüettés avec de l'eau de chaux, & le passant par des chausses. On le fait cuire ensuite jusqu'à une consistence convenable; ce sucre est ce que l'on apelle moscouade grise : lorsqu'elle est bien purifiée, elle devient cassonade.

(*a*) Les Cannes à sucre n'ont pas été inconnuës aux anciens; plusieurs en ont parlé, & ont apellé le sucre sel d'Inde, qui couloit de lui-même comme une gomme; les Indiens l'apelloient *Sacanamba*, & les Latins, Cannamelle de *Canna* & de *Mel*, qui étoit le miel, suivant Saumaise, avec lequel les anciens confisoient.

SUCRE en pain. Le sucre en pain est une cassonade clarifiée par le moyen des blancs d'œufs, & de l'eau de chaux, & passée par des chausses. On la cuit sur le feu , & on la verse dans des moules faits en forme pyramydale , & percés au fond de quelques petits trous que l'on a bouchés, mais qu'on débouche lorsque le sucre est presque froid, afin que le sucre, ou la partie la plus glutineuse s'en écoule ; plus on réitere à clarifier le sucre , plus il est blanc, jusqu'à ce qu'il devienne sucre-royal.

On choisit le sucre beau, blanc, sec, difficile à casser , crystalin en dedans lorsqu'il est rompu, ayant un goût doux fort agréable : on envelope ordinairement le beau sucre dans du papier bleu.

Maniére de clarifier le sucre.

Cassez cinq ou six pains de sucre dans une poële ; prenez un blanc d'œuf, (*a*) battez-le avec de l'eau , & le jettez sur votre sucre ; moüillez-le suffisamment avec de l'eau ; mettez-le sur le feu ; faites-le cuire ; lorsque vous verrez que votre sucre montera , jettez-y un peu d'eau fraiche ; laissez-le monter jusqu'à trois fois , & y mettez toutes les fois un peu d'eau fraiche ; retirez un peu votre poële du feu pour ne le faire boüillir que d'un côté , en y ajoutant de tems-en-tems de l'eau fraiche ; écumez-le proprement, & lorsqu'il ne jettera plus d'écume , (*b*) passez-le par une étamine

SUCRE de fleur d'orange , est celui qui reste lorsque l'on praline les fleurs : on s'en sert dans plusieurs choses pour leur donner du goût.

SUGRIER , est un meuble dans lequel on met du sucre ; il y en a de deux espèces , sçavoir, les sucriers pour les cabarets, dans lesquels on met du sucre cassé par morceaux, & les sucriers d'argent , dans lesquels on met du sucre en poudre.

(*a*) Le blanc d'œuf, par ses parties visqueuses, accroche les particules grossières & opaques qui demeurent dans le sucre.

(*b*) Observez que le sucre se graisse lorsque l'on ne l'écume pas bien, & que l'on n'a pas soin d'essuyer les bords de la poële avec une éponge.

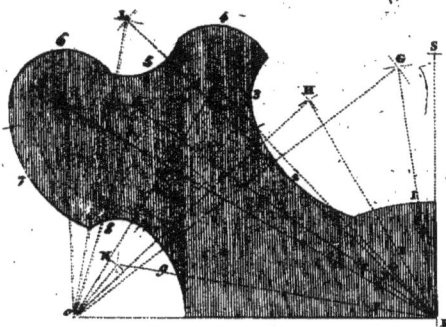

Fig. 2.

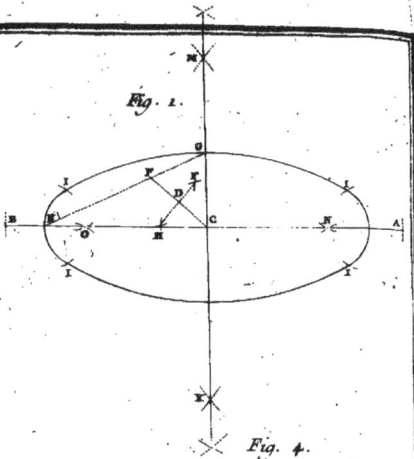

Fig. 1.

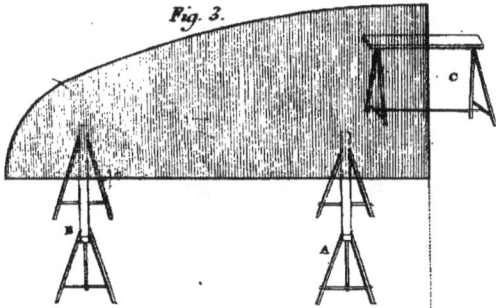

Fig. 3.

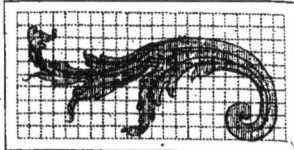

Fig. 4.

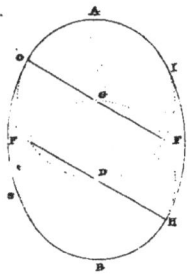

Fig. 7.

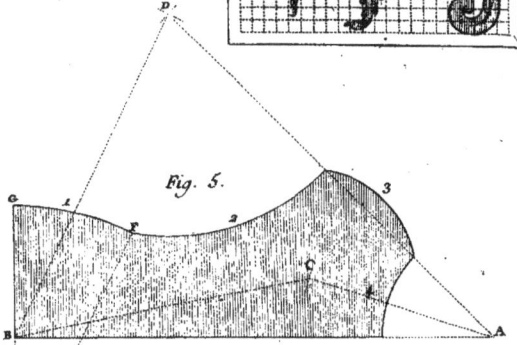

Fig. 5.

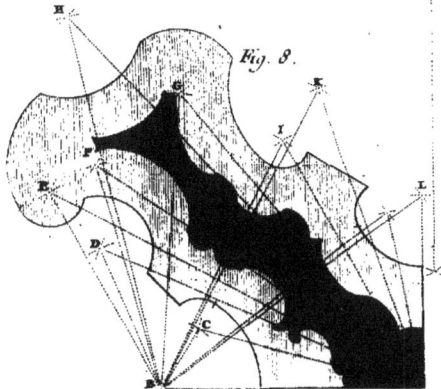

Fig. 8.

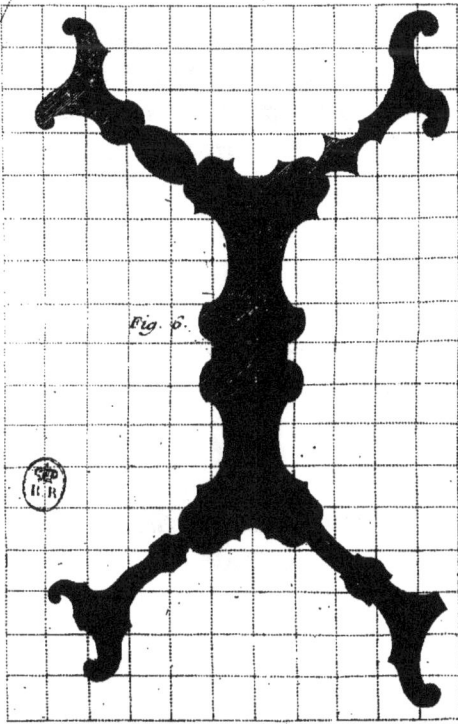

Fig. 6.

SUR

Aujourd'hui l'on ne se sert pas beaucoup de ces derniers sucriers; on a des petites jattes en façon de timbale, dans lesquelles on met du sucre en poudre, & que l'on prend avec une cuillier d'argent, percée comme les cuilliers à olive.

SURTOUT, est une machine d'argent que l'on met dans le milieu d'une table pendant tous les services : on la garnit ordinairement d'huiliers, de sucriers, de citrons & de bigarrades. Il y a d'autres surtouts ou dormants que l'on fait avec des ouvrages d'Office, & que l'on décore avec du caramel, du pastillage & des fleurs artificielles. *Voyez* leurs Fig. Planch. 11. & 13.

TAB

TABLE. On entend par table où se mettent les Conviés pour manger ; il y a differentes grandeurs & differentes figures de tables ; c'est pourquoi je donne ici le plan de quelques-unes, avec les proportions que l'on doit garder pour les dormants, comme je l'ai déja marqué à l'article Service.

Comme les tables dépendent toujours du goût des Maîtres-d'Hôtel, c'est à l'Officier de se conformer à la figure de la table, & lorsqu'on lui demande des dormants, c'est à lui de les faire de façon qu'il y ait toujours deux pieds & demi de jeu de largeur entre la table & les dormants. Il pourra donc suivre le plan de mes tables, ou d'en inventer des plus belles qui prennent d'autres contours, en suivant toujours les régles que je donne pour le fruit ; c'est à lui d'avoir des jattes montées en suffisance, pour les mettre d'un pied de distance l'une de l'autre. Au reste il ne doit rien épargner pour embelir & décorer ses dormants, & pour donner le coup d'œil à la table.

Des sections & pratiques Géométriques. Planch. 9. Fig. 1.

La façon de décrire un oval, est de couper la ligne A. B. en deux également, & de tirer la droite M. K. Menez G. H. sur la moitié de la largeur du diamétre ; portez G. C. à C. F. Coupez C. F. en

deux également en D. par le moyen des fections F. E. F. H. C. E.
C. H. Portez C. D. ou D. F. en O. ou en N. c'eft ce qui fait le
centre du cercle fphérique de l'oval. Faites une fection de H. en I.
De part & d'autre, ouvrez votre compas depuis I. G. I. Faites une
fection I. K. & décrivez le grand cercle I. G. I. K. M. U.

Maniére de trouver la quatriéme partie d'une table en contour,
Planch 9. Fig. 2. *Pour l'enfemble de la table,* Fig. 3. Planc. 10.

Tirez R. O. Elevez la perpendiculaire R. S. par la première Figure Planche 9. A. B. M. K. Enfuite tirez les rayons R. N. R. M.
R. K. R. L. R. I. R. H. R. G. Vous tranfportez enfuite la pointe
de votre compas en O. Vous faites une fection en G. & de fuite
O. H. O. I. O. K. O. L. O. M. Toutes ces fections étant faites,
prenez-les pour centre, P. pour centre du cercle I. G. pour centre du cercle 2. H. pour 3. I. pour 4. L. pour 5. M. pour 6. K.
pour 7. N. pour 8. O. pour 9. C'eft le moyen de trouver la quatriéme partie de cette table complette.

Maniére de défigner telle Figure que l'on voudra, par le moyen
d'une échelle quarrée. Figure 4. Planche 9.

Sur tel deffein, & de quelle forme elles puiffent être, pour les
mettre en grandes, ou plus petites formes, vous vous fervirez d'un
nombre de carreaux établis fur leur longueur & largeur également
quarrés par-tout, & fi vous voulez défigner une partie d'ornement,
ou de figure beaucoup plus grande, vous compterez le nombre des
carreaux que vous aurez tracé fur leur longeur, & l'autre nombre fur
leur largeur, en les établiffant avec la même égalité dans leur grandeur,
& vous verrez combien les parties de cette Figure occuperont de
place fur les carreaux ; vous en compterez les diftances, & vous les
poferez dans leur même forme. Cette Figure deviendra proportionnée
à la petite, fi l'on fuit éxactement cette régle ; comme fi l'on vouloit
un dormant de goût, en prenant la quatriéme partie de la Fig. 6.
Planche 9. vous trouverez la même Figure, en obfervant les mêmes régles.

Fig. 1.

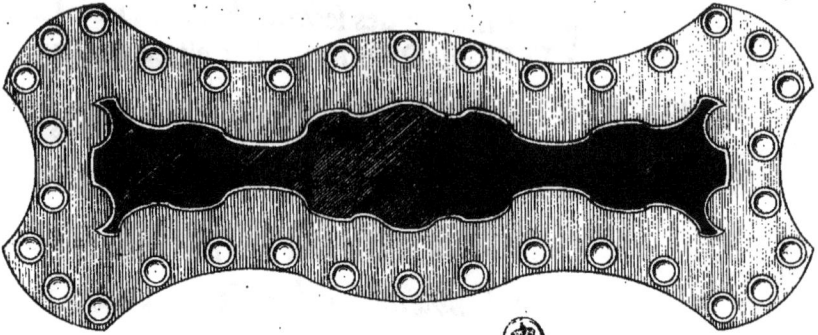

Fig. 2.

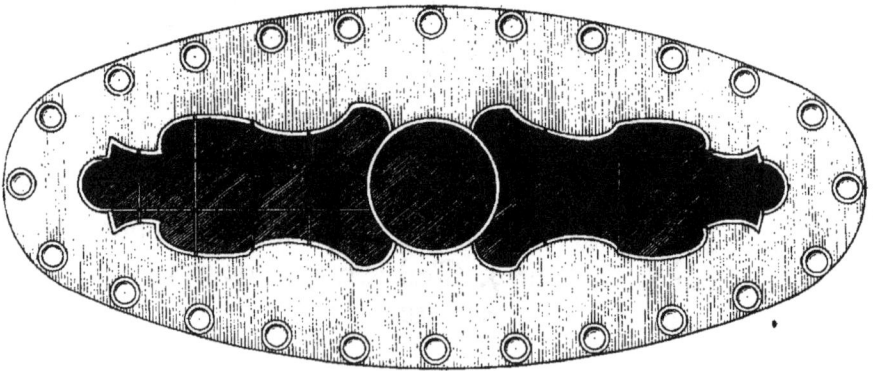

Fig. 3.

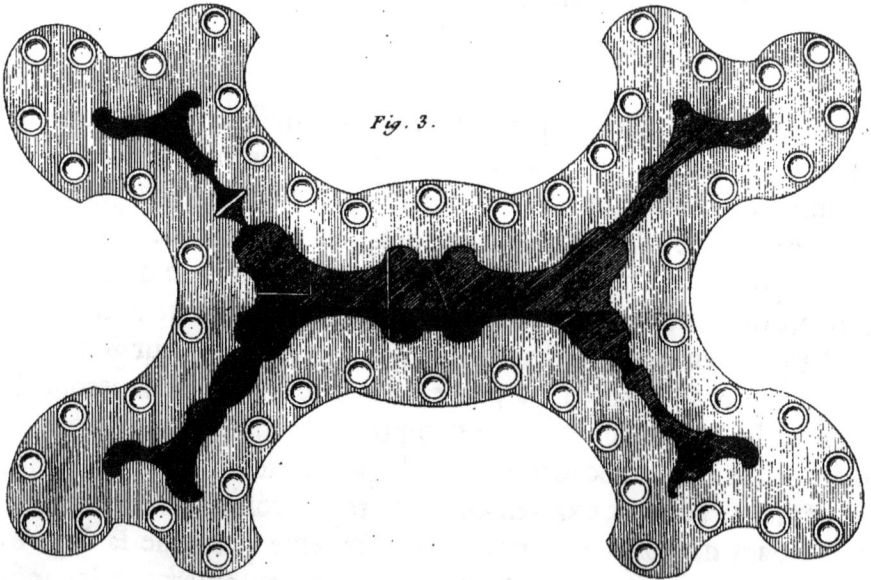

Manière de trouver la quatrième partie de la table. Figure 5.
Planche 9. & Figure 1. Planche 10.

Tirez A. B. élevez la perpendiculaire B. G. par la première Figure ; continuez G. B. jufqu'en E. Décrivez le rayon A. D. A. C. Tranfportez le compas B. de B. en C. Faites une fection B. D. G. E. E. pour le cercle G. I. F. D. pour 2. C. pour 3. A. pour 4. Par ce moyen, vous trouverez la quatriéme partie de la table première, Planche 10.

La quatriéme partie de la table ovale, Fig. 3. fe fait par les mêmes régles de la Fig. 1. Planche 9. avec leur pofition fur les traiteaux C. A. B.

Manière de décrire un oval en forme de table. Fig. 7. Plan. 9.

La ligne donnée A. B. & la longueur d'un oval à faire ; divifez A. B. en trois parties égales A. G. D. B. des points G. D. Décrivez les cercles A. O. D. G. H. B. Menez les droites F. G. O. H. D. E. du point E. Décrivez l'arc H. I. & l'arc O. S. du point F.

Manière de défigner la Figure 8. Planche 9.

Si l'on fe déterminoit à faire quelque portion de table de goût, & que l'on voulut défigner une quatriéme partie, vous fuivrez le trait des contours que vous en aurez donné à la main, en cherchant avec le compas le centre pour la valeur du cercle de chaque contour. Vous commencerez donc alors à tirer une ligne A. B. en élevant la perpendiculaire A. L. Vous chercherez le centre C. le centre B. le centre D. le centre E. le centre F. & les centres H. G. I. K. L. Lorfque vous les aurez trouvé, vous fortifierez chaque trait avec du crayon rouge ou noir ; vous plierez votre papier à la ligne A. B. pour le calquer fur une autre largeur, pour en avoir la moitié, que vous doublerez pour avoir le tout ; & pour l'éxécution de cet enfemble, vous obferverez les mêmes régles de la Figure 4. même Planche, pour la défigner en grand dans les longueur & largeur que vous jugerez à propos , suivant la grandeur de la Sale que vous aurez.

Observation pour le Plan Géométral. Figure 1. Planche II.

Tirez O. A. Elevez la perpendiculaire T. S. par la première, Planche 9. Menez les points A. N. N. U. Y. U. I. paralelles à M. Y. Prenez I. M. pour centre, A. I. Q. 2. pour section , K. 2. & 2. K. pour section du centre ; 2. K. pour portion du cercle, A. 3. 1. pour centre du cercle ; 4. L. pour un autre , en formant un grand cercle A. L. 4. A. H. O. 5. pour centre du cercle A. 5. H. A. 6. F. pour centre du cercle qui sort de A. S. 7. A. T. G. pour section ; 7. & G. pour centre ; A. P. C. pour section ; P. C. pour centre ; A. 9. D. pour section, D. 9. pour centre.

R. Places des chaises.	12. Coupe des dormants.
10. Assiettes.	14. Echelle.
11. Dormants.	

TACHE, s'attribuë aux fruits crus qui sont tachés, & aux fruits qui ont été mis au tirage ; c'est lorsqu'il y a du blanc dessus, & qu'ils ne sont point glacés par-tout.

TACHE s'attribuë encore aux conserves , lorsqu'elles ont des taches blanches.

TAMIS, est un utensile d'Office , dans lequel on passe du sucre, du fruit, & toutes autres choses , ou sur lequel on met des fruits à mi-sucre pour sécher à l'étuve.

TAMBOUR, est un utensile d'Office, ressemblant à un tambour , dans lequel il y a deux tamis, un de crin & un de soie pour passer le sucre en poudre , & le rendre très-fin.

TASSE. On apelle tasse un vase dans quoi on prend le caffé, le chocolat & le thé. Elles sont ordinairement de porcelaine, mais celles à chocolat sont plus grandes & plus hautes.

TAILLADIN. Le tailladin n'est autre chose que l'écorce

Echelle de 1 2 3 4 5 6 7 8 9 10 11 12 13 14 15 16 17 18 19 20 21 22 23 24 25 26 Pieds

Fig. 1.

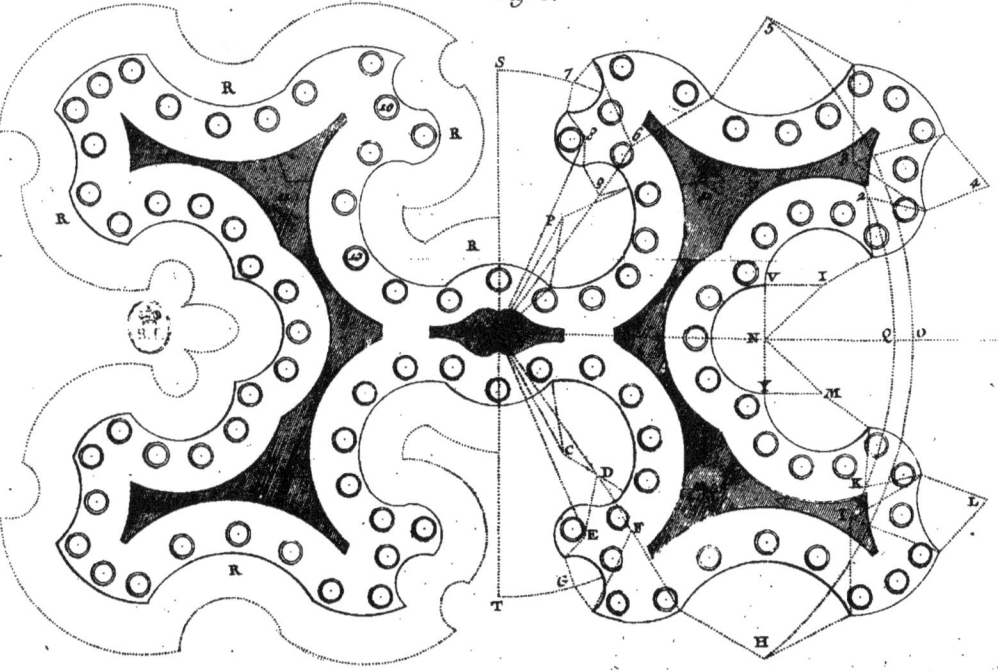

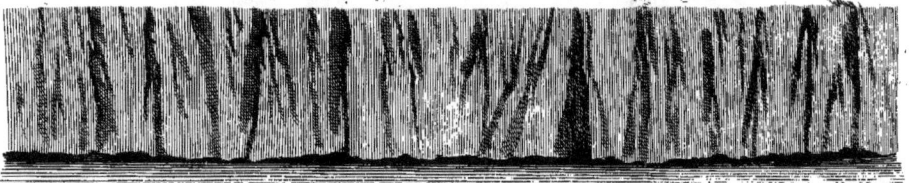

des fruits d'odeur que l'on enleve , & que l'on coupe comme des lardons. On en fait des compotes. *Voyez* COMPOTES. On en met de citronade dans les noix blanches. *Voyez* NOIX.

THE', est une petite feüille qu'on nous aporte séche , & roulée, de la Chine, du Japon & de Siam. Elle croît à un petit Arbrisseau dont on la tire au Printems pendant qu'elle est encore petite & tendre ; sa figure est oblongue, pointuë, mince, un peu dentelée en ses bords, de couleur verte.

Il faut choisir le thé recent en petites feüilles entiéres , vertes, d'une odeur & d'un goût de violette , doux & agréable.

Maniére de le faire.

Mettez infuser chaudement pendant un quart-d'heure deux pincées de thé dans une chopine d'eau boüillante. Le thé se prend avec du sucre en pain, & lorsqu'on le prend avec du sirop de capillaire, on apelle cette boisson , bavaroise.

Quelquefois l'on met infuser avec le thé deux tranches de citron que l'on nomme citronelle. On fait encore du thé au lait de la mê- me maniére.

TIGE , est attribuée à la queuë d'une fleur artificielle , & aux pieds des gobelets qui sont d'une certaine hauteur ; c'est ce qui fait qu'on les nomme gobelets à tige. *Voyez* Fig. Planch. 3. 4.

TIRAGE , est un sucre que l'on cuit à soufflé, pour tirer au sec toutes sortes de fruits qui sont bien en chair , comme tous les fruits d'odeur, les prunes, les noix ; l'angelique, &c.

Les marrons glacés se tirent séparément de la même maniére.

Maniére de le faire.

Prenez tels fruits qu'il vous plaira, lorsqu'ils sont confits ; égou- tez-les bien de leur sirop , pour ne point perdre le sucre ; jettez-les dans de l'eau chaude pour les laver ; alors , égoutez-les. Faites cuire du fucre clarifié à foufflé ; (a) mettez-y vos fruits, & leur donnez un ou deux boüillons couverts ; ôtez la poële du feu, & l'écumez bien. Attendez que votre fucre foit froid de telle maniére que vous puiffiez tenir la main contre les bords de la poële ; ayez des grilles toutes prêtes fur des plats de même grandeur ; travaillez votre fucre avec une cuillier, en-le frottant contre le bord de la poële feulement d'un côté ; dès que vous verrez que votre fucre fera un peu blanc, ou louche, tirez vos fruits tout-de-fuite un à un hors de votre fucre avec des fourchettes, en le paffant & le frottant légérement contre le fucre qui eft louche ; mettez-les fait-à-mefure fur vos grilles pour les laiffer égouter & refroidir. Le fucre de tirage fert plufieurs fois pour la même chofe, & lorfqu'il n'eft plus bon pour cela, il peut fervir pour des compotes & des glaces.

TIRER, terme d'Office, fe dit des fruits que l'on met au caramel.

TIRER, fe dit encore du caramel qui a pris l'empreinte d'un moule.

TIRER, fe dit également de la conferve que l'on a coulé dans un moule de plomb pour en avoir l'empreinte. On dit tirer une Figure, c'eft la faire foit de caramel, de conferve, ou de pâte de paftillage.

TIRER à l'étuve, eft d'égouter des fruits confits, de les ranger fur des feüilles de cuivre, & de les poudrer légérement de fucre avec une poudrette pour les fécher à l'étuve.

Maniére de tirer à l'étuve.

Mettez dans une poële le fruit que vous voulez tirer à l'étuve, avec fon firop ; ajoutez-y un peu d'eau ; donnez un boüillon à votre fruit ; écumez-le bien, & le laiffez tiédir ; égoutez-le alors fur un égoutoire ou grille. Poudrez de fucre des feüilles de cuivre, & le rangez deffus proprement ; poudrez-le légérement de fucre, & le

_____

(a) Le tirage eft fujet à fe grainer lorfqu'il eft trop cuit, c'eft-à-dire qu'il paffe le foufflé.

mettez

mettez fécher à l'étuve jufqu'à ce qu'il ne poiffe plus ; alors vous le tournerez de l'autre côté, en le mettant fur des tamis pour le fécher également.

TORREFIER, terme d'Office, c'eft brûler du caffé pour le torrefier. *Voyez* CAFFE'.

TOURNER, fe dit en fait des fruits rouges, &c. qui fe gâtent.

TOURNER, fe dit des citrons, des oranges, des bergamottes, & d'autres petits fruits d'odeur unis, que l'on tourne avec un couteau.

TOURNER, fe dit de la crême, du lait qui fe caille lorf-qu'on l'employe.

TOURNER, fe dit des amandes, piftaches, avelines, lef-quelles lorfqu'on les pile, fe tournent en huile.

TOURNURE, c'eft ce qui s'ôte des citrons, des oranges, des bergamottes, & d'autres petits fruits d'odeur unis, lorfqu'on les tourne.

Ces tournures fe confifent de même que leurs fruits : on en met au tirage, que l'on tourne au-tour du doigt en façon d'anneau, que l'on nomme galant. *Voyez* GALANT. On en met au candy. *Voyez* CANDY.

TOURON, eft une efpèce de four qui fe fait de cette ma-niére. Prenez piftaches & amandes coupées, que vous pralinerez au blanc ; faites une glace-royale qui foit forte, & fur une livre de cette glace, mettez-y une livre & plus de piftaches & d'amandes, une poignée de fleur d'orange pralinée ; mêlez le tout enfemble ; pour que cela foit en bonne confiftence ; dreffez-les avec la main fur du papier de la groffeur d'une petite noix, & les faites cuire de belle couleur à un four modéré : pour les lever, laiffez-les refroidir.

TRAVAILLER, terme d'Office, fe dit d'une conferve,

foit pour la fouffler , ou pour la blanchir ; & du fucre de tirage, lorfqu'on les frotte avec une cuillier contre les bords de la poële.

TRAVAILLER, fe dit des neiges. C'eſt lorfqu'on remuë bien la farbotiére, & que l'on détache & mêle bien la neige qui eſt dans la farbotiére, pour empêcher qu'il n'y ait point de glaçons.

TREYER, fe dit du caffé , du cacao , des amandes , des piſtaches , &c. & des fruits que l'on veut choifir.

TRIQUE-Madame, eſt une efpèce de petite joubarbe , ou une plante qui pouſſe plufieurs petites tiges , graſſes , charnuës , tendres , rampantes , revêtuës de beaucoup de petites feüilles épaiſſes , oblongues , pointuës , bleuâtres , ou rougeâtres , remplies de fuc. On la cultive dans les jardins potagers : elle fert de fourniture dans les falades.

VAN

VANETTE, eſt le nom d'un panier à petit rebord, & qui a la forme d'un carré oval. *Voyez* fa Fig. Plan. 2. Let. V.

VANILLE, eſt une gouſſe longue d'environ un demi pied, groſſe comme le petit doigt d'un enfant, pointuë par les deux bouts, de couleur obfcure, d'un goût & d'une odeur balfamique & agréable ; un peu acre, contenant des femences fort menuës, noires, luifantes. Cette gouſſe eſt le fruit d'une plante haute de quatorze ou quinze pieds, apellée par les Efpagnols *Campefche*.

Elle monte en rampant , & s'accroche aux arbres voifins ; fa tige eſt ronde, & difpofée en nœud comme la Canne à fucre. Cette plante croît au Mexique en Amerique.

On doit choifir la vanille en gouſſes longues , aſſez groſſes, pefantes, bien nourries , d'un bon goût, & d'une odeur agréable.

La vanille fert dans les glaces , en la faifant infufer de la même maniére comme je l'ai marqué à l'article Infuſion : on en met en poudre dans les paftilles de chocolat. On peut encore en faire des conferves, & fe met dans le chocolat d'odeur.

VENUE, fe dit du caramel, de la conferve, du tirage, de la dragée, des compotes, &c. que l'on réitere plufieurs fois.

VERJUS. C'eft le nom qu'on donne au raifin qui n'eft point meur. Il y a trois fortes de raifins à qui on donne le nom de verjus ; fçavoir, le gouais, le farineau & le bourdelais : on en fait des pâtes, de la marmelade, & on le confit. *Voyez* l'un & l'autre.

Maniére de les confire.

Prenez deux livres de gros verjus ; fendez-les, & ôtez-en les pepins ; faites boüillir de l'eau dans une poële, & y mettez votre verjus ; donnez-lui un feul boüillon ; ôtez la poële du feu, & la remettez fur de la cendre chaude pendant cinq à fix heures ; couvrez-la bien pour faire reverdir votre verjus ; égoutez-le alors fur un tamis. Faites cuire deux livres de fucre à la petite plume ; mettez-y votre verjus, & lui donnez deux ou trois boüillons ; laiffez-le ainfi repofer jufqu'au lendemain ; alors, égoutez-le, & faites cuire votre firop à fouflé ; mettez-y votre verjus, & lui donnez deux boüillons couverts ; écumez-le, & l'empotez. Vous pourrez également le mettre à oreilles comme les cerifes. *Voyez* CERISES.

VERNIS pour le paftillage. Prenez trois quarterons de gomme-arabique, que vous ferez fondre dans une chopine d'eau tiéde ; lorfqu'elle fera fonduë, foüettez fix blancs d'œufs, que vous jetterez fur un tamis pour en recevoir l'huile ; mêlez-la avec votre gomme-arabique ; alors, faites cuire trois quarterons de fucre-royal à fouflé ; ôtez-le du feu, & y jettez un verre d'efprit-de-vin ; attendez qu'il foit un peu froid pour incorporer le tout enfemble : gardez-le dans une bouteille.

Pour s'en fervir, il faut l'étendre proprement fur votre paftillage avec un pinceau neuf, qui foit d'un poil un peu dur, & mettre votre paftillage un moment à l'étuve : il fera fec d'un moment à l'autre. Obfervez que fi votre vernis eft trop épais , il faut le délayer avec de l'efprit-de-vin.

VERRES découpés. Ce font des verres fur lefquels on met les confitures, lorfqu'ils font montés fur les jattes ou carrés de glace. Le coup d'œil d'une jatte dépend fouvent des verres découpés ; c'eft pourquoi je donne plufieurs deffeins pour les fuivre, fi on le juge à propos. *Voyez* Planche 5. Let. B.

VERRES à dormant, font des gobelets de cryftal contournés de differentes figures , qui fe mettent fur les jattes ou plateaux , & qui fervent pour dormant. *Voyez* Planche 2. & 3.

VIDELLE , eft une petite cuillier , avec laquelle on vuide les fruits d'odeur que l'on a tourné, & blanchis. *Voyez* fa Figure, Planche 1. Let. K.

VIN, eft une liqueur qu'on a exprimée des raifins, & qu'on a laiffé fermenter pour la rendre potable. On ne fe fert dans l'Office que de vin fin , que l'on met dans les glaces, dans les compotes & dans les gauffres.

VIN BRULE'. Prenez une bouteille de fin vin de Bourgogne ; mettez-le dans un poëlon ; mettez avec, un morceau de canelle, deux ou trois cloux de girofle, un peu de macis, une poignée de coriandre, & un morceau de fucre ; faites boüillir le tout enfemble, jufqu'à ce que votre vin étant allumé, ne brûle plus ; paffez-le par une étamine , & le fervez chaudement dans une jatte creufe d'argent, ou de porcelaine, ou dans une caffetiére, avec un cabaret garni.

VINAIGRE, eft une liqueur acide , qui eft ordinairement faite avec du vin foit blanc ou rouge. On doit toujours choifir le meilleur vinaigre blanc pour confire des cornichons, du bled de Turquie, de la crifte-marine, &c. Je donne ci-après la maniére de faire de très-bon vinaigre de plufieurs maniéres.

Pour faire du vinaigre portatif.

Prenez des meures qui viennent dans les champs sur les ronces, mais n'attendez pas qu'elles ayent leur maturité ; vous les ferez sécher pour les mettre en poudre ; puis avec un peu de bon vinaigre, vous en ferez de petites pelotes que vous sécherez au Soleil, & les garderez ainsi pour le besoin.

Quand vous voudrez faire du vinaigre, il n'y aura qu'à prendre du vin, & le faire chauffer ; vous y mettrez ensuite de cette composition qui le fera aussi-tôt tourner en vinaigre, comme il a été expérimenté.

On peut faire une pareille composition pour du vinaigre avec des cerises sauvages, du gland & des fruits de cornoüilliers, le tout pris avant que d'être meurs.

Il s'en fait aussi avec du verjus en grain ; & par ce moyen l'on peut dire que l'on a un vinaigre portatif en tout lieu, & avec toute la facilité qu'on peut souhaiter.

Pour faire du vinaigre rosat.

Pour faire du vinaigre rosat, on prend de bon vinaigre blanc, & l'on y met des roses séches ou fraiches, les y laissant l'espace de quarante jours, au bout desquels vous ôtez les roses, & vous gardez le vinaigre qui en a attiré toute l'odeur, & le filtrez si vous voulez. Il faut le tenir en lieu froid pour le conserver plus long-tems dans sa force & sa bonté. Le vinaigre d'estragon, & celui de fleur d'orange se font de même.

VIOLETTE, est une plante qui pousse de sa racine des feüilles vertes, rondes, dentelées sur les bords, larges comme celles de mauve, & attachées à de longues queuës. Ses fleurs sont composées chacune de cinq feüilles, & d'une maniére de chaperon ; elles sont petites, mais agréables à la vuë, d'une couleur purpurine tirant sur le noir ; leur odeur est douce & réjoüissante. Cette plante croît dans les bois & dans les jardins. On en fait du sirop, des conserves des marmelades, des candys. *Voyez* l'un & l'autre.

ZES ZWE

ZESTE, eft la fuperficie de la chair des fruits d'odeur, dans laquelle eft renfermée toute leur odeur, & que l'on leve d'un bout à l'autre du fruit. Ils fe confifent comme leurs fruits : lorfqu'ils font confits, on les met au tirage, ou on les tire à l'étuve en forme de petits rochers.

ZESTE, fe dit encore lorfqu'on les leve par petits zeftes, comme pour la limonade. Ce qui s'apelle zefter un citron, &c. pour faire des boiffons.

ZWEIBACH. *Voyez* BISCUIT A L'ALLEMANDE.

FIN.

B 2.

A 1.

B *Plan 2.*

A *Plan 1.*

D *Plan. 4.*

C *Plan. 3.*

D 4.

C 3.

TABLE

Des Matiéres contenuës dans ce Volume.

A.

ABAISSE, ce que c'eſt, page 1
Abricot. Abricotier. Deſcription de l'Arbre & du fruit. 1
Abricots verds. Maniére de les prépa-rer, & de les blanchir. 2
Autre maniére. 3
Abricots verds au liquide. 3
Abricots verds parés. 4
Abricots meurs parés. 4
Abricots à mi-ſucre. 4
Abricots à oreille. 5
Abricots par moitié ſans feu. 5
Ache, differentes eſpèces. 6
Ajuſter, terme d'Office. 6
Alberge, differentes eſpèces. 6
Alun de glace. Sa deſcription, & ſon uſage. 6
Amande, Amandier. Deſcription de l'Arbre & du fruit. 7
Amandes vertes, confites. 7
Amandes à la Siamoiſe. 7
Amandes ſoufflées. 8
Autre maniére. 8
Amandes glacées. 8
Amandes à la praline, Voyez Praline. 201
Amandes fraiches. 8
Ambre-gris. Sa deſcription, & ſon uſage. 9
Amidon. Son uſage. 9
Ananas. Sa deſcription. 9
Anchois. Sa deſcription, ſon uſage. 9

Angelique. Sa deſcription. page 9
Maniére de la confire. 10
Anis. Sa deſcription, & ſon uſage. 10
Argenterie. Soin que l'on doit en avoir. 10
Maniére de la tenir propre. 11
Aſſiette, terme d'Office. 11
Atre, terme d'Office. 11
Avachir, terme d'Office. Differentes ſignifications. 11
Aveline. Sa deſcription, ſon uſage. 12
Azerole. Sa deſcription. Maniére de l'employer. 12

B.

BAIN-MARIE. Son uſage 13
Bande. Differentes ſignifications. 13
Beaume. Voyez Menthe domeſtique. 139
Bâtonage. Differentes eſpèces. Maniére de le faire. 13
Bavaroiſe. 14
Bergamotte. Sa deſcription. Maniére de la confire. 14
Bette-rave. Sa deſcription, ſon uſage. 14
Beure. Maniére de le faire prompte-ment. 14
Bigarrade. 15
Bigarreau. 15
Biſcotin. Eſpèce de four. 15

Maniére de les faire.   *page* 15

Bifcuit, ce que c'eft.   15

Bifcuits ordinaires.   15

Bifcuits à la cuillier.   16

Bifcuits de patience.   16

Bifcuits d'Amandes.   16

Bifcuits de Piftaches.   17

Bifcuits de Savoye.   17

Bifcuits du Palais-Royal.   18

Bifcuits d'Amandes amères.   18

Bifcuits d'Avelines.   18

Bifcuits de Chocolat.   19

Bifcuits de Caffé.   19

Bifcuits de Portugal.   19

Bifcuits d'Efpagne.   19

Bifcuits à l'Allemande, apellés *Zweibach*.   19

Bifcuits d'Italie.   20

Bifcuits Royals.   20

Bifcuits de Marrons.   20

Bifcuits manqués.   20

Bifcuits à l'Allemande, apellés *Liftlen*.   21

Blanchir, terme d'Office.   21

Blanchiffage, ce que c'eft. Maniére de le faire.   22

Bled de Turquie. Sa defcription, fon ufage.   22

Blette. Signification du mot.   22

Bougeoir. Nom d'un gobelet de cryftal.   22

Boüilloir. Meuble d'Office.   22

Boüillon, terme d'Office. Differentes fignifications.   23

Boure. Ce que c'eft.   23

Boutons de fleur d'orange.   23
Maniére de les confire. *Voyez* Orange.   164

Broffe. Efpèce de Fraife. Maniére de l'employer.   23

Brugnon. Efpèce de Pêche. Son employ.   23

Brûler, terme d'Office.   23

C

CABARET. Meuble d'Office. 24

Cacao. Sa defcription, & fon ufage.   24

Cachou. Sa defcription.   24

Caffé. Sa defcription, fes differens emplois.   24 & 25.

Caffetiére.   25

Caillebotte. Ce que c'eft. Maniére de le faire.   25
Raifon pourquoi le lait fe caille.   26

Caiffe. Ce que c'eft.   26

Candy Ce que c'eft.   26

Gros Candy. Maniére de le faire.   26

Candy de fleur d'Orange.   27

Candy de Violettes.   27

Candy de Jonquilles.   27

Candy de Rofes.   27

Candy d'Oeillets.   27

Candy d'Abricots verds.   27

Candy d'Abricots meurs, par moitié, & piqués.   27

Candy d'Amandes vertes.   27

Candy de Reines-claudes.   27

Candy de Mirabelles.   27

Candy d'Epines-vinettes.   27

Candy de Fenoüil.   27

Candy de toutes fortes de pâtes.   27

Candy de Cerifes.   27

Candy de bâtonage de Coings.   27

Candy d'Angelique.   27

Candy de Canelle.   27

Candy de Paftilles.   27

Cannamelle. Origine du mot.   29

Canelle. Sa defcription, fon ufage. 29

Cannelas. Efpèce de Dragée.   29

Cannelon. Moule de fer-blanc.   29

Capillaire. Sa defcription, fon ufage.   29

Capres. Leurs defcriptions. Maniére de les confire.   30

Capucine. Sa defcription, fon ufage. 30

Caramel. page 71
   Maniére de couler le caramel. 71
Caffé. Cuiffon du fucre. 70
Caffonade. 31
Cave. Ce que c'eft, & fon ufage. 31
Cedrac. Sa defcription. Maniére de le confire. 31
Celery. Ses ufages. 32
Cerfeüil. Sa defcription, fon ufage. 32
Cerifes. Differentes efpèces. Maniére de les confire avec leurs noyaux, & fans noyaux. 33
Cerifes à oreille. 33
Cerifes bottées. 34
Cerneau. Differentes efpèces. 34
Chair. Differentes efpèces de chair. 34 & 35
Charger. Terme d'Office. 35
Chaffis. Meuble d'Office. 35
Chauffe. Son ufage. 36
Chenille. Son ufage. 36
Chevrettes. Leurs ufages. 36
Chicorée. Sa defcription ; fon employ. 36
Chinoife. 36
Chocolat. Ce que c'eft. Maniére de le faire. 37
Chocolát avec odeur. Maniére de le préparer en boiffon. 37 & 38
Chocolatiére. Meuble d'Office. 38
Choux-cabus. Leurs defcriptions, leurs ufages. Maniére de les confire. 38 & 39
Cire d'Office. Maniére de la faire. 39
Cire à modeler. Maniére de la faire. 40
Citron. Sa defcription, differentes efpèces. Maniére de le confire. Son origine. 40 & 41
Citronade. Ce que c'eft. 41
Citronelle. Voyez *Thé.* 231
Cive, ou *Civette.* Sa defcription, fon ufage. 41
Clarequet. 42
Clarifier. Differentes fignifications. 42

Clayon. Meuble d'Office. page 42
Cloche. Differentes fignifications. 42
Cochenille. Ce que c'eft. Maniére de la préparer, & fon ufage. 43
Coffrets. 43
Coing. Sa defcription. Differentes efpèces. Maniére de le confire. 44
Colle de Poiffon. Sa defcription. Maniére de la préparer, & fon ufage. 44 & 45
Compote. Ce que c'eft. 45
Compote d'Abricots verds. 45
   D'Amandes vertes. 46
   De Grofeilles vertes. 46
   De Cerifes. 46
   De Framboifes. 47
   De Grofeilles rouges. 47
   D'Abricots meurs. 47
   Autre maniére. 47
   D'Abricots à la Portugaife. 48
   De Prunes de toutes efpèces. 48
   Autre maniére. 48
   De Pêches. 48
   De Poires de bon-chrétien. 48
   De Poires d'Eté. 49
   De Poires à la bonne femme. 49
   De Poires grillées. 49
   Autre maniére. 50
   De Poires à la cloche. 50
   De Pommes de reinette avec la peau. 50
   De Pommes en gelée. 50
   De Pommes à la Portugaife. 51
   De Pommes farcies. 51
   De Verjus. 51
   De Coings blancs & rouges. 51
   De Marrons. 52
   De Tailladins. 52
   De fleur d'Orange. Raifon pourquoi elle eft fujette à racornir. 52
   D'Epines-vinettes. 52
   De Fraifes. 53

Compotes

H h

Compote de Grenades. *page* 53
Compotier. Differentes efpèces. 53
Concaffer. Signification du mot. 53
Concombre. Sa defcription, fon em-
ploy. 53
Confire. Ce que c'eft. 54
Confiture. Maniére de les remettre en
état lorfqu'elles pouffent. Maniére
de les empêcher de candir. 54 & 55
Conferve. Ce que c'eft. 55
Conferve de fleur d'Orange. 55
    De fleur d'Orange grillée. 56
    De fleur d'Orange liquide. 56
    Blanche de toutes fortes de
      fruits d'odeur. 56
    De fruits d'odeur avec jus &
      écorce. 56
    De Cerifes. 57
    De Fraifes. 57
    De Grofeilles. 57
    De Framboifes. 57
    D'Epines-vinettes. 57
    De Grenades. 57
    De Violettes. 57
    De Rofes. 57
    D'Oeillets. 57
    De Safran. 57
    De Piftaches. 57
    De Chocolat. 58
    De Caffé. 58
    D'Ache. 58
    A l'Allemande. 58
Conferve foufflée. 59
    Pour faire des Vafes & Figures. 59
Coriandre. Sa defcription, fon ufage.
    60
Corme. Voyez Sorbe.
Corne de Cerf. Sa defcription, fon em-
ploy. 60
Cornichons. Maniére de les confire. 61
Cornoüille. Sa defcription. Maniére de
l'employer. 61
Corrompre. Terme d'Office. 61
Cotignac. Ce que c'eft. Maniére de le
faire. 61

(en marge : Conferves.*)*

Cotiffure. Terme attribué aux fruits.
    page 62
Cotonnée. Terme attribué aux fruits.
    62
Couche. Signification du mot. 62
Couler. Terme d'Office. 62
Couleurs pour le Paftillage. Maniére
de les employer. 62 & 63
Couleurs pour le Caramel. Maniére de
les employer. 64
Couleurs pour les Conferves foufflées.
    65
Couleurs pour les Fruits glacés. 65
Couteaux d'Office. Differentes efpèces.
    67
Crême. Son employ. 67
Crême de Tartre. Sa defcription, fon
ufage. 67
Creffon. Son ufage. 68
Crifte-marine, ou Perce-pierre. Sa def-
cription, fon ufage. 68
Cryftaux. Leur employ. 68
Cuilliers. Differentes efpèces. 68
Cuiffon du Sucre. 68
    Au liffé. 69
    Au perlé. 69
    Au foufflé. 69

D

DECOCTION. Ce que c'eft. 72
    Découpoir. Ce que c'eft. 72
Décoration. Décorer. 72
Décuire. Maniére de décuire. 72
Dégraiffer. Terme d'Office. 73
Dépoüille. Signification du mot. 73
Deffein. Utilité du Deffein. 73
Deffecher. Ce que c'eft. 74
Deffert. 74
Diablotins. Maniére de les faire. 74
Dormant. Differentes efpèces. 75
Dragée. Differentes efpèces. 75 76
    77 78 & 79
Drageoir. Son ufage. 79
Dreffer. Aplication du mot. 79
Duvet. Ce que c'eft. 79

E.

EAU de Groseilles. *page* 79
Eau de Cerises. 79
Eau de Fraises. 79
Eau de Framboises. 79
Manière de les faire. 80
Eau-de-vie. Ce que c'est. 80
Abricot à l'eau-de-vie. 80
Cerises à l'eau-de-vie. 81
Autres Fruits à l'eau-de-vie. 81
Eau de fleur d'Orange. Son usage. 81
Eau de Sucre. Son usage. Manière de la faire. 81
Ecorce. Ce que c'est. 82
Ecume. Ce que c'est. 82
Ecumer. Attention qu'il y faut avoir. 82
Ecumoire. Differentes espèces. 82
Egouter. Signification du mot. 82
Egoutoir. Meuble d'Office. 82
Egrener. Signification du mot. 82
Empoter. 83
Epinar. Son usage. 83
Epine-vinette. Description du fruit. Manière de la confire. 83
Epice. Celles que l'on employe dans l'Office. 84
Eplucher. Signification du mot. 84
Esprit-de-vin. Son usage. 84
Essence. Celles que l'on employe dans l'Office. 84
Estragon. Sa description, son usage. 84
Etamine. Ce que c'est. 85
Etuve. Meuble & terme d'Office. 85
Exprimer. signification du mot. 85
Extraire. Signification du mot. 85

F.

FARINE. Differentes espèces. Leur employ. 85
Fendre. Terme apliqué au Fruit. 85
Fenoüil. Sa description, son employ. 86

Fer. Differentes espèces. *page* 86
Fermentation. Ce que c'est. 86
Feüille. Signification du mot. 86
Faner. Mot attribué aux Fleurs. 86
Figue. Description de l'Arbre & du Fruit. Manière de les confire. Manière de connoître leur maturité. 87
Figure. Manière de les faire en caramel. 71
En pastillage. 168
Filtrer. Ce que c'est. 88
Fleur. Ce que c'est. Celles que l'on employe de differentes maniéres. 88
Fleur artificielle. 88
Fleurs de pastillage. Manière de les faire. 169
Fleur. Attribué au Fruit. 89
Fondre. Terme d'Office. 89
Foüetter. 89
Fouler, se dit des Fruits à pepin. 89
Four. Differentes significations. 90
Fourneau. Differentes significations. 90
Fournitures. Differentes espèces. 90
Fraise. Sa description, son employ. 90
Framboise. Sa description, son employ. Manière de la confire. 91
Fremir. Signification du mot. 92
Fromage. Differentes espèces. Manière d'affiner les Fromages. 92
Fromages glacés. Manière de préparer la Crême pour les Fromages. 92 & 93
Fromage de Pistaches. 93
Fromage de Chocolat. 93
Fromage de Caffé. 94
Fromage de Canelle. 94
Fromage de Girofle. 94
Fromage de Vanille. 94
Fromage de Safran. 94
Fromage à l'Italienne. 94
Fromage de Parmesan. 94
Fromage à la Gentilly. 95

H h ij

TABLE

6

Fromage à la Genoise. *page* 95
  Manière de les servir. Manière de
  les lever.   95 & 98

Fruit. Ce que c'est. Moyen de conserver les fruits à noyau.   96

Fruit d'odeur.   96

Fruit à l'eau-de-vie.   80 & 81

Fruit. Differentes significations.
                      96 & 97

Fruit glacé, & autres choses qui imitent leur nature. Manière de les faire.
  Manière de les lever, & de les colorer.   97 & 98
  Composition des Liqueurs pour
  toutes sortes de Fruits glacés   152
  Manière de faire une Grenade. 100
    Une Figue.   101
    Un Melon.   101
    Une Ecrevisse.   102
    Une Asperge.   102
    Une Hure de Saumon.   102
    Une Hure de Sanglier.   103
    Des Oeufs à l'oseille.   103
    Des Cardons d'Espagne.   103
    Une Marbrée.   104
    Des Saumoneaux.   104
    Une Galantine.   104
    Un Jambon.   105
    Des Langues fourées.   105
    Des Truffes.   105

Fruiterie. Ce que c'est. Situation qu'il
  faut donner aux Fruits cüeillis pour
  les conserver dans la Fruiterie.
  Conditions d'une bonne Fruiterie.
        106, 107 & 108

Fumeron. Ce que c'est.   109

G.

*G*ALANT. Ce que c'est. Manière de les faire.   109

Garnir. Signification du mot.   110

Garniture. Differentes espèces.   110

Gateau. Ce que c'est.   110

Gateau de fleurs d'Oranges.   110

Gateau de Violettes, de Roses,
  d'Oeillets, &c.   *page* 110
  Manière de les faire.   110

Gauffres. Ce que c'est. Manière de les
  cuire. Differentes espèces. 110 111

Gauffres ordinaires.   111

Gauffres fines.   111

Gauffres au Chocolat.   111

Gauffres à l'Allemande.   112

Gauffres à la Flamande.   112

Gelée. Ce que c'est.   112

Gelée de Groseilles rouges ou blanches.
                  112

Gelée de Groseilles framboisées. 113

Gelée de Groseilles sans feu.   113

Gelée de Pommes blanches & rouges.
                  114

Gelée de Coings.   114

Générale. Ce que c'est.   115

Gercer. Terme attribué à la pâte de
  pastillage.   115

Girofle. Sa description, & son choix.
                  115

Gimbelette. Espèce de four. Manière
  de le faire   115

Glace. Differentes significations 115
                  & 116

Glace Royale. Manière de la faire. 116

Glacer. Ce que c'est.   116

Glaçon. A quoi attribuer ce nom. 116

Gobelet. Differentes espèces.   116

Gobichon. Nom d'un Gobelet   116

Gomme. Ce que c'est.   116

Gomme Adragante. Sa description, son
  usage.   117

Gomme Arabique. Sa description, son
  usage.   117

Gomme Gutte. Sa description   63.

Grainer. Terme d'Office.   117

Graisser. Terme d'Office.   118

Gras. Terme d'Office.   118

Gratecul. Sa description. Manière de
  le confire.   118

Grenade. Sa description, son employ.
                  119

Grillage. Differentes espèces. Manière de le faire — page 119

Grilles. Differentes grandeurs, & differens usages. — 120

Griller Signification du mot. — 120

Groseille. Description de l'Arbre & du Fruit. Manière de les confire entières. — 120 & 121

Groseille verte. Sa description. Manière de la confire. — 121 & 122

Grumeau. Ce que c'est. — 122

Gueridon. Nom d'un Gobelet. — 122

Guigne. Espèce de Cerise. — 122

H.

HYPOCRAS. Manière de le faire. — 123

Hors-d'œuvre. Voyez *Ord'œuvre.* — 164

Houlette. Utensile d'Office. — 123

Huile. Ce que c'est. — 123

Huiler. Manière d'huiler les moules. — 123

J.

JASMIN. Sa description, son employ. — 124

Jatte. Ce que c'est. — 124

Imprimer. Signification du mot. — 124

Incorporer. Terme d'Office. — 124

Indigo. Sa description, son usage. — 62

Infusion. Ce que c'est. — 124

Infusion pour les Glaces. — 94

Ingrédiens. — 170

Iris de Florence. Sa description, son usage. — 124

Jus. Ce que c'est. Manière de faire le Jus de Groseille, & d'Epine-vinette pour le conserver pendant l'Hyver. — 125

Manière de faire le Jus de Limon & de Citron, pour le conserver de même. — 125

L.

LAIT. Manière de connoître le bon Lait, son usage. — page 126

Laituë. Differentes espèces. — 126

Lamproye. Sa description, son usage. — 126

Lever. Attribué à plusieurs choses. 127

Levure de Biere. Ce que c'est. Son usage — 127

Lime-douce. Fruit d'odeur. Manière de le confire. — 127

Limette. Fruit d'odeur. Manière de le confire. — 127

Limon. Sa description. — 127

Limonade. Ce que c'est. Manière de la faire. — 128

Limonade portative. Manière de la faire. — 128

Liqueur. Nom attribué aux compositions des Glaces. — 128

Lissé. Cuisson du Sucre. — 69

Lisser. Terme attribué à la Dragée. — 129

M.

MACARON. Espèce de four. Manière de les faire — 129

Macarons liquides de fleur d'Orange. — 129

Macaron de Carême. — 129

Mache. Description de la plante. — 130

Macis. — 130

Manier. Signification du mot. — 130

Manille. Ce que c'est. — 130

Marmelade. Ce que c'est. — 130

Marmelade d'Abricots verds — 130

De Cerises. — 131

De Groseilles. — 131

De Framboises. — 131

D'Abricots meurs. — 131

Autre manière. — 132

De Prunes. — 122

De Poires de rousselet. — 132

De Cédra, & Fruit d'odeur. 132

Marmelade de fleur d'Orange. *pag.*133
 De Pêches. 133
 De Verjus. 133
 D'Épines-vinettes. 133
 De Roses de Provins. 134
 De Violettes. 134
 De Coings. 134
Marrons. Leur employ. 134
Marrons glacés. 134
Marrons au Caramel. 135
Massepain. Espèce de four. 135
Massepain Commun. 135
Massepain Royal. 136
Massepain de Pistaches. 136
Massepain Seraingué. 137
Massepain Fouré. 137
Massepain à l'Allemande. 137
Maturité des Fruits. 137
Melimelum. Confiture. 138
Melon. Sa description, son employ. 139
Melon d'eau. Voyez *Pasteque.* 167
Mellarose. Fruit d'odeur. *Mellarose,* boisson. Manière de la faire. 139
Mener. A quoi attribuer ce mot. 139
Menthe domestique, ou *Baume.* Description de la plante. 139
Meraingue. Espèce de four. *Meraingue* jumelle. *Meraingue* séche. 140
Merise. Espèce de Cerise. 141
Mettre à la glace. Ce que c'est 141
Mettre au sucre. 141
Mettre au caramel. 141
Mettre ensemble. 141
Meure. Sa description, son employ. 141
Miel. Ce que c'est, son choix. Differentes espèces de Miel. 142 & 54
Mincer. Terme d'Office. 142
Mirabelle. Sa description. Manière de la confire. 203
Mi-sucre. Ce que c'est. 142
Mois. Ce que l'on peut trouver dans chaque Mois nécessaire à l'Office. 143

Janvier. *page* 143
Février. 143
Mars. 143
Avril. 143
May. 144
Juin. 144
Juillet. 144
Août. 145
Septembre. 145
Octobre. 146
Novembre. 146
Décembre. 147
Moisis. Confitures moisies. Moyen d'y remédier 54
Monder. Terme apliqué aux Amandes, &c. 147 & 148
Monter. Signification du mot. Manière d'empêcher le Sucre de monter. 148
Moscouade. Voyez *Sucre.* 225
Moudre. Se dit du Caffé. 148
Moule. Ce que c'est. 148
Moules de Papier. 148
Moules de Plomb à Conserve & Fruits glacés, comme ils doivent être. 148
Moules de Fer-blanc. Plusieurs espèces. 148
Moules de Plâtre. Manière de les faire. Manière de les durcir. 149 & 150
Moulin à Caffé. 150
Moulinet. 150
Mousse. Ce que c'est. Manière de les faire. 150 & 151
Mousseline. Ce que c'est. 151
Muscade. Sa description, son usage. 151
Muscat. Son employ. 208 & 209

N.

NAPPE. Signification du mot. 152
Nefle. Description du Fruit, son employ. 152

Neige. Differentes efpèces. Maniére de les faire   pages 152. & 153
Neige de Crême ordinaire.   154
        De Crême au caramel.   154
        De Caffé.   154
        De Chocolat.   154
        De Canelle.   154
        De Girofle.   154
        De Vanille. •   154
        De Safran.   154
        A l'Italienne.   155
Neiges.   De Piftache.   155
        De Piftache fans Crême.   155
        De Citron.   155
        De Cédra.   155
        D'Orange.   156
        De Bergamotte.   156
        De Fruits d'odeur.   156
        De Pommes.   156
        De Poires.   156
        De Pêches.   157
        D'Abricots.   157
Neiges   De Prunes.   157
        De Fraifes.   157
        De Framboifes.   157
        De Cerifes.   157
        De Grenades.   158
        D'Avelines.   158
        De Noix.   158
        De Marrons.   158
        D'Artichaux.   158
        De Vin d'Efpagne.   159
        De Bifcuits d'Amandes amères.   159
        De Bifcuits à la cuillier.   159
        D'Echaudés.   159
Nerver. Signification du mot.   159
Nogat. Ce que c'eft. Maniére de le faire   159
Noifette. Voyez *Aveline.*   12
Noix. Maniére de confire les Noix blanches.   160
        Maniére de confire les Noix noires.   161

Noix en façon de Cerneau.   page 34
Noyer de Sucre. Explication du mot.   161
Nompareille.   79
Nouveauté. Explication du mot.   161

O.

OEUF. Maniére de connoître les Oeufs frais. Petits Oeufs. Maniére de les faire.   162
Oeil. Explication du mot.   162
Oeillet. Defcription de la Fleur, fon employ.   162
Office. Differens foins que l'Officier doit avoir.   163
Oignon. Son employ.   163
Olive. Sa defcription, fon ufage.   163
Orange Sa defcription. Maniére de la confire.   163
        Maniére de confire la fleur d'Orange.   164
Orange amère. Voyez. *Bigarrade.*   15
Orangeat. Dragée.   78
Orangeat. Boiffon.   164
Orgeat. Boiffon. Maniére de la faire.   165

P.

PAIN. Differentes fignifications.   165 & 166
Pain-d'épice. Maniére de les faire   165
Papier. Utilité du Papier. Maniére de le découper,   166
Papillotte. Explication du mot.   166
Parer. Signification du mot.   167
Pafteque. Sa defcription, fon employ.   167
Paftillage.   167
        Maniére de faire la pâte de paftillage. Maniére de tirer une Figure de paftillage.   168
        Maniére de faire les fleurs de paftillage.   169
Paftilles. Maniére de les faire.   170

Paſtilles de Cachoux.   *page* 170
    De Safran.   171
    De Parfait-amour.   171
    De Caffé.   171
    De Violette.   171
    De Chocolat.   171
    De fleur d'Orange.   172
    De Cédra.   172
    De Bergamotte.   172
    D'Orange.   172
    D'Ambre.   172
    De Canelle.   172
    De Girofle.   172
Pâte. Ce que c'eſt. Inſtruction pour
    les faire.   171
    Differentes eſpèces de Pâtes. 173
Pâte à la Naſſau.   173
Pâte à l'Italienne.   173
Pâte au Sucre en poudre   174
Pâte d'orgeat.   174
Pâte Signification du mot. 175
Pâté d'Hermite. Ce que c'eſt. 175
Pavie. Eſpèce de Pêche.   175
Peau des Fruits. Differentes eſpèces.
                              175
Pêche. Deſcription de l'Arbre & du
    Fruit.   175
    Le mérite, & les bonnes qualités
    des Pêches.   176
    Mauvaiſes qualités des Pêches. 177
    Deſcription de pluſieurs Pêches.
    De l'Admirable.   178
    De la Mignone.   178
    De la Chevreuſe.   178
    De la Nivette.   178
    De la Pourprée.   179
    De la Perſique.   179
    De la Violette.   179
    De la Pêche d'Italie.   179
    De la Roſſane.   179
    De la Madelaine.   179
    Manière de les confire.   180
Perce-pierre. Voyez *Criſte-marine.* 68
Perlé. Cuiſſon du Sucre.   69

Perler. Voyez *Dragée.*   *page* 75
Perloir. Utenſile d'Office.   180
Pierre de Marbre. Son uſage.   181
Pierre Safranée. Sa deſcription, ſon
    uſage.   181
Pierreux. Terme apliqué aux Fruits.
                              181
Pignon. Sa deſcription, ſon employ.
                              181
Pilaſtre. Differentes eſpèces.   181
Pimprenelle. Deſcription de la plante,
    ſon uſage.   181
Piquer. Signification du terme. 181
Pyramide. Differentes eſpèces. 182
Piſtache. Sa deſcription, ſon employ.
                              182
Piſtache au Chocolat.   183
Plafond. Utenſile d'Office.   183
Plateau. Differentes eſpèces.   183
Plein-vent. Signification du mot. 183
Plein-Sucre. Signification du terme.
                              183
Plume. Cuiſſon du Sucre.   70
Poeles. Utenſiles d'Office. Differentes
    eſpèces.   184
Poëlon. Utenſile d'Office.   184
Poire. Deſcription de l'Arbre, & du
    Fruit. Bonnes & mauvaiſes qualités
    des Poires.   184 & 185.
Poires d'Eté des Mois de Juillet &
    d'Août.   185
    Le Petit Muſcat.   185
    La Cuiſſe-Madame.   186
    Le Rouſſelet d'Eté.   186
    La Blanquette.   186
    La Poire à la Reine.   186
    La Belliſſime.   186
    Le Rouſſelet de Rheims. Ma-
    niére de le confire.   186
    La Coſſolette.   187
    La Bergamotte.   187
    L'Inconnu-Cheneau.   187
    La Robine.   187
    La Poire ſans peau.   187

Poires

Poires du Mois de Septembre *pag.* 187
   Le Bon-chrétien d'Eté.   188
   Le Bon-chrétien musqué.   188
   L'Orange rouge.   188
   L'Orange musquée.   188
   Le Salviati.   188
   La Verte longue.   188
   Le Beuré rouge.   189
   Le Beuré gris.   189
   La Bellissime.   189
   L'Epine d'Eté.   189
   La Crasane.   189
Poires du Mois d'Octobre.   189
   Le Messire-jean doré.   190
   Le Messire-jean gris.   190
   La Bergamotte d'Automne. 190
   La Verte longue panachée. 190
   La Dauphine.   190
   Le Sucré verd.   190
   Le Doyenné.   190
Poires du Mois de Novembre. 191
   La Marquise.   191
   La Bergamotte de Crasane. 191
   La Jalousie.   191
   La Virgoulée.   191
   L'Epine d'Hyver.   192
   L'Ambrette.   192
   Le Saint-Germain.   192
   Le Martin-sec.   192
Poires d'Hyver.   193
   La Colmar.   193
   Le Bezy de Caissay.   193
   Le Bezy de Chassery.   193
   Le Bon-chrétien d'Hyver 193
   L'Angelique de Bordeaux. 193
   Le Petit-oin.   193
   La Double Fleur.   194
Poires tapées.   194
Pomme. Description de l'Arbre, & du
  Fruit. Differentes espèces. 195
  Distinction des Reinettes. 195
  Les Calvilles d'Eté & d'Automne.
   Le Fœnoüillet.   196
   La Courpendu.   196
   L'Api.   197

Pommes. La Violette.   *page* 197
   Le Rambour.   197
   Les Cousinottes.   197
   Les Jerusalem.   197
   Les Druë-permeins d'Angleterre.
      197
   Les Pommes de glace.   198
   Les Francatus.   198
   Les Hautes bontés.   198
   Les Rouvezeaux.   198
   Les Chataigniers.   198
   La Pomme Sans fleurir. 198
Ponche. Boisson. Maniére de la faire.
      198
Porcelaine.   199
Poser.   199
Poudrette. Ce que c'est.   199
Pourpier. Description de la plante, son
  usage.   199
Pousser. Terme d'Office.   199
Praliner. Maniére de praliner en blanc,
  en rouge. Maniére de praliner les
  Fleurs.   200
Pralines. Differentes espèces.   201
Précoce.   201
Prendre. Differentes significations.
      201
Préparer. Differentes significations. 201
Provision. Signification du mot. 201
Prune. Bonnes & mauvaises qualités
  des Prunes.   201 & 202
   Le gros Damas de Tours. 202
   La Prune de Monsieur. 202
   Le Damas rouge.   202
   Le Damas blanc.   203
   Le Damas violet.   203
   La Mirabelle. Maniére de la con-
   fire.   203
   Le Damas d'Italie.   204
   La Reine-claude. Maniére de la
   confire.   204
   La Diaprée.   205
   L'Ile-verte.   205
   La Royale.   205
   La Sainte Catherine.   205

Prunes. Le Drap-d'or. page 205
    Le Perdrigon violet. 205
    Le Perdrigon blanc. 205
    L'Abricotée. 205
    L'Imperiale. 206
    La Dauphine. 206
    Manière de conserver les Prunes bien fleuries. 206
Pruneaux. 206
Puit. Ce que c'est. Manière de les faire. 206

Q.

QUATRE-MENDIANS. 207
Quitter. Signification du mot. 207

R.

RACORNIR. Terme d'Office. 207
Rafraichir. Terme d'Office. 207
Raisin. Differentes espèces. 208
Raisin précoce. 208
    Le Chasselas blanc. 208
    Le Chasselas noir. 208
    Le Muscat. 208
    Le Damas. 209
    Le Raisin d'Abricot. 209
    Le Bourdelais. 209
    Manière de garder & conserver le Raisin. 209
Rarefier. Terme d'Office. 209
Rave. Plante potagere, son usage. 210
Reponse. Plante potagere, son usage. 210
Ressuer. Terme d'Office. 210
Reverdir. Manière de reverdir. 210
Ris. Description de la plante, son usage. 210
Rocaille. 210
Rose. Description de la Fleur, son employ. 211
Rossane. Nom attribué aux Pêches. 211
Rotie. Manière de les faire. 211

Rouleau. page 212
Ruban. Differentes espèces 212 & 213
    Manière de les faire. 212 & 213

S.

SABLE. Manière de le faire. 213
    Autre manière. 214
Safran. Sa description, son usage. 214
Salade de differentes espèces. 214
Salade de Chicorée. 215
    De Chicorée cuite. 215
    De petite Laituë. 215
    De Laituë pommée, & Romaine. 216
    De Mache, & de Réponse. 216
    De Celery. 216
    A la Vendôme. 216
    De Citrons, & de Bigarrades. 216
    D'Olives. 217
    De Concombres. 217
Salade cuite. 217
Sarbotiere. Utensile d'Office. 217
Savon. Ce que c'est, son usage. 218
Sec. Terme d'Office. 218
Sel. Manière de blanchir le Sel. 218
Sel. Passer au Sel. 219
Sel. Effet du Sel dans la glace. 219
Semence. Quatre Semences froides. 219
Seraingue. Utensile d'Office. 219
Serre. Voyez *Fruiterie.* 106
Serrer de glace. Terme d'Office. 219
Service. Signification du mot 220
Service de Jattes, de Glace, de Campagne. 220 & 221
Serviette à Caffé, à Chocolat. 221
Sirop. Ce que c'est. 222
Sirop de fleurs d'Oranges. 222
    D'Oeillets. 222
    De Violettes. 222
    D'Orgeat. 222
    De Roses. 223
    De Groseilles. 223

DES MATIE'RES. 13

Sirop de Framboiſes.   page 223
   De Meriſes.   223
   De Meures.   223
   D'Epine-vinettes.   223
   De Capillaire.   223
   De Limon.   224
   De Jaſmin.   224
   De Caffé.   224
   De Vinaigre.   224
Soucoupe. Differentes eſpèces.   224
Soufflé. Cuiſſon du Sucre.   69
Spatule.   225
Sucre. Ce que c'eſt. Maniére dont ſe fait le Sucre.   225
Sucre en pain. Maniére de clarifier le Sucre.   226
Sucre de fleurs d'Oranges.   226
Sucrier. Meuble d'Office.   226
Surtout. Differentes eſpèces.   227

T.

TABLE. Ce que c'eſt.   227
  Sections & pratiques Géométriques.   227
-Pour deſſiner une Table.   227
Maniére de trouver la quatriéme partie d'une Table en contour.   228
Maniére de déſigner telle Figure que l'on voudra, par le moyen d'une échelle quarrée.   228
Maniére de trouver la quatriéme partie d'une Table.   229
Maniére de décrire un oval en forde Table.   229
Maniére de déſigner la Figure 8. Planche. 9.   229
Obſervation pour le plan Géométral de la Figure 1. Planche. 11.   230
Tache. Signification du mot.   230
Tamis. Utenſile d'Office.   230
Tambour. Utenſile d'Office.   230
Taſſe.   230
Tailladin. Ce que c'eſt. Maniére de les employer.   230

Thé. Sa deſcription. Maniére de le faire.   231
Tige. Signification du mot.   231
Tirage. Ce que c'eſt. Maniére de le faire.   231
Tirer. Terme d'Office. Differentes ſignifications.   232
Tirer à l'étuve. Maniére de tirer à l'étuve.   232
Torrefier. Terme d'Office.   233 & 23
Tourner. Differentes ſignifications 233
Tournure. Ce que c'eſt.   233
Touron. Eſpèce de four. Maniére de le faire.   233
Travailler. Differentes ſignifications.   233
Treyer.   234
Trique-Madame. Sa deſcription, ſon uſage.   234

V.

VANETTE.   234
Vanille. Sa deſcription, ſon employ.   234
Benuë. Signification du mot.   235
Verjus. Ce que c'eſt. Maniére de le confire   235
Vernis pour le paſtillage. Maniére de le faire.   235
Verres découpés. Leur uſage.   236
Verres à dormant.   236
Videlle Ce que c'eſt.   236
Vin. Ce que c'eſt. Vin brûlé. Maniére de le faire.   236
Vinaigre. Ce que c'eſt. Vinaigre portatif. Vinaigre roſat, &c.   237
Violette. ſa deſcription, ſon employ.   237

Z.

ZESTE. Ce que c'eſt. Maniére de le confire.   238
Zweibach. Voyez *Biſcuit à l'Allemande.*   39

Fin de la Table.

Régiſtré ſur le Régiſtre de la Communauté des Imprimeurs &
Libraires de Nancy, conformément à l'Ordonnance du 8. May 1731.
A Nancy ce 6. Septembre. 1750.

RENE' CHARLOT, Syndic.